普通高等教育电气工程与自动化类系列教材

现场总线技术

第 3 版

主　编　刘泽祥　李　媛

副主编　钱琳琳　任俊杰

参　编　何镇湖

主　审　王锦标

U0379766

机 械 工 业 出 版 社

现场总线和以太网技术应用于工业自动化领域，形成了全分布式控制网络系统。本书介绍了广泛应用于机械制造工业、化工等流程工业、智能建筑和小区、环保和水处理企业的 PROFIBUS 总线，主要涉及现场总线的特点、现状、发展趋势、系统构成、监控组态软件原理及其实际操作、现场总线系统的工程设计和以太网技术等内容。本书尤其注重与应用技术相关的内容，对现场总线系统的选型、设计和应用操作有一定的实用价值。书中每章后附有思考题与习题，以方便读者掌握各章的重点。

本书可作为高校自动化专业、仪器专业的教材和教学参考书，也可供相关专业的工程技术人员阅读，或作为从事现场总线系统应用开发、系统设计人员的培训教材。

本书配有电子课件，欢迎选用本书作教材的老师发邮件到 jinacmp@ 163.com 索取，或登录 www.cmpedu.com 注册下载。

图书在版编目（CIP）数据

现场总线技术/刘泽祥，李媛主编．—3 版．—北京：机械工业出版社，2017.11（2025.1 重印）

普通高等教育电气工程与自动化类系列教材

ISBN 978-7-111-58290-8

Ⅰ.①现…　Ⅱ.①刘…②李…　Ⅲ.①总线—技术—高等学校—教材　Ⅳ.①TP336

中国版本图书馆 CIP 数据核字（2017）第 253779 号

机械工业出版社（北京市百万庄大街 22 号　邮政编码 100037）
策划编辑：吉　玲　责任编辑：吉　玲　陈文龙　张利萍　任正一
封面设计：张　静　责任校对：张　征
责任印制：单爱军
北京虎彩文化传播有限公司印刷
2025 年 1 月第 3 版 第 10 次印刷
184mm×260mm · 17.5 印张 · 427 千字
标准书号：ISBN 978-7-111-58290-8
定价：49.80 元

电话服务

客服电话：010-88361066
　　　　　010-88379833
　　　　　010-68326294

封底无防伪标均为盗版

网络服务

机 工 官 网：www.cmpbook.com
机 工 官 博：weibo.com/cmp1952
金 书 网：www.golden-book.com
机工教育服务网：www.cmpedu.com

前　　言

信息技术的飞速发展，使得自动化领域也发生了深刻的技术变革，产生了自动化领域的开放系统互联的通信网络，即现场总线控制网络，形成了全分布式网络集成自动化系统。

现场总线控制系统（FCS）是继分散控制系统（DCS）之后出现的新一代控制系统，它代表的是一种数字化到现场、网络化到现场、控制功能和设备管理到现场的发展方向。现场总线控制技术的应用将大幅度降低控制系统的投资，能显著提高控制质量，明显改善系统集成性、开放性、分散性和互换性。现场总线控制系统已经成为当今世界上自动控制技术的热点。

现场总线技术是正在发展中的技术，正向着开放的、统一的方向发展，涉及的技术和应用领域十分广泛。本书特别注重现场总线技术的具体应用，如何设计基于现场总线的控制系统以及现场总线控制系统的体系结构。本书以 PROFIBUS 现场总线为主，围绕 SIMATIC S7 系统、TIA 博途系统和 PCS7 系统做了具体分析，既包含必要的基本概念、硬件的工作原理，又讲述了如何使用 STEP7 等各类组态软件编程及构造 PROFIBUS 系统，以及 WinCC 等监控组态软件的使用方法和工业以太网技术。

编者希望通过这些论述能够对有关教学人员、设计人员和工程技术人员有所帮助，同时也能使初学者用较短时间尽快掌握现场总线控制系统的基本概念和相关软、硬件的使用方法。

本书共分十章，第一章介绍现场总线技术的有关概念，并将 DCS 与现场总线系统做了对比，对现场总线今后的发展做了一些探讨。第二章介绍有关网络与数据通信的基础知识，结合现场总线的数据通信，对网络结构、传输介质、协议模型、差错控制、网络互联和互联设备等做了分析讨论。第三章讲述 PROFIBUS 总线网络的模型结构、协议类型、数据传输标准、总线拓扑结构和总线存取控制，并讨论了 PROFIBUS-DP、PROFIBUS-PA、PROFIBUS-FMS 三个兼容版本。第四章讲述 SIMATIC S7 系统组成及接口设备，STEP7 组态软件编程、使用方法，并结合实例讨论了实际的工程设计、调试方法。第五章讲述 WinCC 监控组态软件的功能及使用方法，并结合实例加以说明。第六章讲述基于 PC 的 PLC 软件及 WinAC 的功能和使用方法。第七章以水箱、锅炉为被控对象，介绍 S7-300/400 PLC 控制系统的设计应用。第八章介绍 PCS7 自动化系统及其在液位控制中的仿真应用。第九章介绍 TIA 博途全集成自动化软件及其在混料罐装置、风力发电机变桨控制系统中的应用。第十章介绍以太网技术，包括工业以太网的特点、网络协议的构成，并以西门子 S7300/400 为例，说明了以太网的配置方法。

本书第一章由何镇湖编写，第二章由刘泽祥、李媛编写，第三章由任俊杰编写，第四章由李媛编写，第五、六章由钱琳琳编写，第七章由李媛、任俊杰和钱琳琳编写，第八章由钱琳琳编写，第九章由任俊杰编写，第十章由李媛编写。

　　作者特别感谢清华大学自动化系王锦标老师，王老师认真审阅了全书，提出了十分宝贵的建议，对部分内容做了修改，并担任本书主审。

　　由于现场总线控制系统发展很快，而本书的编者都工作在教学、科研和工程的一线，只能在有限的时间里匆匆成稿，使书中难免会有不足之处，恳请读者提出宝贵意见。

　　本书配有电子课件和大量相关技术资料，以方便使用本书的教师开展课堂教学，请教师登录机械工业出版社教育服务网：www. cmpedu. com，注册后下载。

编　者

目　　录

第一章　现场总线技术概述

现场总线（Fieldbus）是 20 世纪 90 年代发展形成的，用于过程自动化、制造自动化、楼宇自动化、家庭自动化等领域的现场设备互联的通信网络，是现场通信网络与控制系统的集成，并由此产生了新一代的现场总线控制系统（Fieldbus Control System，FCS）。

现场总线是当今自动化领域技术发展的热点之一，被誉为自动化领域的现场局域网。它的出现，标志着自动化系统步入一个新时代，并将对该领域的发展产生重大影响。

第一节　自动控制系统的发展及其体系结构

回顾自动控制系统发展的历史，可以看到它与工业生产过程本身的发展有着极为密切的联系。工业生产本身的发展，诸如工艺流程的变革，设备的更新换代，生产规模的扩大，以及快速反应、临界稳定工艺、能量综合平衡工艺的开发成功，均对自动化提出了更高的要求，经济全球化、激烈的市场竞争又给自动化提出了新的目标。另一方面，微电子、自动控制、计算机、通信及网络等技术的发展，又为新型控制系统的出现提供了技术的保证。可以说，自动控制系统经历了一个从简单到复杂，从局部自动化到全局自动化，从非智能、低智能到高智能的发展过程。它大致经历了如下四个发展阶段：

1. 模拟仪表控制系统（Analog Control System，ACS）

20 世纪 50 年代以前，由于生产规模小，检测控制仪表尚处于发展的初级阶段，采用安装在生产设备现场、仅具备简单测控功能的基地式气动仪表，其信号只能在本仪表内起作用，一般不能传给别的仪表或系统，操作人员只能通过对生产现场的巡视了解生产过程的状况。

随着生产规模的扩大，操作人员需要综合掌握多点的运行参数与信息，对生产过程实行操作控制，于是出现了气动、电动系列的单元组合式仪表。这些仪表采用统一的模拟信号，如 0.02 ~ 0.1MPa 的气压信号，0 ~ 10mA、4 ~ 20mA 的直流电流信号，1 ~ 5V 的直流电压信号，将生产现场各处的参数送往集中控制室。操作人员可以坐在控制室纵观生产流程各处的状况，实现对工艺生产的操作和控制。

图 1-1 为常规模拟单回路控制系统的结构图。它由一台测量变送仪表、一台模拟调节仪表、一台执行机构和被控对象组成，其中测量变送仪表、调节仪表和执行机构之间通过统一的模拟信号连接，如 DC 4 ~ 20mA。

2. 直接数字控制（Direct Digital Control，DDC）**系统**

20 世纪 60 年代初，由于生产流程向大型化、连续化发展，工业过程呈现出非线性、耦合性和时变性等特点，原有的简单控制系统已不能满足要求，模拟 PID 控制器要完成复杂的控制运算显得力不从心。此外，模拟信号的传递需

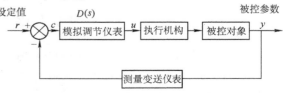

图 1-1　常规模拟单回路控制系统

要一对一的物理连接，信号变化缓慢，提高计算速度与精度的难度较大，信号传输的抗干扰能力也较差，于是人们开始寻求用数字信号取代模拟信号，与此同时，数字计算机的发展与普及也为实现直接数字控制提供了十分重要的技术手段。为了强调计算机直接控制生产过程，所以第一代计算机集中控制系统又被称之为直接数字控制（DDC）系统。

图1-2是DDC系统的结构图。人们利用数字计算机和外围设备（如过程接口）取代传统的模拟控制仪表，除以数字形式实现常规控制规律外，还能采用更先进的控制技术，如复杂控制算法和协调控制等，从而使自动控制发生了质的飞跃。

3. 集散控制系统（Distributed Control System，DCS）

DDC系统的控制方式在提高了系统的控制精度和控制灵活性的同时也集中了危险，一旦计算机出现故障，便造成所有控制回路瘫痪、停产的严重局面。此外，由于只有一个CPU在工作，实时性差。系统越大，此缺点越突出。

随着大规模集成电路研制成功和微处理器的问世，计算机可靠性

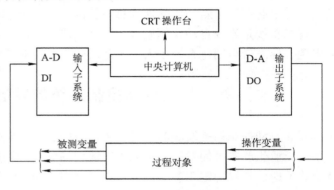

图1-2　DDC系统的结构图

大为提高，价格大幅度下降，20世纪70年代中期出现了数字调节器、PLC以及多个计算机递阶构成的集中分散相结合的集散控制系统。这是针对大规模工业生产过程多参数和多控制回路特点而建立的一种分散型控制系统。

典型的DCS结构图如图1-3所示。它主要由过程控制站、操作站和通信系统三大部分组成。

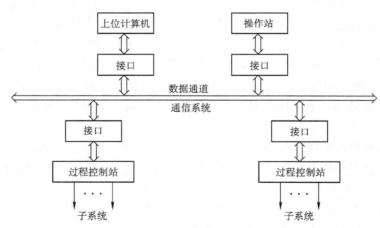

图1-3　典型的DCS结构图

4. 现场总线控制系统（Fieldbus Control System，FCS）

DCS与模拟仪表控制系统比较，具有连接方便、采用软连接方法使系统容易更改、显示方式灵活、显示内容多样、数据存储量大等优点；与DDC系统比较，它具有操作监视方便、危险分散、功能分散等优点，因而迅速成为工业自动控制系统的主流。20世纪90年代DCS

正处于鼎盛时期。

然而 DCS 的缺点也是十分明显的。首先它是一种数字-模拟混合系统,DCS 的现场仪表(变送器和执行器)仍然使用传统的模拟仪表,以 DC 4～20mA 传递信号,其可靠性差,安装维护成本高;其次互换性差,各制造商的 DCS 自成标准,不能互换,给用户在使用和维修上增加困难;三是价格贵,大中型 DCS 动辄上百万美元,使广大中、小企业望而却步。

20 世纪 90 年代后期,人们在 DCS 的基础上开始开发一种适用于工业环境的网络结构和网络协议的现场总线及现场总线仪表,FCS 就是采用现场总线作为通信系统的控制系统。

FCS 的体系结构如图 1-4 所示。与传统的 DCS 相比,它有两个新特征:①FCS 将 DCS 中的 I/O 总线用现场总线来替代,并直接用于生产现场;②FCS 用现场总线数字仪表替代 DCS 中的现场模拟仪表,其变送器不仅具有信号变换、补偿、累加功能,而且具有诸如 PID 等运算控制功能,其执行器不仅具有驱动和调节功能,而且有特性补偿、自校验、自诊断和 PID 控制功能。

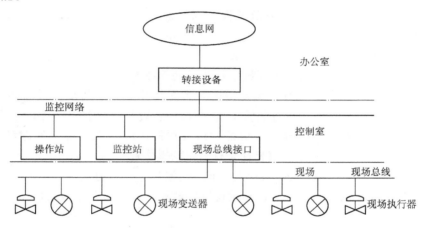

图 1-4 FCS 的体系结构

第二节 DCS 的结构及其分类

一、DCS 的结构

集散控制系统的产品众多,但从系统的结构分析,它们都是由三部分组成的,即分散过程控制装置部分、集中操作和管理系统部分以及通信系统部分。这三部分关系如图 1-5 所示。

1. 分散过程控制装置部分

它的主要功能是分散的过程控制,是系统与过程之间的接口。其结构特征如下:

(1)适应恶劣的工业生产过程环境 分散过程控制装置的部分设备需安装在现场,这要求它能适应环境的温度、湿度变化,适应电网电压波动的变化,适应工业环境中的电磁干扰的影响以及适应环境介质的影响。

(2)分散控制 它对地域分散的工业生产过程采用复合、分散的控制装置分别控制,它的控制功能分为连续控制、逻辑控制、顺序控制和批量控制等。它把监视和控制分离,把危险分散,以提高系统的可靠性。

(3)实时性 为了准确反映过程参数的变化,该装置要有快速的数据采集频率,运算精度高，并采用实时多任务操作系统。

（4）独立性　这体现在上一级设备出现故障或与上一级通信失败的情况下，它还能正常运行，而使过程控制和操作得以进行。

分散过程控制装置部分由多回路控制器、多功能控制器、可编程序控制器及数据采集装置等组成。

2. 集中操作和管理系统部分

该部分的主要功能是汇集各分散过程控制装置送来的信息，通过监视和操作，把操作和命令下送至各分散控制装置。信息用于分析、研究、打印、存储并作为确定生产计划、调度的依据。因此，在结构上它具有信息量大、易操作、安全性好等特征。

（1）信息量大　它需要汇总各分散过程控制装置的信息以及下送的信息，从硬件来看，它应有较大的存储容量，允许有较多的画面可显示；从软件来看，

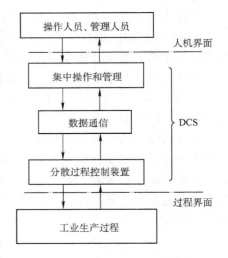

图 1-5　DCS 的三大组成部分

它应采用数据压缩技术、分布式数据库技术及并行处理技术等。

（2）易操作　集中操作和管理系统部分的装置是操作人员、管理人员直接与系统联系的界面，它们通过监视器、打印机等装置了解过程运行情况并发出指令。因此，除了部分现场手动操作设备外，操作人员和管理人员都通过装置提供的输入设备（如键盘、鼠标、球标等）来操作设备的运行。为此，该装置应有良好的操作性。

（3）安全性好　为防止操作人员的误操作，该装置应有良好的安全特性。各类操作人员均有相应的操作权限及密码。为此，要设置硬件密钥、软件口令、对误操作不予响应等安全措施。

这部分主要由操作站、管理机和外部设备（如打印机）等组成，相当于车间操作管理级和全厂优化及调度管理级，实现人机接口。

3. 通信系统部分

通信系统是连接分散过程控制装置以及集中操作和管理系统等进行信息交换和数据共享的计算机通信网络，是 DCS 的中枢。它具有实时性好、动态响应快、可靠性高和适应性强等特点。对通信系统的要求除了传输速率和传输距离外，还有开放性。所谓"开放性"，就是允许不同厂商的 DCS 互相通信，各厂商产品的通信应符合国际标准。

二、DCS 的结构分类

DCS 由三大部分组成，根据分散过程控制装置、集中操作和管理系统以及通信系统的不同结构，DCS 产品大致有以下几类：

1. 模件化控制站＋与 MAP 兼容的宽带、基带局域网＋信息综合管理系统

这是一类最新结构的大型集散控制系统。作为大型系统，通过宽带和基带网络，可在很广的地域内应用。通过现场总线，系统可与现场总线仪表通信和操作，从而形成真正的开放互联、互操作性的系统。这将成为集散控制系统的主流结构，也是第三代 DCS 的典型结构。

2. 分散过程控制站＋局域网＋信息管理系统

由于采用局域网技术，使通信能力增强。这是第二代 DCS 控制系统的典型结构。

3. 分散过程控制站＋高速数据公路＋操作站＋上位机

这是第一代集散控制系统的典型结构。经过对操作站、过程控制站、通信系统性能的改善和扩展，系统的性能已有较大提高。

4. 可编程序控制器（PLC）＋通信系统＋操作管理站

这是一种在制造业广泛应用的集散控制系统的结构，尤其适用于有大量逻辑顺序控制的过程。集散控制系统制造商为适应逻辑顺序控制的特点，现已有不少产品可以下挂各种PLC，组成 PLC＋DCS 形式，应用于既有逻辑顺序控制又有连续控制的场合。

5. 单回路控制器＋通信系统＋操作管理站

这是一种适用于中、小企业的小型集散控制系统结构。它用单回路控制器（或双回路、四回路控制器）作为盘装仪表、信息的监视由操作管理站或仪表面板实施，有较大的灵活性和较高的性价比。

第三节　现场总线控制系统

一、现场总线的基本概念

现场总线定义为应用在生产现场、在微机化测量控制设备之间实现双向串行数字通信的系统，也被称为开放式、数字化、多点通信的底层控制网络。它广泛应用于制造业、流程工业、楼宇、交通等领域的自动化系统中。

现场总线技术将专用微处理器置入传统的测量控制仪表，使它们各自都具有数字计算和数字通信能力，成为能独立承担某些控制、通信任务的网络节点。它们分别通过普通双绞线等多种传输介质作为总线，把多个测量控制仪表、计算机等作为节点连接成网络系统，并按公开、规范的通信协议，在位于生产控制现场的多个微机化测量控制设备之间，以及现场仪表与远程监控、管理计算机之间，实现数据传输与信息交换，形成各种适应实际需要的自动控制系统。简而言之，它把单个分散的测量控制设备变成网络节点，以现场总线为纽带，连接成可以相互沟通信息、共同完成自控任务的网络系统与控制系统。它给自动化领域带来的变化，如同计算机网络给计算机的功能、作用带来的变化。如果说计算机网络把人类引入到信息时代，那么现场总线则使自控系统与设备加入到信息网络的行列，成为企业信息网络的底层，使企业信息沟通的覆盖范围一直延伸到生产现场。因此，把现场总线技术说成一个控制技术新时代的开端并不过分。

随着微处理器与计算机功能的不断增强及价格的急剧降低，计算机与计算机网络系统得到迅速发展，而处于生产过程底层的测控自动化系统，仍采用一对一连线，用电压、电流的模拟信号进行测量控制，或采用自封闭式的集散系统，这难以实现设备之间以及系统与外界之间的信息交换，使自动化系统成为"信息孤岛"，严重制约其本身的发展。要实现整个企业的信息集成、实施综合自动化，就必须设计出一种能在工业现场环境运行、性能可靠、实时性强、造价低廉的通信系统，形成工厂底层网络，完成现场自动化设备之间的多点数字通信，实现底层现场设备之间，以及自动化设备与外界的信息交换。现场总线就是在这种实际需求的驱动下应运而生的。它作为过程自动化、制造自动化、楼宇、交通等领域现场设备之间的互联网络，沟通了生产过程现场控制设备之间及其与更高监控管理层网络之间的联系，为彻底打破自动化系统的信息孤岛创造了条件。

现场总线是综合运用微处理器技术、网络技术、通信技术和自动控制技术的产物。它把微处理器置入现场自控设备，使设备具有数字计算和数字通信能力，这一方面提高了信号的测量、控制和传输精度，为实现基本控制、补偿计算、参数修改、报警、显示、监控、优化及控管一体化的综合自动化提供可能；同时丰富控制信息的内容，提供传统仪表所不能提供的信息（如阀门开关动作次数、故障诊断等信息），便于操作管理人员更好、更深入地了解生产现场和自控设备的运行状态。在现场总线的环境下，借助现场总线网段以及与之有通信连接的其他网段，实现异地远程自动控制，如操作远在数公里之外的电气开关等。

由于现场总线适应了工业控制系统向分散化、网络化、智能化发展的方向，它一经产生便成为全球工业自动化技术的热点，受到全世界的普遍关注。现场总线的出现，导致了目前生产的自动化仪表、DCS、PLC在产品的体系结构、功能结构方面的较大变革，自动化设备面临更新换代的挑战。传统的模拟仪表将逐步让位于数字仪表，出现了一批集检测、运算、控制功能于一体的变送控制器；出现了可集检测温度、压力、流量于一身的多变量变送器；出现了带控制模块和具有故障诊断信息的执行器，并由此大大改变了现有的设备维护管理方法。

二、现场总线控制系统的结构特点

现场总线导致传统控制系统结构的变革，形成了新型的网络集成式全分布控制系统——现场总线控制系统（FCS）。这是继基地式气动仪表控制系统、电动单元组合式模拟仪表控制系统、数字计算机集中式控制系统、集散控制系统（DCS）后的第五代控制系统。

现场总线控制系统打破了传统控制系统的结构形式。传统控制系统采用一对一的设备连线，按控制回路分别进行连接。位于现场的测量变送器与位于控制室的控制器之间，控制器与位于现场的执行器（如开关、电动机）之间，均为一对一的物理连接。

现场总线控制系统由于采用了现场总线设备，能够把原先DCS中处于控制室的控制模块、输入输出模块置入现场总线设备，加上现场总线设备具有通信能力，现场的测量变送仪表可以与阀门等执行器直接传送信号，因而控制系统功能能够不依赖控制室的计算机或控制仪表，直接在现场完成，实现了彻底的分散控制。图1-6为现场总线控制系统与传统控制系统的结构对比。

由于采用数字信号替代模拟信号，因而FCS可实现一对电线上传输多个信号（包括多个运行参数值、多个设备状态、故障信息），同时又为多个现场总线设备提供电源；现场总线设备以外不再需要A-D、D-A转换部件。这样就为简化系统结构、节约硬件设备、节约连接电缆与各种安装、维护费用创造了条件。

三、现场总线控制系统的技术特点

现场总线系统在技术上具有以下特点：

（1）系统的开放性　开放系统是指通信协议公开，不同厂商的设备之间可实现信息交换。这里的开放是指相关标准的一致性、公开性，强调对标准的共识与遵从。一个开放系统，是指它可以与世界上任何地方遵守相同标准的其他设备或系统连接。一个具有总线功能的现场总线网络，系统必须是开放的。开放系统把系统集成的权力交给了用户，用户可按自己的需要和考虑把来自不同厂商的产品组成大小随意的系统。

（2）互可操作性与互用性　互可操作性是指实现互连设备间、系统间的信息传送与沟通；而互用性则意味着不同制造厂商性能类似的设备可进行更换，实现相互替换。

（3）现场设备的智能化与功能自治性　它将传感测量、补偿计算、工程量处理与控制

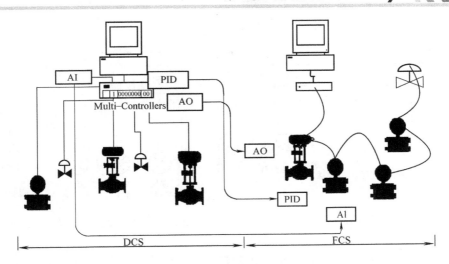

图 1-6 现场总线控制系统与传统控制系统的结构对比

等功能分散到现场总线设备中完成，仅靠现场总线设备即可完成自动控制的基本功能，并可随时诊断设备的运行状态。

（4）系统结构的高度分散性 现场总线已构成一种新的全分散性控制系统的体系结构。从根本上改变了现有 DCS 集中与分散相结合的集散控制系统体系，简化了系统结构，提高了可靠性。

（5）对现场环境的适应性 作为工厂网络底层的现场总线，是专为在现场环境工作而设计的，可支持双绞线、同轴电缆、光缆、射频、红外线、电力线等多种传输介质，具有较强的抗干扰能力，采用两线制实现供电与通信，并可满足本质安全防爆要求。

第四节 FCS 与 DCS 的比较

综上所述，FCS 相对于 DCS 具有如下优越性：

1. FCS 实现全数字化通信

DCS 采用层次化的体系结构，通信网络分布于各层并采用数字通信方式，唯有生产现场层的常规模拟仪表仍然采用一对一模拟信号（如 DC 4～20mA）的传输方式，如图 1-7 所示。因此 DCS 是一个"半数字信号"系统。

FCS 采用全数字化、双向传输的通信方式。从最底层的传感器、变送器和执行器就采用现场总线网络，逐层向上直到最高层均为通信网络互联。多条分支通信线延伸到生产现场，用来连接现场数字仪表，采用一对多连接，构成现场通信网络，如图 1-8 所示。

"纯数字"的 FCS 可以直接与外界通信，数字信号的电平较高，一般的噪声很难干扰 FCS 内的数字信号。此外，数字通信检错功能强，可以检测出数字信号传输中的误码。所以全数字化的 FCS 大大提高了过程控制的准确性和可靠性。

2. FCS 实现彻底的全分散式控制

在 DCS 中，生产现场的多台模拟仪表集中接于输入/输出单元，每台仪表只有单一的信号变换功能，而与控制有关的输入、输出、控制、运算等功能块都集中于 DCS 的控制站内。

从这个意义上讲，DCS 只是一个"半分散"系统。

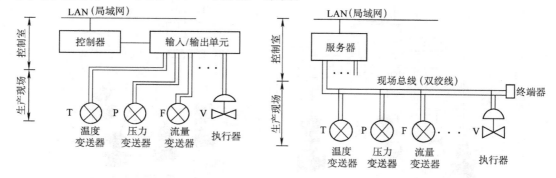

图 1-7　现场常规模拟仪表一对一连接　　　　图 1-8　现场总线数字仪表一对多连接

FCS 废弃了 DCS 的输入/输出单元，由现场仪表取而代之，即把 DCS 控制站的功能化整为零，功能块分散地分配给现场总线上的数字仪表，从而构成虚拟控制站，实现彻底的分散控制。

由于功能块分散在多台现场仪表中，并可以统一组态，因此用户可以灵活选用各种功能块，构成所需的控制回路，实现彻底的分散控制。如图 1-9 所示，流量变送器含有模拟量输入功能块（AI001），流量调节阀含有 PID 控制功能块（PID001）和模拟量输出功能块（AO001），这 3 个功能块构成了流量控制回路。

3. FCS 实现不同厂商产品互联、互操作

DCS 的硬件、软件甚至现场设备都是各制造厂商自行研制开发的，不同厂商的产品由于通信协议的专有与不兼容，彼此难以互联、互操作。而 FCS 的现场设备只要采用同一总线标准，不同厂商

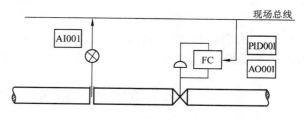

图 1-9　由现场总线数字仪表实现流量控制

的产品既可互联也可互换，并可以统一组态，从而彻底改变传统 DCS 控制层的封闭性和专用性。FCS 允许用户选用各制造厂商中性价比最优的产品集成控制系统，因而具有很好的可集成性。

4. FCS 增强系统的可靠性、可维护性

FCS 采用总线连接方式替代传统的 DCS 一对一的 I/O 连线，对于大规模的 I/O 系统来说，减少了 DCS 由接线点造成的不可靠因素。同时，数字化的现场设备替代模拟仪表，FCS 具有现场设备的在线故障诊断、报警、记录功能，可完成现场设备的远程参数设定、参数修改等工作，因而增强了系统的可维护性。

5. FCS 降低系统工程成本

FCS 对于大范围、大规模分布式控制系统来说，节省了电缆、I/O 装置及电缆敷设费用。以每 2~3 台现场仪表接到一根电缆计算，平均可减少 1/2~2/3 的输入/输出卡、输入/输出柜和隔离器等。因此，FCS 的仪表与控制室间的电缆连接和安装等费用估计可比 DCS 的节约 50%。

第五节 现场总线技术的现状及其发展前景

一、现场总线技术的现状

1984 年美国仪表学会（ISA）开始制定 ISA/SP50 现场总线标准。1986 年德国开始制定过程现场总线 PROFIBUS，1990 年完成了 PROFIBUS 的制定，1994 年又推出了用于过程自动化的现场总线 PROFIBUS-PA。1986 年由 Rosemount 提出 HART 通信协议，它是在 DC 4 ~ 20mA 模拟信号上叠加 FSK（Bell 202）数字信号，因此模拟与数字信号可以同时进行通信。这是现场总线的过渡性协议。1992 年由 Siemens、Foxboro、Yokogawa、ABB 等公司成立互可操作规划组织（ISP，Interoperable System Protocol），以 PROFIBUS 为基础制定现场总线标准，1993 年成立了 ISP 基金会（ISPF）。1993 年由 Honeywell、Bailey 等公司成立了工厂仪表世界协议组织（WorldFIP，World Factory Instrumentation Protocol），约 120 多个公司加盟，以法国 FIP 为基础制定现场总线标准。由于标准众多，又代表各大公司利益，致使现场总线标准化工作进展缓慢。1994 年，世界两大现场总线组织 ISPF 和 WorldFIP 合并，成立了现场总线基金会（FF，Fieldbus Foundation）。

FF 聚集了世界著名的仪表、DCS 和自动化设备制造厂商、研究机构和最终用户。目前各大公司都已按照 FF 协议开发产品，FF 的成立，给现场总线的发展注入了新的活力。

与此同时，在不同行业还陆续派生出一些有影响的总线标准。它们大都在公司标准的基础上逐渐形成，并得到其他公司、厂商、用户以及国际组织的支持。如德国 Bosch 公司推出的 CAN、美国 Echelon 公司推出的 LonWorks 等。

随着现场总线技术及产品、系统的迅速发展，现场总线系统占整个自动化系统的市场份额逐年上升。目前国际著名的自动化、仪表、电器制造商均有现场总线产品及系统。

二、现场总线技术发展前景

现场总线控制系统（FCS）采用了现代计算机技术中的网络技术、微处理器技术及软件技术，实现了现场仪表之间的数字连接及现场仪表的数字化，给工业生产带来了巨大效益，降低了现场仪表的初始安装费用，节省了电缆、施工费，增强了现场控制的灵活性，提高了信号传递精度，减少了系统运行维护的工作量。现场总线技术的发展，促使工厂底层自动化系统及信息集成技术产生变革，新一代基于现场总线的自动化监控系统已初露端倪。

从自动控制系统发展史来看，曾经历过两次大的革新：一次是 20 世纪 50 年代末，由基地式仪表向电动或气动单元组合仪表的转变；另一次是 20 世纪 80 年代，从电子模拟仪表到 DCS 的转变。这两次大的转变，远远不及现场总线对控制系统发展的影响那样深刻。现场总线使控制系统发生了概念上的全新变化，它使传统的控制系统结构发生了根本的变化。可以预言，尽管目前是 FCS 与 DCS 并存，最终 FCS 将逐步替代 DCS 和 PLC。

思考题与习题

1-1 什么是现场总线？现场总线系统出现的背景是什么？

1-2 与 DCS 相比，FCS 在结构上有哪些特点？试画出其结构图。

1-3 FCS 相对于 DCS 具有哪些优越性？试述 FCS 的技术特点。

1-4 试展望 FCS 发展前景。目前有哪些因素妨碍 FCS 在工业的推广应用？

第二章 网络与数据通信基础

现场总线是企业的底层数字通信网络，是连接微机化仪表的开放系统。从某种意义上说，现场总线仪表就相当于一台微机，它们以现场总线为纽带，互联成网络系统，完成数字通信任务。可以说现场总线系统实际上就是控制领域的计算机局域网络。因此，在介绍现场总线的主要技术之前，有必要简述关于总线、数字通信、计算机局域网络方面的基础知识。

第一节 总线的基本概念与操作

一、总线的基本概念

从广义来说，总线就是传输信号或信息的公共路径，是遵循同一技术规范的连接与操作方式。一组设备通过总线连在一起称为"总线段"（Bus Segment）。可以通过总线段之间的相互连接把多个总线段连接成一个网络系统。

可在总线上发起信息传输的设备叫作"总线主设备"（Bus Master）。也就是说，主设备具备在总线上主动发起通信的能力，又称命令者。不能在总线上主动发起通信、只能挂接在总线上、对总线信息进行接收、查询的设备称为"总线从设备"（Bus Slaver），也称基本设备。在总线上可能有多个主设备，这些主设备都可主动发起信息传输。某一设备既可以是主设备，也可以是从设备，但不能同时既是主设备又是从设备。被总线主设备连上的从设备称为"响应者"（Responder），它参与命令者发起的数据传送。

总线上的控制信号通常有三种类型。一类控制信号连在总线上的设备，让它进行所规定的操作，如设备清零、初始化、启动和停止等。另一类是用于改变总线操作的方式，如改变数据流的方向，选择数据字段的宽度和字节等。还有一些控制信号用于表明地址和数据的含义，如对于地址，可用于指定某一地址空间，或表示出现了广播操作；对于数据，可用于指定它能否转译成辅助地址或命令。

管理主、从设备使用总线的一套规则称为"总线协议"（Bus Protocol）。这是一套事先规定的、必须共同遵守的规约。

二、总线操作的基本内容

总线上命令者与响应者之间的"连接→数据传送→脱开"这一操作序列称为一次总线"交易"（Transaction），或者叫作一次总线操作。"脱开"（Disconnect）是指完成数据传送操作以后，命令者断开与响应者的连接。命令者可以在做完一次或多次总线操作后放弃总线占有权。

一旦某一命令者与一个或多个响应者连接上以后，就可以开始数据的读写操作。"读"（Read）数据操作是读来自响应者的数据；"写"（Write）数据操作是向响应者写数据。读写操作都需要在命令者和响应者之间传递数据。为了提高数据传送操作的速度，有些总线系统采用了块传送和管线方式，加快了长距离的数据传送速度。

通信请求是由总线上某一设备向另一设备发出的请求信号，要求后者给予注意并进行某种服务。它们有可能要求传送数据，也有可能要求完成某种动作。不同总线标准中，通信请求的方式是多种多样的。最简单的方法是要求通信的设备置起服务请求信号，相应的通信处理器监测到服务请求信号时，就查询各个从设备，识别出是哪一个从设备要求中断，并发出应答信号。该信号以菊花链方式依次通过各从设备。当请求通信的设备收到该应答信号时，就不让该信号传下去，而把它自己的标识码放在总线上。这时，通信处理设备就知道哪一个是服务请求者了。这种传送中断信号的工作方式不够灵活，不适用于总线上有多个能进行通信处理设备的场合。另一种处理的方法是把请求通信的设备变成总线命令者，然后把请求信息发给想要联络的设备。这一处理过程完全是分布式的，把设备指派为通信处理设备的过程是动态进行的。高性能的总线标准中通常采用这种方法，但它要求所有要申请通信的设备都应具有主设备的能力。

寻址过程是命令者与一个或多个从设备建立起联系的一种总线操作。通常有以下三种寻址方式：

（1）物理寻址　用于选择某一总线段上某一特定位置的从设备作为响应者。由于大多数从设备都包含有多个寄存器，因此物理寻址常常有辅助寻址，以选择响应者的特定寄存器或某一功能。

（2）逻辑寻址　用于指定存储单元的某一个通用区，而并不顾及这些存储单元在设备中的物理分布。某一设备监测到总线上的地址信号，看其是否与分配给它的逻辑地址相符，如果相符，它就成为响应者。物理寻址与逻辑寻址的区别在于前者是选择与位置有关的设备，而后者是选择与位置无关的设备。

（3）广播寻址　广播寻址用于选择多个响应者。命令者把地址信息放在总线上，从设备将总线上的地址信息与其内部的有效地址进行比较，如果相符，则该从设备被"连上"（Connect）。能使多个从设备连上的地址称为"广播地址"（Broadcast Addresses）。命令者为了确保所选的全部从设备都能响应，系统需要有适应这种操作的定时机构。

每一种寻址方法都有其优点和使用范围。逻辑寻址一般用于系统总线，而现场总线则较多采用物理寻址和广播寻址。不过，现在有一些新的系统总线常常具备上述两种、甚至三种寻址方式。

总线在传送信息的操作过程中有可能会发生"冲突"（Contention）。为解决这种冲突，就需进行总线占有权的"仲裁"（Arbitration）。总线仲裁是用于裁决哪一个主设备是下一个占有总线的设备。某一时刻只允许某一个主设备占有总线，等到它完成总线操作，释放总线占有权后才允许其他总线主设备使用总线。当前的总线主设备叫作"命令者"（Commander）。总线主设备为获得总线占有权而等待仲裁的时间叫作"访问等待时间"（Access Latency），而命令者占有总线的时间叫作"总线占有期"（Bus Tenancy）。命令者发起的数据传送操作，可以在叫作"听者"（Listener）和"说者"（Talker）的设备之间进行，而更常见的是在命令者和一个或多个"从设备"之间进行。总线仲裁操作和数据传送操作是完全分开且并行工作的，因此总线占有权的交接过程不会耽误总线操作。

总线仲裁机构中有一种被称为集中仲裁的仲裁方案。其仲裁操作由一个仲裁单元完成。如果有两个以上主设备同时请求使用总线时，仲裁单元利用优先级方案进行仲裁。有多种优先级方案可以选用。有的方案中，采用高优先级的主设备可无限期地否决低优先级主设备而占有总线；而另一些方案则采用所谓的"合理方案"，不允许某一主设备"霸占"总线。另

一种仲裁方案是分布式仲裁，其仲裁过程是在每一个主设备中完成的。当某一主设备在公共总线上置起它的优先级代码时，开始一个仲裁周期。仲裁周期结束时，只有最高优先级仍置放在总线上。某一主设备检测到总线上的优先级和它自己的优先级相同时，就知道下一时刻的总线主设备是它自己。

总线操作用"定时"（Timing）信号进行同步。定时信号用于指明总线上的数据和地址在什么时刻是有效的。大多数总线标准都规定命令者可置起"控制"（Control）信号，用来指定操作的类型，还规定响应者要回送"从设备状态响应"（Slave Status Response）信号。主设备获得总线控制权以后，就进入总线操作，即进行命令者和响应者之间的信息交换。这种信息可以是地址和数据。定时信号就是用于指明这些信息何时有效。定时信号有异步和同步两种。在大多数同步总线系统中，定时时钟信号是由系统统一提供的。总线状态的改变只出现在时钟的固定时刻。总线周期的持续时间通常根据连在总线上响应最慢的设备设置时钟的速率来确定。为了避免因与低速设备通信而降低系统的整体性能，在总线标准中规定允许插入等待周期。例如，某一慢速设备为完成所请求的操作，可置起等待信号，直至该操作完成。当该等待信号撤销以后，系统恢复至正常的同步操作。在异步和使用等待约定的同步系统中均有总线超时处理。如果在规定的时间内没有得到响应者的响应，系统就夭折该总线周期。

在异步总线系统中，命令者发出选通定时信号表明总线上的信息有效；响应者回送一个应答定时信号。命令者收到该应答信号后，证实响应者确实进行了响应。这一过程叫作"握手"（Handshake）。

在总线上传送信息时会因噪声和干扰而出错，因此在高性能的总线中一般设有出错码产生和校验机构，以实现传送过程的出错检测。传送地址时的奇偶出错会使要连接的从设备连不上；传送数据时如果有奇偶错，通常是再发送一次。也有一些总线由于出错率很低而不设检错机构。

设备在总线上传送信息出错时，如何减少故障对系统的影响，提高系统的重配置能力是十分重要的。故障对分布式仲裁的影响就比菊花链式仲裁小。后者在设备出现故障时，会直接影响它后面设备的工作。总线系统应能支持软件利用一些新技术，如动态重新分配地址，把故障隔离开来，关闭或更换故障单元。

有几种新的总线在其标准中规定了串行总线出故障时如何用备用总线来代替的条款。这种备用总线在主串行总线正常工作时，可用于传递通信请求信号，并监测主串行总线的工作状态，在主串行总线出现故障时就代替它。

上面所讨论的是单段总线操作，即在一个总线段内，某一时间，一个命令者与一个或多个从设备进行总线操作。在一些总线标准中，允许多个段互联，组成段互联总线系统。在这种系统中能实现多段并行操作，提高了系统的性能。利用这种段总线互联技术，可组成网络式的复杂系统。

第二节　通信系统简介

一、通信系统的组成

通信系统是传递信息所需的一切技术设备的总和。它一般由信息源和信息接收者，发送、接收设备，传输介质几部分组成。单向数字通信系统的结构如图 2-1 所示。

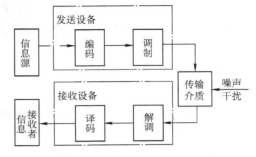

图 2-1 单向数字通信系统的结构

信息源和信息接收者分别是信息的产生者和使用者。在数字通信系统中传输的信息是数据，是数字化了的信息。这些信息可能是原始数据，也可能是经计算机处理后的结果，还可能是某些指令或标志。

信息源可根据输出信号性质的不同分为模拟信息源和离散信息源。模拟信息源（如电话机、电视摄像机）输出幅度连续变化的信号；离散信息源（如计算机）输出离散的符号序列或文字。模拟信息源可通过抽样和量化变换为离散信息源。随着计算机和数字通信技术的发展，离散信息源的种类和数量越来越多。

由于信息源产生信息的种类和速率不同，因而对传输系统的要求也各不相同。

发送设备的基本功能是将信息源和传输介质匹配起来，即将信息源产生的消息信号经过编码，并变换为便于传送的信号形式，送往传输介质。对于数字通信系统来说，发送设备的编码常常又可分为信道编码与信源编码两部分。信源编码是把连续消息变换为数字信号；而信道编码则是使数字信号与传输介质匹配，提高传输的可靠性和有效性。变换方式是多种多样的，调制是最常见的变换方式之一。

发送设备还要包括为达到某些特殊要求所进行的各种处理，如多路复用、保密处理、纠错编码处理等。

传输介质指发送设备到接收设备之间信号传递所经介质。它可以是无线的，也可以是有线的（包括光纤）。有线和无线均有多种传输介质，如电磁波、红外线为无线传输介质，各种电缆、光缆、双绞线等为有线传输介质。

介质在传输过程中必然会引入某些干扰，如噪声、脉冲干扰、衰减等。介质的固有特性和干扰特性直接关系到变换方式的选取。

接收设备的基本功能是完成发送设备的反变换，即进行解调、译码、解密等。它的任务是从带有干扰的信号中正确恢复出原始信息，对于多路复用信号，还包括解除多路复用，实现正确分路。

以上所述是单向通信系统，但在大多数场合下，信息源兼为收信者，通信的双方需要随时交流信息，因此要求双向通信。这时，通信双方都要有发送设备和接收设备。如果两个方向有各自的传输介质，则双方都可独立进行发送和接收；但若共用一个传输介质，则必须用频率或时间分割的办法来共享。通信系统除了完成信息传递之外，还必须进行信息的交换。传输系统和交换系统共同组成一个完整的通信系统，直至构成复杂的通信网络。

二、数据通信原理

计算机网络系统的通信任务是传送数据或数据化的信息。这些数据通常以离散的二进制 0、1 序列的方式表示。码元是所传输数据的基本单位。在计算机网络通信中所传输的大多为二元码，它的每一位只能在 1 或 0 两个状态中取一个。这每一位就是一个码元。

数据编码是指通信系统中以何种物理信号的形式来表达数据。用模拟信号的不同幅度、不同频率、不同相位来表达数据的 0、1 状态的，称为模拟数据编码。用高低电平的矩形脉冲信号来表达数据的0、1状态的，称为数字数据编码。

采用数字数据编码，在基本不改变数据信号频率的情况下，直接传输数据信号的传输方式，称为基带传输。基带传输可以达到较高的数据传输速率，是目前广泛应用的数据通信方式。

（一）基本概念及术语

1. 数据信息

具有一定编码、格式和字长的数字信息被称为数据信息。

2. 传输速率

指信道在单位时间内传输的信息量。一般以每秒钟所能够传输的比特（bit）数来表示，常记为bit/s（也有使用非标准单位的，记为bps）。大多数分散控制系统的数据传输速率一般为0.5～100Mbit/s。

3. 传输方式

通信方式按照信息的传输方向分为单工、半双工和全双工三种方式。

（1）单工（Simplex）方式　信息只能沿单方向传输的通信方式称为单工方式，如图2-2a所示。

（2）半双工（Half Duplex）方式　信息可以沿着两个方向传输，但在某一时刻只能沿一个方向传输的通信方式称为半双工方式，如图2-2b所示。

（3）全双工（Full Duplex）方式　信息可以同时沿着两个方向传输的通信方式称为全双工方式，如图2-2c所示。

4. 基带传输、载带传输与宽带传输

所谓基带传输，就是直接将数字数据信号通过信道进行传输。基带传输不适用于远距离数据传输。当传输距离较远时，需要进行调制。

用基带信号调制载波之后，在信道上传输调制后的载波信号，这就是载带传输。

如果要在一条信道上同时传送多路信号，各路信号以不同的载波频率加以区别，

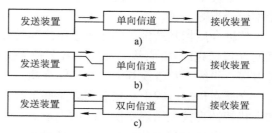

图2-2　单工、半双工和全双工通信方式
a）单工方式　b）半双工方式　c）全双工方式

每路信号以载波频率为中心占据一定的频带宽度，整个信道的带宽为各路载波信号所分享，实现多路信号同时传输，这就称之为宽带传输。

5. 异步传输与同步传输

在异步传输中，信息以字符为单位进行传输，每个信息字符都具有自己的起始位和停止位，一个字符中的各个位是同步的，但字符与字符之间的时间间隔是不确定的。

在同步传输中，信息不是以字符而是以数据块为单位进行传输的。通信系统中有专门用来使发送装置和接收装置保持同步的时钟脉冲，使两者以同一频率连续工作，并且保持一定的相位关系。在这一组数据或一个报文之内不需要启停标志，所以可以获得较高的传输速度。

6. 串行传输与并行传输

串行传输是把构成数据的各个二进制位依次在信道上进行传输的方式；并行传输是把构成数据的各个二进制位同时在信道上进行传输的方式。串行传输与并行传输的示意图如图

2-3 所示。在分散控制系统中，数据通信网络几乎全部采用串行传输方式，因此本章主要讨论串行通信方式。

（二）二进制数据的表示方法

1. 基带传输中数据的表示方法

基带传输中可用各种不同的方法来表示二进制数 0 和 1。

（1）平衡与非平衡传输　信息传输有平衡传输和非平衡传输之分。平衡传输时，无论 0 还是 1 均有规定的传输格式；非平衡传输时，只有 1 被传输，而 0 则以在指定的时刻没有脉冲信号来表示。

（2）归零与不归零传输　根据对零电平的关

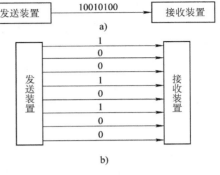

图 2-3　串行传输与并行传输示意图
a）串行传输　b）并行传输

系，信息传输可以分为归零传输和不归零传输。归零传输是指在每一位二进制信息传输之后均让信号返回零电平；不归零传输是指在每一位二进制信息传输之后让信号保持原电平不变。

（3）单极性与双极性传输　根据信号的极性，信息传输分为单极性传输和双极性传输。单极性是指脉冲信号的极性是单方向的；双极性是指脉冲信号有正和负两个方向。

1）单极性码：信号电平是单极性的，如逻辑 1 用高电平，逻辑 0 为零电平的信号表达方式。

2）双极性码：信号电平为正、负两种极性。如逻辑 1 用正电平，逻辑 0 为负电平的信号表达方式。

下面介绍几种常用的数据表示方法：

（1）平衡、归零、双极性　用正极性脉冲表示 1，用负极性脉冲表示 0，在相邻脉冲之间保留一定的空闲间隔。在空闲间隔期间，信号归零，如图 2-4a 所示。这种方法主要用于低速传输，其优点是可靠性较高。

（2）平衡、归零、单极性　这种方法又称为曼彻斯特（Manchester）编码方法。在每一位中间都有一个跳变，这个跳变既作为时钟，又表示数据。从高到低的跳变表示 1，从低到高的跳变表示 0，如图 2-4b 所示。由于这种方法把时钟信号和数据信号同时发送出去，简化了同步处理过程，所以，有许多数据通信网络采用这种表示方法。

（3）平衡、不归零、单极性　如图 2-4c 所示，它以高电平表示 1，低电平表示 0。这种方法主要用于速度较低的异步传输系统。

（4）非平衡、归零、双极性　如图 2-4d 所示，用正、负交替的脉冲信号表示 1，用无脉冲表示 0。由于脉冲总是交替变化的，所以它有助于发现传输错误，通常用于高速传输。

（5）非平衡、归零、单极性　这种表示方法与上一种表示方法的区别在于它只有正方向的脉冲而无负方向的脉冲，所以只要将前者的负极性脉冲改为正极性脉冲，就得到后一种表达方式，如图 2-4e 所示。

（6）非平衡、不归零、单极性　这种方法的编码规则是每遇到一个 1 电平就翻转一次，所以又称为"跳 1 法"或 NRZ-1 编码法，如图 2-4f 所示。这种方法主要用于磁带机等磁性记录设备中，也可以用于数据通信系统中。

2. 载带传输中数据的表示方法

载带传输是指用基带信号去调制载波信号，然后传输调制信号的方法。载波信号是正弦波信号，它有三个描述参数，即振幅、频率和相位，所以相应地也有三种调制方式，即调幅方式、调频方式和调相方式。

（1）调幅方式　调幅方式（Amplitude Modulation，AM）又称为幅移键控法（Amplitude-Shift Keying，ASK）。它是用调制信号的振幅变化来表示一个二进制数的，例如，用高振幅表示1，用低振幅表示0，如图2-5a所示。

（2）调频方式　调频方式（Frequency Modulation，FM）又称为频移键控法（Frequency-Shift Keying，FSK）。它是用调制信号的频率变化来表示一个二进制数的，例如，用高频率表示1，用低频率表示0，如图2-5b所示。

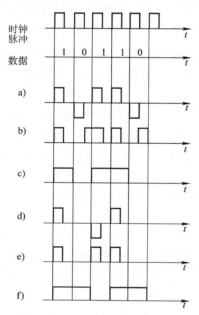

图 2-4　数据表示方法

a）平衡、归零、双极性　b）平衡、归零、单极性　c）平衡、不归零、单极性　d）非平衡、归零、双极性　e）非平衡、归零、单极性　f）非平衡、不归零、单极性

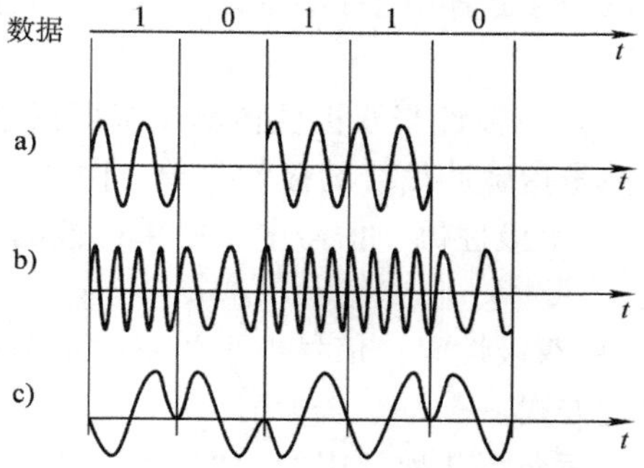

图 2-5　调制方式

a）调幅　b）调频　c）调相

（3）调相方式　调相方式（Phase Modulation，PM）又称为相移键控法（Phase-Shift Keying，PSK）。它是用调制信号的相位变化来表示二进制数的，例如用$0°$相位表示二进制的0，用$180°$相位表示二进制的1，如图2-5c所示。

三、数据交换方式

在数据通信系统中通常采用三种数据交换方式：线路交换方式、报文交换方式和报文分组交换方式。其中报文分组交换方式又包含虚电路和数据报两种交换方式。

1. 线路交换方式

所谓线路交换方式是在需要通信的两个节点之间事先建立起一条实际的物理连接，然后再在这条实际的物理连接上交换数据，数据交换完成之后再拆除物理连接。因此，线路交换方式将通信过程分为三个阶段：线路建立阶段、数据通信阶段和线路拆除阶段。

2. 报文交换方式

报文交换方式以及下面要介绍的报文分组交换方式不需要事先建立实际的物理连接，而是经由中间节点的存储转发功能来实现数据交换，因此，又称为存储转发方式。

报文交换方式交换的基本数据单位是一个完整的报文。这个报文是由要发送的数据加上目的地址、源地址和控制信息所组成的。

报文在传输之前并无确定的传输路径，每当报文传到一条中间节点时，该节点就要根据目的地址来选择下一条传输路径，或者说下一个节点。

3. 报文分组交换方式

报文分组交换方式交换的基本数据单位报文分组。报文分组是将一个完整的报文按顺序分割开来的比较短的数据组。由于报文分组比报文短得多，传输时比较灵活。特别是当传输出错需要重发时，它只需重发出错的报文分组，而不必像报文交换方式那样重发整个报文。它的具体实现有以下两种方法。

（1）虚电路方法　虚电路方法需要在发送报文分组之前，需要先建立一条逻辑信道。这条逻辑信道并不像线路交换方式那样是一条真正的物理信道。因此，人们将这条逻辑信道称为虚电路。虚电路的建立过程是首先由发送站发出一个"呼叫请求分组"，按照某种路径选择原则，从一个节点传递到另一个节点，最后到达接收站；如果接收站已经做好接收准备，并接受这一逻辑信道，那么该站就做好路径标记，并发回一个"呼叫接受分组"，沿原路径返回发送站。这样就建立起一条逻辑信道，即虚电路。当报文分组在虚电路上传送时，它的内部附有路径标记，使报文分组能够按照指定的虚电路传送，在中间节点上不必再进行路径选择。尽管如此，报文分组也不是立即转发，仍需排队等待转发。

（2）数据报方法　数据报方法是把一个完整的报文分割成若干个报文分组，并为每个报文分组编好序号，以便确定它们的先后次序。报文分组又称为数据报。发送站在发送时，把序号插入报文分组内。数据报方法与虚电路方法不同，它在发送之前并不需要建立逻辑连接，而是直接发送。数据报在每个中间节点都要处理路径选择问题，这一点与报文交换方式是类似的。然而，数据报经过中间节点存储、排队、路由和转发，可能会使同一报文的各个数据报沿着不同的路径，经过不同的时间到达接收站。这样，接收站所收到的数据报顺序就可能是杂乱无章的。因此，接收站必须按照数据报中的序号重新排序，以便恢复原来的顺序。

第三节　网络结构及传输介质

为了把分散控制系统中的各个组成部分连接在一起，常常需要把整个通信系统的功能分成若干个层次去实现，每一个层次就是一个通信子网，通信子网具有以下特征：

1）通信子网具有自己的地址结构。

2）通信子网相连可以采用自己的专用通信协议（将在后面介绍）。

3）一个通信子网可以通过接口与其他网络相连，实现不同网络上的设备相互通信。

一般，分散控制系统有以下几种通信：

1）过程控制站中基本控制单元之间的通信。

2）中央控制室中的人机接口设备与电子设备室中的高层设备之间的通信。

3）现场设备和中央控制室设备之间的通信。

一、通信系统的结构

通信系统的结构之一如图 2-6 所示。在这种结构中，把整个通信系统分为三级：

1）每个机柜中的机柜子网，实现机柜中各个基本控制单元（BCU）之间的通信。

2）中央控制室内的控制室子网，实现高层设备之间的通信。

3）厂区范围内的厂级子网，实现控制室设备与现场设备之间的通信。

这种通信系统结构的缺点是不便于进行高层设备之间的高速通信，例如，从一个设备到另一个设备的数据库转储。另外，如果基本控制单元是大规模的多回路控制器，人机接口的通信量就很大，这种结构会造成高层通信接口的"拥挤"。图 2-7 所示的通信系统结构不存在以上问题，它是由以下几部分组成的：

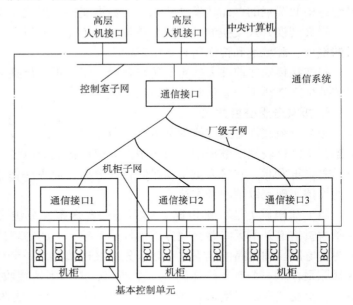

图 2-6　通信系统的结构之一

1）局部子网，它实现一个子系统内或一个机柜内各基本控制单元之间的通信。

2）厂级子网，它把高层设备和局部子网连接起来。

3）高端子网，它实现高层设备之间的高速数据传输，与过程控制不直接发生关系。

一般说来，多级通信网络的灵活性比较强。在小规模的系统中，可以只采用最低层的子网，需要时，再增加高层网络。这种多层结构可以组成大规模的通信系统。多层结构的主要缺点是信息传输过程中要经过大量的接口，因此通信的延迟时间比较长。另外，通信系统中的硬件较多，因此出现故障的机会增多，而且维修比较复杂。

二、通信网络的拓扑结构

通信系统的结构确定后，要考虑的就是每个通信子网的网络拓扑结构问题。所谓通信网络的拓扑结构就是指通信网络中各个节点或站相互连接的方法。拓扑结构决定了一对节点之间可以使用的数据通路（或称链路）。

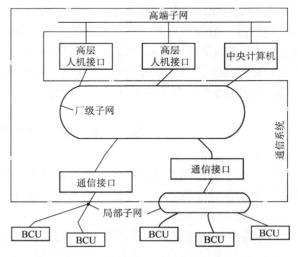

图 2-7　通信系统的结构之二

在分散控制系统中应用较多的拓扑结构是星形、环形和总线型，如图 2-8 所示。下面分别介绍这几种结构。

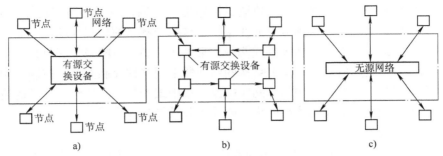

图 2-8 通信网络的拓扑结构

a）星形结构 b）环形结构 c）总线型结构

1. 星形结构

在星形结构中，每一个节点都通过一条链路连接到一个中央节点上去。任何两个节点之间的通信都要经过中央节点。中央节点有一个开关装置来接通两个节点之间的通信路径。因此，中央节点的构造是比较复杂的，一旦发生故障，整个通信系统就要瘫痪。因此，这种系统的可靠性较低，在分散控制系统中应用得较少。

2. 环形结构

在环形结构中，所有的节点通过链路组成一个环形。需要发送信息的节点将信息送到环上，信息在环上只能按某一确定的方向传输。当信息到达接收节点时，该节点识别信息中的目的地址与自己的地址相同，就将信息取出，并加上确认标记，以便由发送节点清除。

由于传输是单方向的，所以不存在确定信息传输路径的问题，这可以简化链路的控制。当某一节点故障时，可以将该节点旁路，以保证信息畅通无阻。为了进一步提高可靠性，在某些分散控制系统中采用双环，或者在故障时支持双向传输。环形结构的主要问题是在节点数量较多时会影响通信速度，另外，环是封闭的，不便于扩充。

3. 总线型结构

与星形和环形结构相比，总线型结构采用的是一种完全不同的方法。它的通信网络仅仅是一种传输介质，既不像星形结构中的中央节点那样具有信息交换的功能，也不像环形结构中的节点那样具有信息中继的功能。所有的节点都要通过相应的硬件接口直接接到总线上。由于所有的节点都共享一条公用的传输线路，所以每次只能由一个节点发送信息，信息由发送它的节点向两端扩散。这就如同广播电台发射的信号向空间扩散一样。所以，这种结构的网络又称为广播式网络。某节点发送信息之前，必须保证总线上没有其他信息正在传输。当这一条件满足时，才能把信息送上总线。在有用信息之前有一个询问信息，询问信息中包含着接收该信息的节点地址，总线上其他节点同时接收这一信息。当某个节点由询问信息中鉴别出接收地址与自己的地址相符时，这个节点便做好准备，接收后面所传送的信息。总线型结构的优点是结构简单、便于扩充。另外，由于网络是无源的，所以当采取冗余措施时并不增加系统的复杂性。总线型结构对总线的电气性能要求很高，对总线的长度也有一定的限制。因此，它的通信距离不可能太长。

以上介绍了三种典型的网络拓扑结构，在分散控制系统中应用较多的是后两种结构。

三、链路控制

在共享链路的网络结构中，链路控制是一个关键问题。由于网上连接着许多设备，它们彼此间要频繁地交换信息，这些信息都要通过链路进行传输，所以必须确定在什么时间里，在什么条件下，哪些节点可以得到链路的使用权，这就是链路的控制问题。

链路的控制方式分为集中式和分散式两种。集中式控制是指网络中有单独的集中式控制器，由它控制各节点之间的通信。星形结构的网络便采用这种控制方式，控制机构集中在星形网络的中央节点内。分散式控制是指网络中没有集中式控制器，各节点之间的通信由它们自身的控制器来控制，环形及总线型网络一般采用分散控制方式。

四、传输介质

发送装置和接收装置之间的信息传输通路称为信道。它包括传输介质和有关的中间设备。

1. 传输介质

在分散控制系统中，常用的传输介质有双绞线、同轴电缆和光缆。

（1）双绞线　双绞线是由两条相互绝缘的导线纽绞而成的线对，在线对的外面常有金属箔组成的屏蔽层和专用的屏蔽线，如图2-9a所示。

双绞线的成本比较低，但在传输距离比较远时，它的传输速率受到限制，一般不超过10 Mbit/s，传输距离与传输速率的关系曲线如图2-10所示。

（2）同轴电缆　同轴电缆的结构如图2-9b所示。它是由内导体、中间绝缘层、外导体和外绝缘层组成的。信号通过内导体和外导体传输。外导体总是接地的，起到了良好的屏蔽作用。有时为了增加机械强度和进一步提高抵抗磁场干扰的能力，还在最外边加上两层对绕的钢带。

同轴电缆的传输特性优于双绞线。在同样的传输距离下，它的数据传输速率高于双绞线，这一点由图2-10很容易看出，但同轴电缆的成本高于双绞线。

（3）光缆　光缆的结构如图2-9c所示。它的内芯是由二氧化硅拉制成的光导纤维，外面敷有一层玻璃或聚丙烯材料制成的覆层，由于内芯和覆层的折射率不同，以一定角度进入内芯的光线能够通过覆层折射回去，沿着内芯向前传播以减少信号的损失。在覆层的外面一般有一层被称为Kevlar的合成纤维，用以增加光缆的机械强度，它可以使直径为$100\mu m$的光纤能承受300N的拉力。

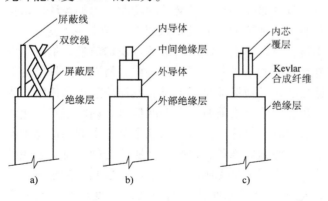

图2-9　传输介质
a）双绞线　b）同轴电缆　c）光缆

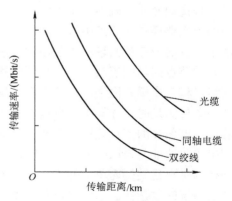

图2-10　三种传输介质的传输特性

光缆不仅具有良好的信息传输特性，而且具有良好的抗干扰性能，因为光缆中的信息是以光的形式传播的，所以电磁干扰几乎对它毫无影响。光缆的传输特性如图2-10所示。由图中可见,光缆可以在更大的传输距离上获得更高的传输速率。但是,在分散控制系统中,由于其他配套通信设备的限制,光缆的实际传输速率要远远低于理论传输速率。尽管如此,光缆在许多方面仍然比前两种传输介质具有明显的优越性,因此,光缆是一种很有前途的传输介质。光缆的主要缺点是分支比较困难。

2. 连接方式

在分散控制系统中,过程控制站、操作员站、工程师站等都是通过通信网络连接在一起的,所以它们都必须通过这样或那样的方式与传输介质连接起来。以电信号传输信息的双绞线和同轴电缆,其连接方式比较简单;以光信号传输信息的光缆,其连接方式比较复杂。下面简单介绍几种传输介质的连接方式。

双绞线的连接特别简单,只要通过普通的接线端子就可以把各种设备与通信网络连接起来,不需要任何专用设备。

同轴电缆的连接稍复杂,一般要通过专用的"T"形连接器进行连接。这种连接器类似于闭路电视中的连接器,构造比较简单,而且已经形成了一系列的标准件,应用起来十分方便。

光缆的连接比较困难。图 2-11 所示是一个光缆连接器的电路图。光脉

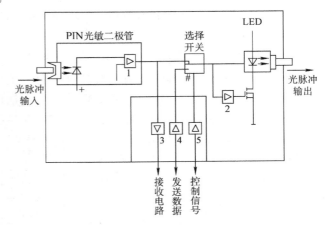

图 2-11 光缆连接器

冲输入信号首先经 PIN 光敏二极管转换为低电平的电压信号。然后经放大器 1、2 放大再经过发光二极管(LED)转换为光脉冲信号输出。放大器 1 输出的信号还经过放大器 3 送往接收电路。当发送数据时,选择开关切换到下面,通过放大器 4 发送数据。控制信号通过驱动器 5 控制选择开关的切换。

表 2-1 总结了三种传输介质的特点。

表 2-1 传输介质的特点

特点 项目 / 介质	双绞线	同轴电缆	光缆
传输线价格	较低	较高	较高
连接器件和支持电路的价格	低	较低	高
抗干扰能力	如采用屏蔽措施,则比较好	很好	特别好
标准化程度	高	较高	低
敷设	简单	稍复杂	简单
连接	同普通导线一样简单	需要专用的连接器	需要复杂的连接器件和连接工艺
适用于网络类型	环形或总线型网络	环形或总线型网络	主要用于环形网络
对环境的适应性	较好	较好	特别好,耐高温,适用于各种恶劣环境

第四节　通信系统的协议模型

　　网络结构问题不仅涉及信息的传输路径，而且涉及链路的控制。对于一个特定的通信系统，为了实现安全可靠的通信，必须确定信息从源点到终点所要经过的路径，以及实现通信所要进行的操作。在计算机通信网络中，对数据传输过程进行管理的规则被称为协议。

　　对于一个计算机通信网络来说，接到网络上的设备是各种各样的，这就需要建立一系列有关信息传递的控制、管理和转换的手段和方法，并要遵守彼此公认的一些规则，这就是网络协议的概念。这些协议在功能上应该是有层次的。为了便于实现网络的标准化，国际标准化组织 ISO 提出了开放系统互联（Open System Interconnection，OSI）参考模型，简称 ISO/OSI 模型。

一、协议的参考模型

　　ISO/OSI 模型将各种协议分为七层，自下而上依次为物理层、链路层、网络层、传输层、会话层、表示层和应用层，如图 2-12 所示。各层协议的主要作用如下：

　　（1）物理层　物理层协议规定了通信介质、驱动电路和接收电路之间接口的电气特性和机械特性。例如，信号的表示方法、通信介质、传输速率、接插件的规格及使用规则等。

　　（2）链路层　通信链路是由许多节点共享的。这层协议的作用是确定在某一时刻由哪一个节点控制链路，即链路使用权的分配。它的另一个作用是确定比特级的信息传输结构，也就是说，这一级规定了信息每一位和每一个字节的格式，同时还确定了检错和纠错方式，以及每一帧信息的起

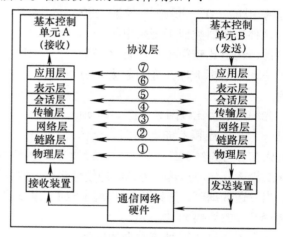

图 2-12　ISO/OSI 参考模型式

始和停止标记的格式。帧是链路层传输信息的基本单位，由若干字节组成，除了信息本身之外，它还包括表示帧开始与结束的标志段、地址段、控制段及校验段等。

　　（3）网络层　在一个通信网络中，两个节点之间可能存在多条通信路径。网络层协议的主要功能就是处理信息的传输路径问题。在由多个子网组成的通信系统中，这层协议还负责处理一个子网与另一个子网之间的地址变换和路径选择。如果通信系统只由一个网络组成，节点之间只有唯一的一条路径，那么就不需要这层协议。

　　（4）传输层　传输层协议的功能是确认两个节点之间的信息传输任务是否已经正确完成。其中包括：信息的确认、误码的检测、信息的重发、信息的优先级调度等。

　　（5）会话层　这层协议用来对两个节点之间的通信任务进行启动和停止调度。

　　（6）表示层　这层协议的任务是进行信息格式的转换，它把通信系统所用的信息格式转换成它的上一层，也就是应用层所需的信息格式。

　　（7）应用层　严格说，这一层不是通信协议结构中的内容，而是应用软件或固件中的

一部分内容。它的作用是召唤低层协议为其服务。在高级语言程序中，它可能是向另一节点请求获得信息的语句。在功能块程序中，它可能是一个请求从另一个基本控制单元中读取过程变量的输入功能块。

以上这些说明十分抽象，不用一些具体的实例加以说明是很难理解的。下面举例说明各层协议的实现方法。

二、物理层协议

物理层协议涉及通信系统的驱动电路、接收电路与通信介质之间的接口问题。物理层协议主要包括以下内容：

1）接插件的类型以及插针的数量和功能。

2）数字信号在通信介质上的编码方式，如电平的高低和0、1的表达方法。

3）确定与链路控制有关的硬件功能，如定义信号交换控制线或者忙测试线等。

从以上说明中可以看到，物理层协议的功能是与所选择的通信介质（双绞线、同轴电缆、光缆）以及信道结构（串行、并行）密切相关的。

下面是一些标准的物理层接口。

（1）RS-232C　RS-232C 是 1969 年由美国电子工业协会（EIA）修订的串行通信接口标准。它规定数据信号按负逻辑进行工作。以 −15 ～ −5V 的低电平信号表示逻辑 1，以 +5 ～ +15V 的高电平信号表示逻辑 0，采用 25 针的接插件，并且规定了最高传输速率为 19.2kbit/s、最大传输距离为 15m。RS-232C 标准主要用于只有一个发送器和一个接收器的通信线路，例如计算机与显示终端或打印机之间的接口。

（2）RS-449　为了进一步提高 RS-232C 的性能，特别是提高传输速率和传输距离，EIA 于 1977 年公布了 RS-449 标准，并且得到了 CCITT 和 ISO 的承认。RS-449 采用与 RS-232C 不同的信号表达方式，它的抗干扰能力更强，传输速率达到 2.5Mbit/s，传输距离达到 300m。另外，它还允许在同一通信线路上连接多个接收器。

（3）RS-485　RS-485 扩展了 RS-449 的功能，它允许在一条通信线路上连接多个发送器和接收器（最多可以支持 32 个发送器和接收器），这个标准实现了多个设备的互连。它的成本很低，传输速率和通信距离与 RS-449 在同一数量级。

应该指出，上述标准并不规定所传输的信息格式和意义，只有更高层的协议才完成这一功能。

三、链路层协议

链路层协议主要完成两个功能：一个是对链路的使用进行控制，另一个是组成具有确定格式的信息帧。下面将讨论这两个功能，并举例说明其实现方法。

由于通信网络是由通信介质和与其连接的多个节点组成的，所以链路层协议必须提出一种决定如何使用链路的规则。实现网络层协议有许多种方法，某些方法只能用于特定的网络拓扑结构。表 2-2 列举了一些常用网络访问控制协议的优缺点。

1. 时分多路访问法

时分多路访问法又称 TDMA（Time Division Multiplex Access）法，这种方法用于总线型网络。在网络中有一个总线控制器，它负责把时钟脉冲送到网络中的每个节点上。每个节点有一个预先分配好的时间槽，在给定的时间槽里它可以发送信息。在某些系统中，时间槽的分配不是固定不变而是动态进行的。尽管这种方法很简单，但它不能实现节点对网络的快速访问，也不能有效地处理在短时间内涌出的大量信息。另外，这种方法需要总线控制器。如果不采取一定的冗余措施，总线控制器的故障就会造成整个通信系统的瘫痪。

表 2-2　网络访问控制协议

网络访问控制协议	网络类型	优　　点	缺　　点
时分多路访问	总线型	结构简单	通信效率低 总线控制器需要冗余
查询式	总线型或环形	结构简单 比 TDMA 法效率高 网络访问分配情况可预先确定	网络控制器需要冗余 访问速度低
令牌式	总线型或环形	网络访问分配情况可预先确定 无网络控制器 可以在大型总线网络中使用	在丢失令牌时，必须有重发令牌的措施
带有冲突检测的载波侦听多路访问	总线型	无网络控制器 实现比较简单	在长距离网络中效率下降 网络送取时间是随机不确定的
扩展环形	环形	无网络控制器 能支持多路信息同时传输	只能用于环形网络

2. 查询法

查询（Polling）法既可用于总线型网络，也可以用于环形网络。查询法与 TDMA 法一样，也要有一个网络控制器。网络控制器按照一定的次序查询网络中的每个节点，看它们是否要求发送信息。如果节点不需要发送信息，网络控制器就转向下一个节点。由于不发送信息的节点基本上不占用时间，所以这种方法比 TDMA 法的通信效率高。然而，它也存在着与 TDMA 法同样的缺点：访问速度慢、可靠性差等。

3. 令牌法

令牌（Token）法用于总线型或环形网络。令牌是一个特定的信息，例如用二进制序列 11111111 来表示。令牌按照预先确定的次序，从网络中的一个节点传到下一个节点，并且循环进行。只有获得令牌的节点才能发送信息。同前两种方法相比，令牌法的最大优点在于它不需要网络控制器，因此可靠性比较高。这种方法的主要问题是若某一个节点出现故障或受到干扰，会造成令牌丢失。所以必须采用一定的措施来及时发现令牌丢失，并且及时产生一个新的令牌，以保证通信系统的正常工作。令牌式协议是 IEEE 802 局部区域网络标准所规定的访问协议之一。

4. 带有冲突检测的载波侦听多路访问法

带有冲突检测的载波侦听多路访问法又称为 CSMA/CD（Carrier Sense Multiple Access with Collision Detection）法。这种方法用于总线型网络，它的工作原理类似于一个公用电话网络。打电话的人（相当于网络中的一个节点）首先听一听线路是否被其他用户占用。如果未被占用，他就可以开始讲话，而其他用户都处于受话状态。他们同时收到了讲话声音，但只有与讲话内容有关的人才将信息记录下来。如果有两个节点同时送出了信息，那么通过检测电路可以发现这种情况，这时，两个节点都停止发送，随机等待一段时间后再重新发送。随机等待的目的是使每个节点的等待时间能够有所差别，以免在重发时再次发生碰撞。这种方法的优点是网络结构简单，容易实现，不需要网络控制器，并且能够允许节点迅速地

访问通信网络。它的缺点是当网络所分布的区域较大时，通信效率会下降，原因是当网络太大时，信号传播所需要的时间增加了，要确认是否有其他节点占用网络就需要用更长的时间。另外，由于节点对网络的访问具有随机性，所以用这种方法无法确定两个节点之间进行通信时所需要的最大延迟时间。但是通过排队论分析和仿真试验，可以证明 CSMA/CD 法的性能是非常好的，在以太网（Ethernet）通信系统中采用了 CSMA/CD 协议，在 IEEE 802 局部区域网络标准中也包括这个协议。

5. 扩展环形法

扩展环形（Ring Expansion）法仅用于环形网络。当采用这种方法时，准备发送信息的节点不断监视着通过它的信息流，一旦发现信息流通过完毕，它就把要发送的信息送上网络，同时把随后进入该节点的信息存入缓冲器。当信息发送完毕之后，再把缓冲器中暂存的信息发送出去。这种方法的特点是允许环形网络中的多个节点同时发送信息，因此提高了通信网络的利用率。

当用上述方法建立起对通信网络的控制权之后，数据便可以以一串二进制代码的形式从一个节点传送到另一个节点，链路层协议定义了二进制代码的格式，使其能组成具有明确含义的信息。另外，数据链路层协议还规定了信息传送和接收过程中的某些操作，例如前面所介绍的误码检测和纠正。大多数分散控制系统均采用标准的链路层协议，其中比较常用的有：

1）BISYNC（二进制同步通信协议）。这是由 IBM 公司开发出来的面向字符的链路层协议。

2）DDCMP（数字数据通信协议）。这是由数字设备公司（DEC）开发出来的面向字符的链路层协议。

3）SDLC（同步数据链路控制协议）。这是由 IBM 公司开发出来的面向比特的链路层协议。

4）HDLC（高级数据链路控制协议）。这是由 ISO 规定的，面向比特的链路层协议。

5）ADCCP（高级数据通信控制规程）。这是由美国国家标准协会（ANSI）规定的，面向比特的链路层协议。

在当前的通信系统中，广泛采用面向比特的链路层协议，因为这种形式的协议可以更有效地利用通信介质。后三种协议已经能够用专用集成电路芯片实现，这样就简化了通信系统的结构。

四、网络层协议

网络层协议主要处理通信网络中的路径选择问题。另外，它还负责子网之间的地址变换。已有的一些标准协议（如 CCITT.25）可以支持网络层的通信，然而由于成本很高，结构复杂，所以在工业过程控制系统中一般不采用具有可选路径的通信网络。比较常用的是具有冗余的总线型或环形网络，在这些网络中不存在通信路径的选择问题，因此网络层协议的作用只是在主通信线路故障时，让备用通信线路继续工作。

由于以上原因，大多数工业过程控制系统中网络层协议的主要作用是管理子网之间的接口。子网接口协议一般专门用于某一特定的通信系统。另外，网络层协议还负责管理那些与其他计算机系统连接时所需要的网间连接器。网络层协议把一些专用信息传送到低层协议中，即可实现上述功能。

五、传输层和会话层协议

在工业过程控制所用的通信系统中，为了简单起见，常常把传输层和会话层协议合在一起。这两层协议确定了数据传输的启动方法和停止方法，以及实现数据传输所需要的其他信息。在分散控制系统中，每个节点都有自己的微处理器，它可以独立地完成整个系统的一部分任务。为了使整个系统协调工作，每个节点都要输入一定的信息，这些信息有些来自节点本身，有些则来自系统中的其他节点。一般来说，可以把通信系统的作用看成是一种数据库更新作用，它不断地把其他节点的信息传输到需要这些信息的节点中去，相当于在整个系统中建立了一个为多个节点所共享的分布式数据库。更新数据库的功能是在传输层和会话层协议中实现的。下面简要介绍常用的三种更新数据库的方法：

（1）查询法　需要信息的节点周期性地查询其他节点，如果其他节点响应了查询，则开始进行数据交换。由其他节点返回的数据中包含了确认信号，它说明被查询的节点已经接收到了请求信号，并且正确地理解了信号的内容。

（2）广播法　广播法类似于广播电台发送播音信号。含有信息的节点向系统中其他所有节点广播自己的信息，而不管其他节点是否需要这些信息。在某些系统中，信息的接收节点发出确认信号，也有些系统不发确认信号。

（3）例外报告法　在这种方法中，节点内有一个信息预定表，这个表说明有哪些节点需要这个节点中的信息。当这个节点内的信息发生了一定量的（常常把这个量称为例外死区）变化时，它就按照预定表中的说明去更新其他节点的数据，一般收到信息的节点要回送确认信号。

查询法是在分散控制系统中用得比较多的协议，特别是用在具有网络控制器的通信系统中。但是查询法不能有效地利用通信系统的带宽，另外它的响应速度也比较慢。广播法在这两方面比较优越，特别是不需确认的广播法。不需确认的广播法在信息传输的可靠性上存在着一定的问题，因为它不能保证数据的接收者准确无误地收到所需要的信息。实践证明，例外报告法是一种迅速而有效的数据传输方法。但例外报告法还需要在以下两个方面进行一些改进：首先要求对同一个变量不产生过多的、没有必要的例外报告，以免增加通信网络的负担，这一点可通过限制两次例外报告之间的最小间隔时间来实现；其次在预先选定的时间间隔内，即使信息的变化没有超过例外死区，也至少要发出一个例外报告，这样能够保证信息的实时性。

六、高层协议

所谓高层协议，是指表示层和应用层协议，它们用来实现低层协议与用户之间接口所需要的一些内部操作。高层协议的重要作用之一就是区别信息的类型，并确定它们在通信系统中的优先级。例如，它可以把通信系统传送的信息分为以下几级：

1）同步信号。

2）跳闸和保护信号。

3）过程变量报警。

4）操作员改变给定值或切换运行方式的指令。

5）过程变量。

6）组态和参数调整指令。

7）记录和长期历史数据存储信息。

根据优先级顺序，高层协议可以对信息进行分类，并且把最高优先级的信息首先传输给较低层的协议。要实现这一点技术比较复杂，而且成本也较高。因此，为了使各种信息都能顺利地通过通信系统，并且不产生过多的时间延迟，通信系统中的实际通信量必须远远小于通信系统的极限通信能力，一般不超过其 50%。

第五节　差错控制

分散控制系统的通信网络是在条件比较恶劣的工业环境下工作的，因此，在信息传输过程中，各种各样的干扰可能造成传输错误。这些错误轻则会使数据发生变化，重则会导致生产过程事故。因此必须采取一定的措施来检测错误并纠正错误，检错和纠错统称为差错控制。

一、传输错误及可靠性指标

在通信网络上传输的信息是二进制信息，它只有 0 和 1 两种状态，因此，传输错误是把 0 误传为 1，或者是把 1 误传为 0。根据错误的特征，可以把它们分为两类：一类称为突发错误；另一类称为随机错误。突发错误是由突发噪声引起的，其特征是误码连续成片出现；随机错误是由随机噪声引起的，它的特征是误码与其前后的代码是否出错无关。

在分散控制系统中，为了满足控制要求和充分利用信道传输能力，传输速率一般为 0.5～100Mbit/s。传输速率越大，每一位二进制代码（又称码元）所占用的时间就越短，波形就越窄，抗干扰能力就越差，可靠性就越低。传输可靠性用误码率表示，其定义式如下：

$$P_e = 出错的码元数/传输的总码元数 \qquad (2-1)$$

由式（2-1）可见，误码率越低，通信系统的可靠性就越高。

在分散控制系统中，常常用每年出现多少次误码来代替误码率。对大多数分散控制系统来说，这一指标大约在每年 0.01 次到 4 次。

二、差错控制方法及其分类

差错控制方法一般分为两类：一类是在传输信息中附加冗余度的方法；另一类是在传输方法中附加冗余度的方法。图 2-13 表示了这两种差错控制方法。

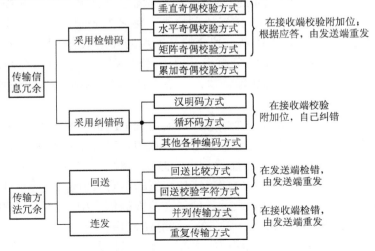

图 2-13　差错控制方法

在传输信息中附加冗余度的方法是一种常用方法。它的基本原理是在传输的信息中按照一定的规则附加一定数量的冗余位。由于有了冗余位，真正有用的代码数就会少于所能组合成的全部代码数。这样，当代码在传输过程中出现错误，并且使接收到的代码与有用的代码不一致时，说明发生了错误。下面举例说明：假设要传输的信息是0，在传输的过程中由于受到干扰而变成了1，这在接收端是无法发现的，因为0和1都是合法的信息。如果在要发送的信息后面附加一个冗余位，并规定发送0时，冗余位取0，发送1时冗余位取1，这样，在传输信息0时，所发送出去的信息就是00。如果信息在传输过程中某一位出现错误，到达接收端的信息就会变成01或10。因为01或10是无用的状态，或称非法信息，所以接收端即可发现错误。但无法确定是哪一位发生错误，因为第一位错误和第二位错误的可能性都是相同的。如果干扰很严重，致使两位同时出错，00变为11，则接收端无法检查出这一错误，因为11是合法信息。

为了提高检错和纠错能力，可在此基础上再增加一个冗余位，并规定发送0时，冗余位取00；发送1时，冗余位取11，这样，在传输信息0时，所发送出去的信息就是000。如果在传输过程中出现一位错，到达接收端的信息就会变成001、010或者100。因为这些信息都是非法信息，所以接收端即可发现传输错误。究竟是哪一位错误呢？把这三种误码与正确状态000或111相比较，可以发现，它们与000相比只有一位不同，而与111相比，则有两位不同。根据概率来看，错一位的可能性要比错两位的可能性大得多。因此，出现这三种情况时，可认为发送的信息是000。同样的理由，当出现011或110时，可认为发送的信息是111，这样，当传输过程中出现一位错误时，不但能够发现，而且能够纠正错误。但是如果是两位出错，例如，发送的000变为011，这时就只能发现错误，而不能纠正错误，因为按照上述纠错原则011会被判定为111，它并不是真正需要传输出去的信息。所以，对于两位错误是无法纠正的。如果是三位同时出错，显然不但不能纠正，而且无法发现，因为000和111都是合法信息。

由以上讨论可见，冗余位数越多，检错和纠错的能力就越强，但信息的有效传输率则越低。下面介绍几个与信息冗余有关的基本概念。在数据传输过程中，信息总是成组处理的。设一组信息的字长是 k 位，则这组信息可以有 2^k 个状态。如果在信息后面按一定规则附加 r 个冗余位，则可组成长度为 $n = k + r$ 的二进制序列，称之为码组。码组共有 2^n 个状态，其中有 2^k 个是有用的状态，即合法信息，其余的是无用的冗余状态，即非法信息。每个状态称为一个码字，这些码字的集合称为分组码，记为 (n, k)。k 与 n 的比值称为编码率，用 R 表示。R 越大，有用信息所占的比重就越大，信息的传输效率越高，但信息的冗余度就越小，差错控制的能力就越弱。

由上面的例子可以看到，如果一个信息在传输过程中出错，变成了另一个合法信息，是很难检查出来并加以纠正的。由此想到，如果让信息的合法状态之间有很大的差别，那么一种合法信息错成另一合法信息的可能性就会大大减小。对于两个长度相同的二进制序列来说，它们之间的差别可以用两个序列之间对应位取值的不同来衡量，取值不同的值的个数称为汉明（Hamming）距离，用字母 d 表示。例如在前面的例子中，设 $c_1 = 000$，$c_2 = 111$，这两个序列之间的汉明距离为 $d(c_1, c_2) = 3$。在一个分组码中，码字之间的最小汉明距离是很重要的参数，最小汉明距离越大，说明码字之间的差别就越大，一个码字错成另一个码字的可能性就越小。

发送端在信息码的后面按照一定的规则附加冗余位组成传输码组的过程称为编码，在接收端按相同规则检错和纠错的过程称为译码。编码和译码都是由硬件电路配合软件完成的。下面介绍几种常用的差错检验方法。

三、奇偶校验

奇偶校验是一种经常使用的比较简单的校验技术。所谓奇偶校验就是在每个码组之内附加一个校验位，使得整个码组中 1 的个数为奇数（奇校验）或偶数（偶校验），其规则可以表示为

$$奇校验 \quad \sum_{i=1}^{k} x_i + x_c = 1 \qquad (2-2)$$

$$偶校验 \quad \sum_{i=1}^{k} x_i + x_c = 0 \qquad (2-3)$$

式中，x_i 为数据位；x_c 为校验位；加法采用模 2 加规则，即 $0 + 0 = 0$，$0 + 1 = 1$，$1 + 0 = 1$，$1 + 1 = 0$。

1. 垂直奇偶校验

假设有 10 个以 ASCII 码表示的字符 A，B，…，J 排为一组，它们的校验位是按偶校验的规则求出的，见表 2-3。在发送端校验位可以用图 2-14a 所示的电路形成。这种校验方法只能够检查每一个字符中的奇数个错误。

检查可根据所采用的是奇校验还是偶校验按式（2-2）或式（2-3）进行。图 2-14b 所示是在接收端采用的校验电路。

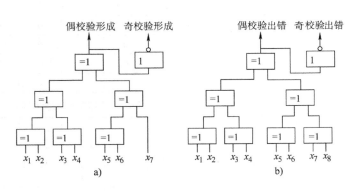

图 2-14 奇偶校验电路

a）校验位形成电路 b）校验电路

如果采用奇校验，并且奇校验出错端为 0，就说明出错；如果采用偶校验，并且偶校验出错端为 1，就说明出错。

表 2-3 垂直奇偶校验编码

位 \ 字符	A	B	C	D	E	F	G	H	I	J
x_1	1	0	1	0	1	0	1	0	1	0
x_2	0	1	1	0	0	1	1	0	0	1
x_3	0	0	0	1	1	1	1	0	0	0
x_4	0	0	0	0	0	0	0	1	1	1
x_5	0	0	0	0	0	0	0	0	0	0
x_6	0	0	0	0	0	0	0	0	0	0
x_7	1	1	1	1	1	1	1	1	1	1
x_c	0	0	1	0	1	1	0	0	1	1

2. 水平奇偶校验

仍以上面的 10 个字符为例说明水平奇偶校验法。这次是对水平方向的码元进行模 2 加

来确定冗余位，见表2-4。表中的校验位也是按偶校验规则得出的，在这种校验中，可以检测出组内各字符同一位中的奇数个错误，也可以检测出所有突发长度 $\leqslant k$ 的突发错误。对于本例 $k=7$，表中的信息是按列顺序传送的，即先传送第一个字符A，然后是B，…，最后是校验码 x_c。由于每一位校验码与该组中每一字符的对应位均有关系，所以它的编码、译码电路比较复杂。

3. 矩阵奇偶校验

在一组字符中，既进行垂直奇偶校验，又进行水平奇偶校验，这就是矩阵奇偶校验。矩阵奇偶校验具有较强的检错能力，它不但能发现某一行或某一列上的奇数个错误，而且还能发现突发长度小于或等于 $k+1$ 的突发错误。表2-5是按偶校验规则求出的矩阵奇偶校验编码。

表2-4 水平奇偶校验编码

位＼字符	A	B	C	D	E	F	G	H	I	J	x_c
x_1	1	0	1	0	1	0	1	0	1	0	1
x_2	0	1	1	0	0	1	1	0	0	1	1
x_3	0	0	0	1	1	1	1	0	0	0	0
x_4	0	0	0	0	0	0	0	1	1	1	1
x_5	0	0	0	0	0	0	0	0	0	0	0
x_6	0	0	0	0	0	0	0	0	0	0	0
x_7	1	1	1	1	1	1	1	1	1	0	0

表2-5 矩阵奇偶校验编码

位＼字符	A	B	C	D	E	F	G	H	I	J	x_c'
x_1	1	0	1	0	1	0	1	0	1	0	1
x_2	0	1	1	0	0	1	1	0	0	1	1
x_3	0	0	0	1	1	1	1	0	0	0	0
x_4	0	0	0	0	0	0	0	1	1	1	1
x_5	0	0	0	0	0	0	0	0	0	0	0
x_6	0	0	0	0	0	0	0	0	0	0	0
x_7	1	1	1	1	1	1	1	1	1	0	0
x_c	0	0	1	0	1	1	0	0	1	1	1

四、汉明校验

汉明（Hamming）校验是在奇偶校验的基础上发展起来的，汉明校验不像奇偶校验那样仅设置一位校验码，而是设置若干位校验码，其中每个校验位有一定的校验范围。例如，设被传输的数据为 x_1（仅1位），如果采用汉明校验码，则需附加2位校验位，记为 x_{c1}、x_{c2}。由于 x_{c1}、x_{c2} 可以组合成4种状态，故可用其中的1种状态表示无错，其他3种状态分别表示 x_1、x_{c1}、x_{c2} 出错。具体实现方法如下：将 x_1 和 x_{c1} 编为一组，记为 G_1，再将 x_1 和 x_{c2} 编为一组，记为 G_2，对每一组都分别进行奇偶校验（在本例中采用偶校验）。编组情况见表2-6。

表2-6中用 √ 表示参加哪一组奇偶校验，

表2-6 汉明校验的编组

	x_1	x_{c1}	x_{c2}
G_1	√	√	
G_2	√		√

例如，表中第一行表示 x_1 和 x_{c1} 参加 G_1 组奇偶校验，第二行表示 x_1 和 x_{c2} 参加 G_2 组奇偶校验。以偶校验为例，如果要传输的信息 x_1 为 0，则 x_{c1} 应为 0，以保证 G_1 组中 1 的个数为偶数；同理，x_{c2} 也应为 0。要传的信息为 1 时，x_1 和 x_{c2} 均应为 1。如果在数据传输过程中发生错误，在接收端就会发现 G_1 组或 G_2 组偶校验出错；在此，以 $G_1 = 1$ 表示 G_1 组出错，以 $G_2 = 1$ 表示 G_2 组出错，那么会有以下几种情况：

1）$G_1 G_2 = 11$，说明 G_1、G_2 两组均发生错误，因此可以判定是 x_1 出错，将 x_1 取反，就可实现纠错。

2）$G_1 G_2 = 10$，说明只有 G_1 组发生了错误，因此可以判定是 x_{c1} 出错，此时 x_1 是正确的，无需纠错。

3）$G_1 G_2 = 01$，说明只有 G_2 组发生了错误，因此可以判定是 x_{c2} 出错；同理，x_1 正确，无需纠错。

4）$G_1 G_2 = 00$，说明 $G_1 G_2$ 两组均正确传输，没有错误。

从上述例子中可以总结出汉明校验的能力：若采用 r 个校验位，则校验位可以组成 2^r 种状态，用其中的一种状态代表无错，用 r 种状态表示哪一个校验位出错，则还有 $2^r - 1 - r$ 种状态信息能用于纠错。若被传输的数据为 k 位，采用汉明校验，所附加的校验位为 r，则应满足下式：

$$2^r \geqslant k + r + 1$$

汉明校验的编码规则如下：

1）若附加 r 个冗余校验位，则可以组成 r 个校验组，分别用 G_1，G_2，$\cdots$，G_r 表示。

2）每位数据必须参加 $2 \sim r$ 个校验组，但组合上不应重复。

3）如果某位出错，必使它所参加的校验组校验出错，例如，若 x_4 只参加了 G_2 和 G_4 组，当 G_2 和 G_4 校验出错，而其他组的校验正确时，则可判定是 x_4 出错，只要将 x_4 取反，即可纠正。

例如，对于 $k = 11$，$r = 5$，采用汉明校验，校验编组见表2-7。

表 2-7　汉明校验的编组

	x_1	x_2	x_3	x_4	x_5	x_6	x_7	x_8	x_9	x_{10}	x_{11}	x_{c1}	x_{c2}	x_{c3}	x_{c4}	x_{c5}
G_1					✓	✓	✓	✓	✓	✓	✓	✓				
G_2		✓	✓	✓				✓	✓	✓	✓		✓			
G_3	✓		✓	✓		✓	✓		✓	✓				✓		
G_4	✓	✓		✓	✓		✓		✓	✓					✓	
G_5	✓	✓	✓	✓	✓	✓	✓	✓	✓	✓	✓					✓

由表中编组可见，如果 $G_1 G_2 G_3 G_4 G_5 = 00000$，则无错；若 $G_5 = 1$，说明有一位错（3 位及 3 位以上错不讨论），且 $G_1 G_2 G_3 G_4$ 可指出错误位置；若 $G_1 G_2 G_3 G_4 \neq 0$，则表示有两位错。

图 2-15 是汉明校验的检错及纠错电路。它能检查出两位错误，同时纠正一位错误。例如，当 x_2 出错时，它所参加的校验组 G_2、G_4 和 G_5 就会变为 1，而 G_1 和 G_3 为 0，因此，译码器的第二个输出端 $\overline{G_1} G_2 \overline{G_3} G_4 = 1$，$\overline{G_1} G_2 \overline{G_3} G_4$ 与 x_2 进行"异或"运算之后，其输出即对出现错误的 x_2 进行了纠正。译码器的其他输出端均为 0，其余各位保持不变。

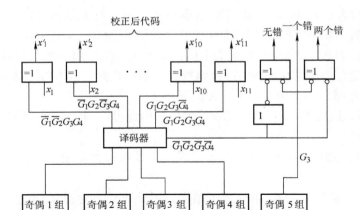

图 2-15　汉明校验的检错及纠错电路

五、循环冗余校验

循环冗余校验（Cyclic Redundancy Check，CRC）是在分散控制系统中应用较多的一种校验方法，图 2-16 是 CRC 方法示意图。校验码的生成过程如下：

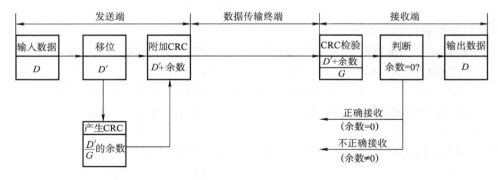

图 2-16　CRC 方法示意图

1）设要发送的数据为 D，把 D 与 G（称为生成多项式）的最高次项相乘得到 D'（通过移位来实现）。

2）用 G（生成多项式）除 D'。

3）将上一步相除后所得的余数作为校验码（即 CRC）。

4）将 D' 与余数相加后传输。

在接收端的校验方法如下：

1）用与发送端相同的多项式 G 去除所接收到的（D' + 余数）。

2）如果能除尽，表示无差错，去掉余数后，得到数据。

3）如果除不尽，说明有差错，按一定规则进行纠错或请求重发。

第六节　网络互联及互联设备

网络分类的标准有很多，按照网络传输技术分类，可以分为广播式网络和点到点式网络；如果按照网络的连接距离分类，又可分为局域网、城域网、广域网和互联网（两个或更多网络的连接被称为互联网），如图 2-17 所示。

一、网络互联基本概念

网络互联是将分布在不同地理位置的网络、网络设备连接起来，构成更大规模的网络系统，以实现网络的数据资源共享。相互连接的网络可以是同种类型的网络，也可以是运行不同网络协议的异型系统。

网络互联是计算机网络和通信技术迅速发展的结果，也是网络系统应用范围不断扩大的自然要求。网络互联要求不改变原有子网内的网络协议、通信速率、硬件和软件配置等，通过网络互联技术使原先不能相互通信和共享资源的网络间有条件实现相互通信和信息共享。此外，还要求将因连接对原有网络的影响减至最小。

在相互连接的网络中，每个子网成为网络的一个组成部分，每个子网的网络资源都应该成为整个网络的共享资源，可以为网上任何一个节点所享用。同时，又应该屏蔽各子网在网络协议、服务类型、网络管理等方面的差异。网络互联技术能实现更大规模、更大范围的网络连接，使网络、网络设备、网络资源和网络服务成为一个整体。

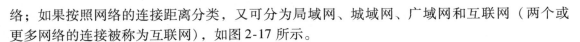

处理器间的距离	多个处理器的位置	例子
0.1m	同一电路板	数据流机器
1m	同一系统	多计算机
10m	同一房间	局域网
100m	同一建筑物	局域网
1km	同一园区	局域网
10km	同一城市	城域网
100km	同一国家	广域网
1000km	同一洲内	广域网
10000km	同一行星上	互联网

图 2-17 按网络的连接距离分类

二、网络互联操作系统

局域网操作系统是实现计算机与网络连接的重要软件。局域网操作系统通过网卡驱动程序与网卡通信实现介质访问控制和物理层协议。对不同传输介质、不同拓扑结构、不同介质访问控制协议的异型网，要求计算机操作系统能很好地解决异型网络互联的问题。Netware、WindowsNTServer 和 LANManager 都是局域网操作系统的范例。

LANManager 局域网操作系统是微软公司推出的一种开放式局域网操作系统，采用网络驱动接口规范 NDIS，支持 EtherNet、Token-ring、ARCnet 等不同协议的网卡，多种拓扑结构和传输介质。它是基于 Client/Server 结构的服务器操作系统，具有优越的局域网操作系统性能。它可提供丰富的实现进程间通信的工具，支持用户机的图形用户接口。它采用以域为管理实体的管理方式，对服务器、用户机、应用程序、网络资源与安全等实行集中式网络管理。通过加密口令控制用户访问，进行身份鉴定，保障网络的安全性。

Netware 是由 Novell 公司和 Apple 公司联合提出的用于支持多种局域网协议的互联技术。开放数据链路接口（Open Data-link Interface，ODI）是 Netware 互联技术的核心。Netware 可以支持 EtherNet、Token-bus、Token-ring 局域网，允许用户选用符合各种 802 协议的网卡，组成 EtherNet、Token-bus、Token-ring 局域网。此外，可在服务器或工作站上插入多个不同协议的网卡，构成网桥，实现多种局域网络的互联。

WindowsNTServer 是一种具有很强联网功能的局域网操作系统。它采用网络驱动接口规范 NDIS 与传输驱动接口标准，内置多种标准网络协议（如 TCP/IP、NetBIOS、NetBEUI），并允许用户同时使用不同的网络协议进行通信。微软对 NT 的设计定位是高性能工作站、服务器、大型企业网络、政府机关等异种机互联的应用环境。由 WindowsNTServer 和 WindoI-

IrsNTWorl@ station 两部分共同构成完整的系统。

三、网络互联设备

不同层次采用不同的网络互联设备：

1）物理层使用中继器（Repeater），通过复制位信号延伸网段长度。

2）数据链路层使用网桥（Bridge），在局域网之间存储或转发数据帧。

3）网络层使用路由器（Router），在不同网络间存储转发分组信号。

4）传输层及传输层以上，使用网关（Gateway）进行协议转换，提供更高层次的接口。

1. 中继器

中继器（Repeater）又称重发器。由于网络节点间存在一定的传输距离，网络中携带信息的信号在通过一个固定长度的距离后，会因衰减或噪声干扰而影响数据的完整性，影响接收节点正确的接收和辨认，因而经常需要运用中继器。中继器接收一个线路中的报文信号，将其进行整形放大、重新复制，并将新生成的复制信号转发至下一网段或其他介质段。这个新生成的信号将具有良好的波形。

中继器一般用于方波信号的传输。有电信号中继器和光信号中继器之分。它们对所通过的数据不做处理，主要作用在于延长信号的传输距离。每种网络都规定了一个网段所容许的最大长度。安装在线路上的中继器要在信号变得太弱或损坏之前将接收到的信号还原，重新生成原来的信号，并将更新过的信号放回到线路上，使信号在更靠近目的地的地方开始二次传输，以延长信号的传输距离。安装中继器可使节点间的传输距离加长。中继器两端的数据速率、协议（数据链路层）和地址空间相同。中继器仅在网络的物理层起作用，它不以任何方式改变网络的功能。

中继器不同于放大器，放大器从输入端读入旧信号，然后输出一个形状相同、放大的新信号。放大器的特点是实时、实形地放大信号，它包括输入信号的所有失真，而且把失真也放大了。也就是说，放大器不能分辨需要的信号和噪声，它将输入的所有信号都进行放大，而中继器则不同，它并不是放大信号，而是重新生成它。当接收到一个微弱或损坏的信号时，它将按照信号的原始长度一位一位地复制信号。因而，中继器是一个再生器，而不是一个放大器。

中继器放置在传输线路上的位置是很重要的。中继器必须放置在任意一位信号的含义受到噪声影响之前。一般来说，小的噪声可以改变信号电压的准确值，但是不会影响对某一位是 0 还是 1 的辨认。如果让衰减了的信号传输得更远，则积累的噪声影响将会影响到对某一位的 0、1 辨认，从而有可能完全改变信号的含义。这时原来的信号将出现无法纠正的差错。因而在传输线路上，中继器应放置在信号失去可读性之前。即在仍然可以辨认出信号原有含义的地方放置中继器，利用它重新生成原来的信号，恢复信号的本来面目。

中继器使得网络可以跨越一个较大的距离。在中继器的两端，其数据传输速率、协议（数据链路层）和地址空间都相同。

2. 网桥

网桥是存储转发设备，用来连接同一类型的局域网。网桥将数据帧送到数据链路层进行差错校验，再送到物理层，通过物理传输介质送到另一个子网或网段。它具有寻址与路径选择的功能，在接收到帧之后，要决定正确的路径将帧送到相应的目的节点。

网桥能够互联两个采用不同数据链路层协议、不同传输速率、不同传输介质的网络。它要求两个互联网络在数据链路层以上采用相同或兼容的协议。

网桥同时作用在物理层和数据链路层。它们用于网段之间的连接,也可以在两个相同类型的网段之间进行帧中继。网桥可以访问所有连接节点的物理地址。有选择性地过滤通过它的报文。当在一个网段中生成的报文要传到另外一个网段中时,网桥开始苏醒,转发信号;而当一个报文在本身的网段中传输时,网桥处于睡眠状态。当一个帧到达网桥时,网桥不仅重新生成信号,而且检查目的地址,将新生成的原信号复制件仅仅发送到这个地址所属的网段。每当网桥收到一个帧时,它将读出帧中所包含的地址,同时将这个地址同包含所有节点的地址表相比较。当发现一个匹配的地址时,网桥将查找出这个节点属于哪个网段,然后将这个帧传送到那个网段。网桥在两个或两个以上的网段之间存储或转发数据帧,它所连接的不同网段之间在介质、电气接口和数据传输速率上可以存在差异。网桥两端的协议和地址空间保持一致。

网桥与中继器的区别:网桥具有使不同网段之间的通信相互隔离的逻辑,或者说网桥是一种聪明的中继器。它只对包含预期接收者网段的信号包进行中继。这样,网桥起到了过滤信号包的作用,利用它可以控制网络拥塞,同时隔离出现了问题的链路。但网桥在任何情况下都不修改信号包的结构和内容,因此只可以将网桥应用在使用相同协议的网段之间。

3. 路由器

路由器工作在物理层、数据链路层和网络层。它比中继器和网桥更加复杂。在路由器所包含的地址之间,可能存在若干路径,路由器可以为某次特定的传输选择一条最好的路径。

路由器如同网络中的一个节点那样工作。但是大多数节点仅仅是一个网络的成员,而路由器同时连接到两个或更多的网络中,并同时拥有它们所有的地址。路由器从所连接的节点上接收信号包,同时将它们传送到第二个连接的网络中。当一个信号包的目标节点位于这个路由器所不连接的网络中时,路由器有能力决定哪一个连接网络是这个信号包最好的下一个中继点。一旦路由器识别出这个信号包所走的最佳路径,它将通过合适的网络把信号包传递给下一个路由器。下一个路由器再检查目标地址,找出它所认为的最佳路径,然后将该信号包送往目的地址,或送往所选路径上的下一个路由器。

路由器是在具有独立地址空间、数据传输速率和介质的网段间存储转发信号的设备。路由器连接的所有网段,其协议是保持一致的。

4. 网关

网关又被称为网间协议变换器,用以实现不同通信协议的网络之间、包括使用不同网络操作系统的网络之间的互联。由于它在技术上与它所连接的两个网络的具体协议有关,因而用于不同网络间转换连接的网关是不相同的。

一个普通的网关可用于连接两个不同的总线或网络,由网关进行协议转换,提供更高层次的接口。网关允许在具有不同协议和报文组的两个网络之间传输数据。在报文从一个网段到另一个网段的传送中,网关提供了一种把报文重新封装形成新的报文组的方式。

网关需要完成报文的接收、翻译与发送。它使用两个微处理器和两套各自独立的芯片组。每个微处理器都知道自己本地的总线语言,在两个微处理器之间设置一个基本的翻译器。I/O 数据通过微处理器,在网段之间来回传送数据。在工业数据通信中网关最显著的应用就是把一个现场设备的信号送往另一类不同协议或更高一层的网络。例如,把 ASI 网段的数据通过网关送往 PROFIBUS-DP 网段。

思考题与习题

2-1　什么是总线主设备、从设备？总线操作过程的内容是什么？寻址方式有几种？

2-2　网络通信系统是由哪几部分组成的？各自作用是什么？

2-3　在数据传输中有几种常用的数据表示方法？

2-4　在数据通信系统中，通常采用几种数据交换方式？请简要叙述。

2-5　比较通信网络系统中的几种拓扑结构。

2-6　请说明 ISO/OSI 协议模型的七层结构，每层的主要功能是什么？

2-7　物理层的接口有几种？请简要加以说明。

2-8　常用的网络互联设备有哪些？各自对应 OSI 参考模型的哪一层？

2-9　中继器与放大器有何区别？

第三章　PROFIBUS 总线

PROFIBUS（Process Field Bus）是德国标准 DIN 19245 和欧洲标准 EN 50170 的现场总线标准，也是 IEC 标准 IEC 61158 的现场总线标准。PROFIBUS 可以用于制造自动化、过程自动化，以及交通、电力等领域的自动化，实现现场级的分散控制和车间级或厂级的集中监控。

PROFIBUS 含有三个兼容的协议：PROFIBUS-DP（Decentralized Periphery，分散外围设备），PROFIBUS-PA（Process Automation，过程自动化），PROFIBUS-FMS（Fieldbus Message Specification，现场总线报文规范）。

PROFIBUS-DP 传输速率最高为 12Mbit/s，主要用于现场级和装置级的自动化。

PROFIBUS-PA 传输速率为 31.25kbit/s，主要用于现场级过程自动化，具有本质安全和总线供电特性。

PROFIBUS-FMS 主要用于车间级或厂级监控，构成控制和管理一体化系统，进行系统信息集成。

本章主要介绍了 PROFIBUS 的通信模型、协议类型、数据传输技术、拓扑结构及总线存取控制机制，并对 PROFIBUS-DP、PROFIBUS-PA 和 PROFIBUS-FMS 技术做了简要介绍。

第一节　PROFIBUS 的通信模型和协议类型

本节主要讨论 PROFIBUS 的通信模型以及 DP、FMS 和 PA 三种通信协议类型。

一、通信模型

PROFIBUS 通信模型参照了 ISO/OSI 参考模型的第 1 层（物理层）和第 2 层（数据链路层），其中 FMS 还采用了第 7 层（应用层），另外增加了用户层，如图 3-1 所示。

PROFIBUS-DP 和 PROFIBUS-FMS 的第 1 层和第 2 层相同，PROFIBUS-FMS 有第 7 层，PROFIBUS-DP 无第 7 层。PROFIBUS-PA 有第 1 层和第 2 层，但与 DP/FMS 有区别，无第 7 层。

二、协议类型

PROFIBUS 提供了三种通信协议类型：DP、FMS 和 PA。

1. PROFIBUS-DP

PROFIBUS-DP 通信协议定义了第 1 层、第 2 层和用户接口层，未定义第 3 ~ 7 层，这种精简的结构确保了数据传输的高速有效。直接数据链路映像（Direct Data Link Mapper，DDLM）提供了访问第 2 层的用户接口，用户接口规定了用户和系统以及各类设备可以调用的应用功能，并描述了各种设备的设备行为。物理层采用 RS-485 传输技术或光纤传输技术。DP 协议的用户层包括 DP 基本功能、DP 扩展功能和 DP 设备行规。

2. PROFIBUS-FMS

PROFIBUS-FMS 通信协议定义了第 1 层、第 2 层和第 7 层，第 7 层又分为现场总线报文规范（Fieldbus Message Specification，FMS）和低层接口（Lower Layer Interface，LLI）。FMS 包括了应用协议并向用户提供通信服务。LLI 协调不同的通信关系，并向 FMS 提供不依赖于设备的对第 2 层的访问接口。第 2 层现场总线数据链路（Fieldbus Data Link，FDL）用于完成总线访问控制及保证数据的可靠性。第 1 层采用 RS-485 传输技术或光纤传输技术。

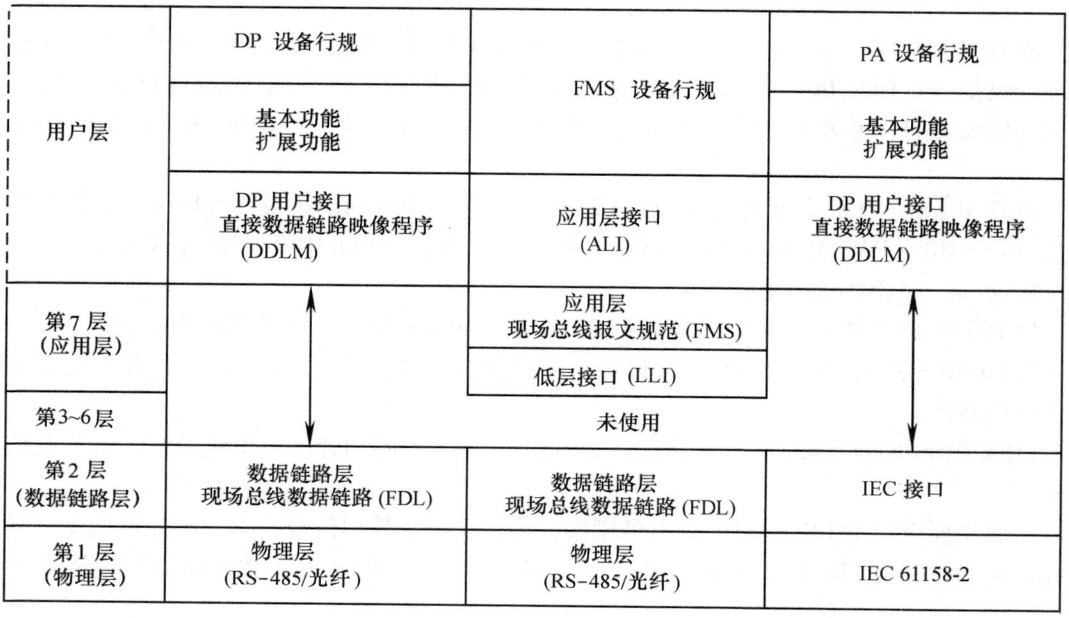

用户层	DP 设备行规	FMS 设备行规	PA 设备行规
	基本功能 扩展功能		基本功能 扩展功能
	DP 用户接口 直接数据链路映像程序 (DDLM)	应用层接口 (ALI)	DP 用户接口 直接数据链路映像程序 (DDLM)
第 7 层 （应用层）		应用层 现场总线报文规范 (FMS)	
		低层接口 (LLI)	
第 3~6 层		未使用	
第 2 层 （数据链路层）	数据链路层 现场总线数据链路 (FDL)	数据链路层 现场总线数据链路 (FDL)	IEC 接口
第 1 层 （物理层）	物理层 (RS-485/光纤)	物理层 (RS-485/光纤)	IEC 61158-2

图 3-1   PROFIBUS 通信模型

PROFIBUS-DP 和 PROFIBUS-FMS 使用相同的传输技术和总线存取协议，因此，它们可以同时在同一根电缆上运行。

3. PROFIBUS-PA

PROFIBUS-PA 使用扩展的 PROFIBUS-DP 协议进行数据传输，另外还规定了现场设备的设备行规。根据 IEC 61158-2 标准，这种传输技术可以确保其本质安全，并可以通过总线对现场设备供电。使用 DP/PA 段耦合器可将 PROFIBUS-PA 设备集成到 PROFIBUS-DP 网段中。

第二节   PROFIBUS 的数据传输和拓扑结构

现场总线系统的应用在较大程度上取决于采用哪种传输技术，既要考虑传输的通用要求（如拓扑结构、传输速率、传输距离和传输的可靠性等），还要考虑简便而又成本低廉的因素。在过程自动化的应用中，数据和电源还必须在同一根电缆上传送，以满足本质安全的要求等。单一的传输技术不可能满足以上所有要求，因此 PROFIBUS 物理层协议提供了三种数据传输标准：①用于 DP 和 FMS 的 RS-485 传输；②用于 PA 的 IEC 61158-2 传输；③光纤传输。报文有效长度为 1~244byte。采用段耦合器，可适配 IEC 61158-2 和 RS-485 信号（主要是传输速率和信号电压的匹配），从而将采用 RS-485 传输技术的总线段和采用 IEC 61158-2 传输技术的总线段连接在一起。也可以用专用的总线插头实现 RS-485 与光纤信号的相互转换，因此，也可在同一套系统中使用 RS-485 传输技术和光纤传输技术。这样，这三种不同

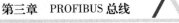

的传输技术可以通过一定的手段混合使用。

本节将分别介绍这三种传输技术。

一、用于 DP 和 FMS 的 RS-485 传输技术

RS-485 传输是 PROFIBUS 最常用的一种传输技术。一个总线段内的导线采用屏蔽双绞电缆，段的两端各有一个终端器，如图 3-2 所示。传输速率可在 9.6kbit/s ～ 12Mbit/s 之间选用，所选用的波特率对连接到总线（段）上的所有设备都适用。每段最多连接 32 个站（主站/从站）。通过中继器（Repeater）可以增加段数，则总线上的站数最多可以达到 126 个。RS-485 传输技术的基本特性见表 3-1。

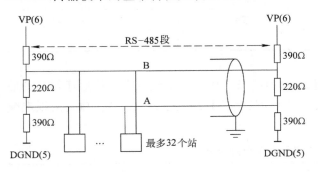

图 3-2　RS-485 总线段的结构

表 3-1　RS-485 传输技术的基本特性

网络拓扑	线性总线，两端有有源的总线终端电阻。短分支总线的传输速率 ≤ 1.5Mbit/s
传输介质	屏蔽双绞电缆，也可用非屏蔽双绞线，取决于环境情况
站点数	每段 32 个站，不带中继器；带中继器最多可达 126 个站
插头连接器	9 针 D 形插头连接器

1. 传输序列

PROFIBUS-DP 和 PROFIBUS-FMS 的编码方式为不归零码（NRZ 码）。一个字符帧在 PROFIBUS 总线上为 11 位（1 个起始位，8 个数据位，1 个奇偶校验位和 1 个停止位），如图 3-3 所示。

在传输期间，二进制"1"对应于 RxD/TxD-P（Receive/Transmit-Data-P）线上的正电位，而在 RxD/TxD-N 线上为负电位。各报文间的空闲状态对应于二进制"1"。图 3-4 为不归零码传输时的信号波形。

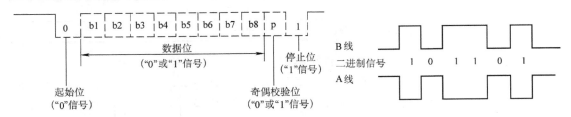

图 3-3　PROFIBUS 字符帧　　　　　图 3-4　不归零码传输时的信号波形

两根 PROFIBUS 数据线常被称为 A 线（对应于 RxD/TxD-N 线）和 B 线（对应于 RxD/TxD-P 线）。

2. 传输电缆

最大允许的 PROFIBUS 总线长度（段长度）与所选用的传输速率（波特率）有关，见表 3-2。传输速率可选用 9.6kbit/s ～ 12Mbit/s，一旦设备投入运行，全部设备都应选用同一传输速率。PROFIBUS 标准中 A 型电缆和 B 型电缆的有关特性见表 3-3。

表 3-2　最大段长度与传输速率的关系

传输速率（kbit/s）	9.6	19.2	93.75	187.5	500	1500	12000
段长度/m（A 型电缆）	1200	1200	1200	1000	400	200	100
段长度/m（B 型电缆）	1200	1200	1200	600	200	—	—

表 3-3　A 型电缆和 B 型电缆的导线特性

电缆参数	A 型电缆	B 型电缆	电缆参数	A 型电缆	B 型电缆
阻抗/Ω	135 ~ 165	100 ~ 130	线芯直径/mm	> 0.64	> 0.53
电容/(pF/m)	< 30	< 60	线芯面积/mm^2	> 0.34	> 0.22
回路电阻/(Ω/km)	110	—			

3. 总线连接

1）按照 PROFIBUS 标准，总线站与总线的连接采用 9 针 D 形连接器。D 形连接器的插座与总线站相连，其插头与总线电缆连接。表 3-4 列出了 D 形连接器的针脚分配。总线电缆的接线如图 3-5 所示。

表 3-4　D 形连接器的针脚分配

连接器外形	针脚号	信号名称	信号含义
	1	SHIELD	屏蔽或逻辑地
	2	M24	24V 输出电压逻辑地（辅助电源）
	3	RxD/TxD-P	接收/发送数据—正，RS-485 信号 B 线
	4	CNTR-P	方向控制信号 P
	5	DGND	数据基准电位（逻辑地）
	6	VP	供电电压（正）
	7	P24	24V 输出电压（辅助电源）
	8	RxD/TxD-N	接收/发送数据—负，RS-485 信号 A 线
	9	CMTR-N	方向控制信号 N
连接器外壳	屏蔽		机壳接地

2）数据线 A 和 B 的两端均接有总线终端器。总线终端器包含一个下拉电阻（与数据基准电位 DGND 相连）和一个上拉电阻（与供电正电压 VP 相连），如图 3-6 所示。在总线上没有站发送数据时，即在两个报文之间总线为空闲状态时，两个总线终端电阻保证了在总线上有一个确定的空闲电位。两个总线终端电阻必须永远有电源供电。

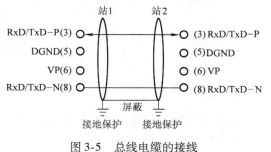

图 3-5　总线电缆的接线

4. 拓扑结构

PROFIBUS 系统是一个两端有有源终端器的线性总线结构，也称为 RS-485 总线段，在一个总线段上最多可连接 32 个 RS-485 站（主站或从站）。例如，图 3-7 所示为一个典型的

PROFIBUS-DP 系统，它包括一个主站（PLC/PC），从站为各种外围设备，如：分布式 I/O、AC 或 DC 驱动器、电磁阀或气动阀以及人机界面（HMI）。

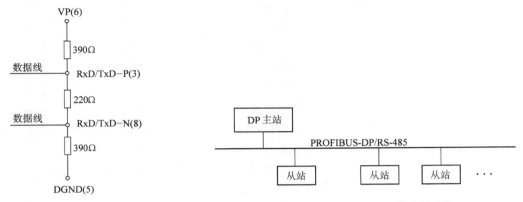

图 3-6　总线终端器　　　　　　　　图 3-7　PROFIBUS-DP 单主站系统

当需要连接的站超过 32 个时，必须将 PROFIBUS 系统分成若干个总线段，使用中继器连接各个总线段。

中继器也称为线路放大器，用于放大传输信号的电平。按照 EN 50170 标准，在中继器传输信号中不实现位相的时间再生（信号再生），这样就会存在位信号的失真和延迟，因此 EN 50170 标准限定串联的中继器不能超过 3 个。但实际上，某些中继器线路已经实现了信号再生。

中继器也是一个负载，因此在一个总线段内，中继器也计数为一个站，可运行的最大总线站数就减少一个。即如果一个总线段包括一个中继器，则在此总线段上可运行的总线站数为 31。但是中继器并不占用逻辑的总线地址。

如果 PROFIBUS 总线要覆盖更长的距离，中间可建立连接段，连接段内不连接任何站，如图 3-8 所示。

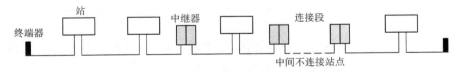

图 3-8　由中继器构成连接段

另外，中继器还可以用于实现"树形"和"星形"总线结构。此外也可以是浮地的结构，在这种结构中，总线段彼此隔离，必须使用一个中继器和一个不接地的 24V 电源。

二、用于 PA 的 IEC 61158-2 传输技术

PROFIBUS-PA 采用符合 IEC 61158-2 标准的传输技术，这种技术是一种位同步协议，它可确保本质安全，并通过总线对现场设备供电。每段只有一个电源作为供电装置，当站收发信息时不对总线供电，每个站的现场设备消耗的是常量稳态电流，现场设备的作用如同无源的电流吸收装置。

1. 数据传输

IEC 61158-2 的数据传输采用曼彻斯特编码，这是一种常用的基带信号编码。当信号由 0 变到 1 时发送二进制数 "0"，信号由 1 变到 0 时发送二进制数 "1"。数据的发送采用对总

线系统的基本电流 $I_B \pm 9mA$ 的方法实现，如图 3-9 所示。传输速率为 31.25kbit/s。

2. 传输电缆

PROFIBUS-PA 的传输介质采用屏蔽/非屏蔽双绞线，总线电缆的特性决定了总线的最大扩展、可连接的总线站数和对电磁干扰的灵敏度。IEC 61158-2 标准推荐了可用于 PROFIBUS-PA 的4 种标准电缆类型，见表 3-5。当安装新系统时，推荐采用 A 型和 B 型电缆。当采用多股 B 型电缆时，几条现场总线（传输速率 31.25kbit/s）可以在一根电缆上同时运行，这时应避免其他线路在该电缆上运行。C 型和 D 型电缆仅用于网络的升级改造工作。这种情况下，对传输的干扰抑制常常达不到标准中所要求的水平。

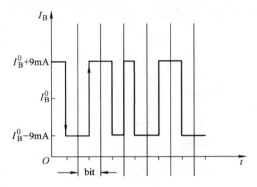

图 3-9 PROFIBUS-PA 的数据传输

表 3-5 PROFIBUS-PA 可用的电缆

	A 型（基准）	B 型	C 型	D 型
电缆结构	双绞线，屏蔽	一根或多根双绞线，屏蔽	多根双绞线，不屏蔽	多根非双绞线，不屏蔽
额定导线截面积/mm²	0.8（AWG18）	0.32（AWG22）	0.13（AWG26）	1.25（AWG16）
回路电阻/（Ω/km）	44	112	264	40
31.25kHz 时的浪涌阻抗	100Ω（1±20%）	100Ω（1±30%）	未规定	未规定
39kHz 时的波衰减/（dB/km）	3	5	8	8
非对称电容	2nF/km	2nF/km	未规定	未规定
组失真（7.9~39kHz）	1.7μs/km	未规定	未规定	未规定
屏蔽覆盖程度	90%	未规定	—	—
推荐的总线长度/m（不含短截线）	1900	1200	400	200

3. 总线连接

一个 PROFIBUS-PA 总线段上最多可连接 32 个站，总线段的两端各有一个无源 RC 终端器，如图 3-10 所示。最大的总线段长度主要取决于供电设备、导线类型和所连接站的电流消耗。供电设备的特性参数和传输导线的长度见表 3-6。

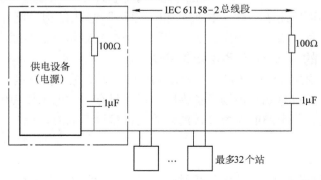

图 3-10 PA 的总线连接

表 3-6　标准供电设备的特性参数（运行值）和传输导线的长度

供电设备型号	I	II	III	IV
应用领域	EEx ia/ib IIC	EEx ib IIC	EEx ib IIB	非本质安全型
供电电压/V	13.5	13.5	13.5	24
最大供电电流/mA	110	110	250	500
最大功率/W	1.8	1.8	4.2	12
最大回路电阻/Ω	40	40	18	130
典型站点数①	8	8	22	32
0.5mm² 电缆长度/m	≤500	≤500	≤250	≤1700
0.8mm² 电缆长度/m	≤900	≤900	≤400	≤1900
1.5mm² 电缆长度/m	≤1000	≤1500	≤500	≤1900
2.5mm² 电缆长度/m	≤1000	≤1900	≤1200	≤1900

① 站点数按每个设备耗电 10mA 计算。

4. 拓扑结构

PROFIBUS-PA 的网络拓扑结构可以有多种形式，可以实现树形、总线型或其组合结构。

图 3-11 为树形结构。树形结构是典型的现场安装技术，现场的多路分配器负责连接现场设备与主干总线，所有连接在现场总线上的设备通过现场的多路分配器进行并行切换。

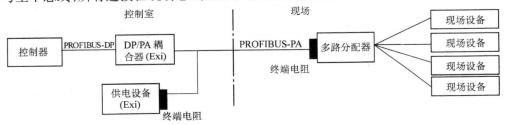

图 3-11　树形结构

图 3-12 为总线型结构。总线型结构提供了与供电电路安装类似的沿现场总线电缆的连接点，现场总线电缆可通过现场设备连接成回路，其分支线也可连接一个或多个现场设备。

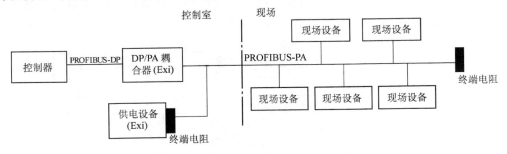

图 3-12　总线型结构

树形与总线型的组合结构如图 3-13 所示。

基于 IEC 61158-2 传输技术的总线段与基于 RS-485 传输技术的总线段可以通过 DP/PA 耦合器或连接器相连，耦合器使 RS-485 信号和 IEC 61158-2 信号相适配。电源设备经总线为现场设备供电，这种供电方式可以限制 IEC 61158-2 总线段上的电流和电压。

如果需要外接电源设备，则需设置适当的隔离装置，将总线供电设备与外接电源设备连接在本质安全总线上，如图 3-13 所示。

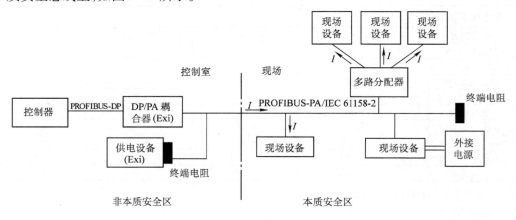

图 3-13   树形与总线型的组合结构

为了增加系统的可靠性，可以设计冗余的总线段。利用总线中继器可以扩展总线站数，总站数最多 126 个，中继器最多 4 台。

三、光纤传输技术

PROFIBUS 系统在电磁干扰很大的环境下应用时，可使用光纤以增加高速传输的距离。通过光纤，可使 PROFIBUS 系统站之间的距离最大达到 15km，同时还可确保总线站之间的电隔离。

1. 总线导线

有两种光纤可供使用，一种为价格低廉的塑料纤维，在距离小于 50m 的情况下使用。另一种是玻璃纤维，在距离小于 1km 的情况下使用。

2. 总线连接

有几种连接技术可以用于将总线站连接到光纤导体。

（1）OLM（Optical Link Module，光链路模块）技术   与 RS-485 的中继器类似，OLM 有两个功能隔离的电气通道，并根据不同的模块占用一个或两个电气通道。OLM 通过一根 RS-485 导线与各个总线站或总线段相连接，如图 3-14 所示。

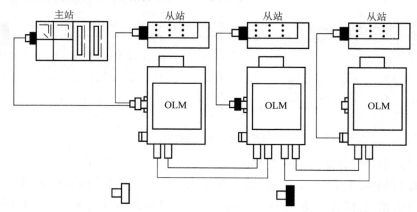

没有终端电阻的RS-485总线连接器   有终端电阻的RS-485总线连接器

图 3-14   使用 OLM 技术的总线连接

（2）OLP（Optical Link Plug，光链路插头）技术　OLP 将从站用一个单光纤电缆环连接。OLP 直接插入总线站的 9 针 D 形连接器。OLP 由总线站供电，总线站的 RS-485 接口的 5V 电源应保证能提供至少 80mA 的电流。主站与 OLP 环的连接需要一个光链路模块（OLM），如图 3-15 所示。

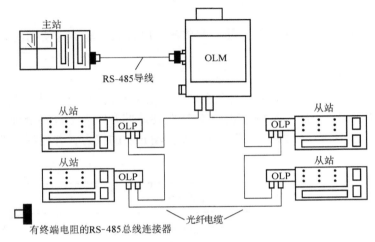

图 3-15　使用 OLP 技术的单光纤环路

（3）集成的光纤电缆连接　集成在设备中的光纤接口可以将 PROFIBUS 节点与光纤电缆直接连接。

（4）OBT（Optical Fiber Bus Terminal，光纤总线终端）　一个不带集成纤维光缆接口的 PROFIBUS 站或一个 RS-485 段可以通过 OBT 连接到一个光纤线路上。

3. 拓扑结构

用于数据传输的光纤技术可以构成环形、总线型、树形和星形结构。光链路模块（OLM）可以用于实现单光纤环和冗余的双光纤环。

第三节　PROFIBUS 的总线存取控制机制

PROFIBUS（DP、PA、FMS）均使用一致的总线存取控制机制，通过第 2 层（数据链路层）来实现，它包括了数据的可靠性技术及传输协议和报文处理。介质存取控制（Medium Access Control，MAC）具体控制数据传输的程序，MAC 必须确保在任何一个时刻只有一个站发送数据。PROFIBUS 的总线存取控制要满足介质控制的两个基本要求：

1）主站（PLC 或 PC）间的通信必须使每一个总线站（节点）在确定的时间范围内能获得足够的时间来处理它自己的通信任务。

2）复杂的主站（PLC 或 PC）与简单的分散的过程 I/O 设备（从站）间的数据交换必须快速简单。

为此，PROFIBUS 采用混合的总线存取控制机制来实现上述目标，即在主站之间采用令牌传送方式，主站与从站之间采用主从方式。

令牌传递程序保证每个主站在一个确切规定的时间内得到总线存取权（令牌），令牌传递仅在各主站之间进行。

主站得到令牌时可以与从站通信，每个主站均可向从站发送或读取信息。

这种总线存取控制方式允许有如下的系统配置：

1）纯主-主系统（令牌传递机制）。

2）纯主-从系统（主-从机制）。

3）混合系统。

PROFIBUS 的总线存取控制机制与使用的传输介质无关，即不论使用的是铜质电线还是光纤电缆效果一样。

一、令牌总线机制

图 3-16 所示的 PROFIBUS 系统由 3 个主站和 7 个从站构成。3 个主站构成逻辑令牌环。令牌环是所有主站的组织链，在令牌环中主站按照地址的升序一个接一个排列，控制令牌按此顺序从一个站传递到下一个站。令牌提供存取传输介质的权力，并用特殊的令牌帧在主站间传递。

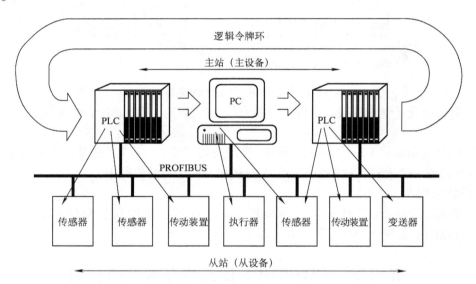

图 3-16　PROFIBUS 总线存取控制机制

在总线初始化和启动阶段，总线存取控制 MAC 通过辨认主站来建立令牌环。在运行期间，断电或损坏的主站必须从令牌环中排除，新上电的主站必须加入令牌环。此外，主站的令牌保持的时间长短取决于该令牌配置的循环时间。

二、主-从机制

图 3-16 中的 3 个主站分别通过 PROFIBUS 总线和与其相连的从站构成主-从系统。主-从程序允许主站当前有权发送信息、存取指定给它的从站。这些从站是被动节点，主站可以发送信息给从站或从从站获取信息。

除上述之外，介质存取控制还可监测传输介质及收发器是否损坏，检查站点地址是否出错以及令牌错误（如令牌丢失或有多个令牌），以及保证数据的可靠性。PROFIBUS 第 2 层的数据结构格式可保证数据的高度完整性。

PROFIBUS 第 2 层按照非连接的模式操作，除提供点对点逻辑数据传输外，还提供多点通信，其中包括广播及有选择广播功能。

第四节 PROFIBUS-DP 技术简介

PROFIBUS-DP 用于现场层的高速数据传输。中央控制器（如 PLC/PC）通过总线同分散的现场设备（如驱动器和阀门等）进行通信，一般采用周期性的通信方式。这些数据交换所需的功能是由 PROFIBUS-DP 的基本功能所规定的。除了执行这些基本功能外，现场总线设备还需非周期性通信以进行组态、诊断和报警处理。这些非周期性功能属于 PROFIBUS-DP 的扩展功能。

一、PROFIBUS-DP 基本功能

主站周期性地读取从站的信息并周期性地向从站发送信息。除了传送周期性用户数据外，PROFIBUS-DP 还提供诊断和组态功能，数据通信依靠主站和从站进行监控。

（一）PROFIBUS-DP 基本特征

PROFIBUS-DP 采用 RS-485 技术，传输速率为 9.6kbit/s ~ 12Mbit/s。PROFIBUS-DP 总线支持单主或多主系统，并有主从两种设备，总线上最多站点数为 126 个，各主站之间传递令牌，主站与从站之间为主-从传送方式。PROFIBUS-DP 通信方式采用点对点传送（用于传送用户数据）、广播传送（用于传送控制命令）、主-从用户数据循环传送和主-主数据循环传送。

PROFIBUS-DP 传输时间与站点数和传输速率有关。在一个有 32 个站点的分布系统中，PROFIBUS-DP 以 12Mbit/s 的速率对所有站点传送 512bit 的输入数据和 512bit 的输出数据只需 1ms。

PROFIBUS-DP 主要功能如下：

1）DP 主站和 DP 从站间的循环用户数据传送。

2）各 DP 从站的激活。

3）DP 从站组态的检查。

4）三级诊断功能。

5）输入和输出的同步。

6）通过总线给 DP 从站赋予地址。

7）通过总线给 DP 主站（DPMI）进行配置。

8）每个 DP 从站的输出和输出数据最大为 246byte。

（二）设备类型和系统配置

1. 设备类型

每个 PROFIBUS-DP 系统可以包括三种不同类型的设备：一级 DP 主站（DPM1）、二级 DP 主站（DPM2）和 DP 从站。

一级 DP 主站（DPM1），即中央控制器，它在规定时间周期内与分散的站（如 DP 从站）交换信息。典型的一级主站包括 PLC 和 PC。

二级 DP 主站（DPM2），即可进行编程、组态、诊断的设备，如编程器、组态设备或操作面板。它们在 DP 系统组态操作时使用，以实现系统的操作和监视。

DP 从站，是进行输入和输出信息采集和发送的外围设备，如输入/输出设备、人机接口、驱动器、阀门，也包括一些只提供输入或输出信息的设备。

输入/输出信息量的大小取决于设备类型，最多不超过246byte。

2. 系统配置

以上设备作为不同的站点构成PROFIBUS-DP系统，PROFIBUS-DP系统又分为单主站系统和多主站系统。

单主站系统是指总线运行阶段只有一个活动的主站。其配置如图3-7所示。分散的DP从站，通过总线连接到DP主站（如PLC）上。单主站系统可获得最短的总线循环时间。

多主站系统是指总线上连接了多个主站。这些主站与各自的从站构成互相独立的主-从子系统，包括DPM1主站、DPM2主站和它们指定的从站，如图3-17所示。

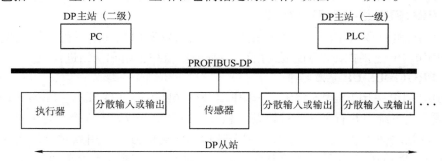

图3-17　PROFIBUS-DP多主站系统

在图3-17中，任何一个主站都可以读取DP从站的输入和输出映像，但只有一个DP主站（在系统组态时指定的DPM1）允许对DP从站写入输出数据。多主站系统的总线循环时间要比单主站系统的总线循环时间长。

单主站系统和多主站系统为系统配置提供了灵活性。系统配置主要包括：站数、站地址和输入/输出地址的分配、输入/输出数据的格式、诊断信息的格式以及所使用的总线参数。

（三）系统运行模式

PROFIBUS-DP的规范包括了对系统运行模式的描述以及保证设备的互换性。系统运行模式主要取决于DPM1的操作状态，这些状态主要由本地或总线的配置决定，有以下三种状态：运行、清除和停止。

（1）运行状态　循环传送输入和输出数据。此状态下，DPM1处于数据传输阶段，循环数据通信时，DPM1从DP从站中读取输入信息并向DP从站写入输出信息。

（2）清除状态　输入是读取，输出保持为故障安全状态。此状态下，DPM1读取DP从站的输入信息并使信息保持故障安全运行状态。

（3）停止状态　只能进行主-主数据传送。此状态下，DPM1和DP从站之间没有数据传输。

DPM1设备在一个可预先组态的时间间隔内以选播方式将其本地状态周期性地发送到每一个有关的DP从站。

如果在DPM1的数据传输阶段中发生错误，系统将做出反应（比如一个DP从站有故障），它由组态参数"自动清除（Auto-clean）"确定。如果自动清除参数为真，则DPM1将所有有关的DP从站的输出数据立即转入安全保护状态，而DP从站将不再发送用户数据。在这之后，DPM1转入清除状态。如果此参数为假，则DPM1在这个DP从站出错时仍停留在运行状态，然后由用户自行决定如何对系统做出反应。

（四）DPM1 和 DP 从站间的循环数据传送

用户数据在 DPM1 和有关 DP 从站之间的传输由 DPM1 按照规定的传递顺序自动执行，如图 3-18 所示。

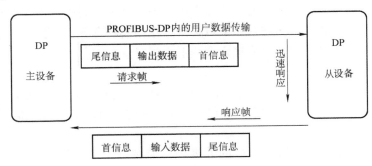

图 3-18 PROFIBUS-DP 内的用户数据传输

在对总线系统进行组态时，用户对 DP 从站与 DPM1 的关系进行定义并确定哪些 DP 从站被纳入信息交换的循环周期，哪些被排斥在外。

DPM1 和 DP 从站间的数据传送分为三个阶段：参数设定、组态和数据交换。

在参数设定和组态阶段，每一个从站当自己的实际组态数据与所需的组态数据相匹配时，才能进入用户数据传输阶段。因此，设备类型、数据格式和长度以及输入/输出量必须与实际组态数据保持一致。这些测试为用户提供了可靠的保护以防止参数出错。除了 DPM1 自动执行用户的数据传输外，新的参数数据可根据用户的请求写入 DP 从站。

（五）DPM1 和系统设备间的循环数据传输

除上述主-从功能外，PROFIBUS-DP 允许主-主之间的数据通信，见表 3-7。这些功能使组态和诊断设备能够通过总线对系统进行组态。

表 3-7 PROFIBUS-DP 的主-主功能

功 能	含 义	DPM1	DPM2
取得主站数据	读取 DPM1 的诊断数据或 DP 从站的所有诊断数据	M	O
上装/下装组态（开始，上装/下装，结束）	上装/下装 DPM1 及有关 DP 从站的全部配置数据	O	O
激活参数（广播）	同时激活已编址的总线参数	O	O
激活参数	激活已编址 DPM1 的参数或改变其操作状态	O	O

注：M（Must）表示必备功能；O（Option）表示可选的功能。

除了上装和下装功能外，主-主功能还允许对 DPM1 与各个 DP 从站间的数据传输进行动态使能或禁止。DPM1 的操作状态也能改变。

（六）DP 从站与从站间的控制命令传送

DPM1 设备除自动执行用户数据传输外，DP 主站设备也可向一个从站、一组从站或全体从站同时发送控制命令。PROFIBUS-DP 的控制命令允许输入和输出同步，输出采用同步模式同步，输入采用锁定模式同步。

这些命令是通过选播方式发送的。使用这一功能打开 DP 从站的同步及锁定模式，用于

DP 从站的事件的同步控制。主站发送同步命令后，所选的从站进入同步模式。在这种模式中，所编址的从站输出数据被锁定在当前状态下。在这之后的用户数据传输周期中，从站储存接收到的输出数据，但它的输出状态保持不变。当收到下一同步命令时，将所存储的输出数据发送到外围设备上。用户通过非同步命令退出同步模式。同样，锁定控制命令使得编址的从站进入锁定模式。锁定模式将从站的数据锁定在当前状态下，直到主站发送下一个锁定命令时才可以更新。用户可以通过非锁定命令退出锁定模式。

（七）保护机制

为达到安全可靠的目的，有必要对 PROFIBUS-DP 系统实施有效的保护功能，以防止出现参数差错或传输设备故障。在 DP 主站和 DP 从站中均有时间监视器，监视间隔时间在组态时确定。

DPM1 使用数据控制定时器对从站的数据进行监视。每个主站都采用独立的控制定时器。在规定时间间隔中，如数据传输发生差错，定时器就会超时。一旦出现超时，用户会得到这个信息。如果错误自动清除功能（Auto-clear = True）使能，DPM1 将脱离操作状态，并将所有相关联从站的输出置于故障安全（Fail-safe）状态，再进入清除状态。

DP 从站使用看门狗定时器（Watchdog Timer）检测主站和传输线路的故障。如果在一定时间间隔内发现没有和主机之间的数据通信，从站就自动将输出置于故障安全状态。

为保证多主系统的安全操作，有必要直接对 DP 从站的输入和输出进行存取操作。对其他主站来说，它只能读取从站提供的输入和输出映像，而没有存取操作权。

另外，所有信息的传输按汉明距离 $d = 4$ 进行。

PROFIBUS-DP 通过以上保护机制来实现可靠性。

（八）诊断功能

PROFIBUS-DP 具有三级诊断功能，能够快速定位故障。主站采集诊断信息并在总线上传输。

（1）站诊断　诊断信息表示本站设备的一般操作状态（如温度过高、电压过低）。

（2）模块诊断　诊断信息表示一个站点的某个 I/O 模块出现故障（如输出模块故障）。

（3）通道诊断　诊断信息表示一个单独的输入/输出位的故障（如输出通道短路）。

二、PROFIBUS-DP 的扩展功能

DP 的扩展功能允许非循环的读写功能，并中断与循环性数据传输并行的应答。另外，从站的非循环存取参数及测量值可用于某些诊断或操作员站（DPM2，二级主站）。由于这些功能的扩展，这些设备的参数往往在运行中才能确定。比如过程自动化的现场设备、操作控制器和变频器。这些参数与循环性测量值相比，变化很少。因此，在与高速周期性用户数据传输的同时，这一传输是在低优先权下进行的。

这些扩展功能是可选的，它们与 PROFIBUS-DP 的基本功能兼容。DP 的扩展功能通过软件更新的方法实现。

（一）DPM1 与 DP 从站之间的扩展数据传输

一级 DP 主站（DPM1）与 DP 从站间的非循环数据通信功能是通过附加的服务存取点 SAP51 来执行的。在服务执行顺序中，DPM1 与从站建立的连接称之为 MSAC-C1，它与 DPM1 和从站间的循环数据传输紧密连接在一起。当连接点成功建立后，DPM1 可通过 MSCY-C1 来执行循环数据传输，并通过 MSAC-C1 进行非循环数据传输。

PROFIBUS-DP 的基本功能允许 DP 从站用诊断信息自发地传送事件。当诊断数值变化迅速时，有必要调整传输频率。

（二）DPM2 与从站之间的扩展数据传输

DP 扩展允许一个或多个诊断设备或操作控制设备（DPM2）对 DP 从站的任何数据块进行非循环读写服务。这种通信是以连接为主进行的，该连接称之为 MSAC-C2。在用户开始传输数据之前建立起这种连接，从站对该连接的成功建立用实际的应答来确认，这时连接才可以用来为用户传输数据。在用户传输数据过程中，允许任意长时间的间隔。如果需要的话，主站在这些间隔中可以自动插入监视报文（Idle-PDUs），这样 MSAC-C2 就提供了由时间控制的自动监视。监视时间的长短是在连接建立时具体规定的。如果连接监视器发生故障，主-从设备方面的连接就自动断开，当然，连接也可再次建立。

三、PROFIBUS-DP 设备行规

PROFIBUS-DP 协议规定用户数据怎样在总线各站之间进行传递。但是用户数据不是由 PROFIBUS-DP 传输协议来定义，它的含义是在 DP 设备行规中具体说明的。另外，DP 设备行规还具体规定了 PROFIBUS-DP 如何用于应用领域。

DP 设备行规和 DP 基本功能和扩展功能构成了 PROFIBUS-DP 用户层。

利用 DP 设备行规，可以非常容易地互换不同厂商的生产设备，DP 设备行规也大大降低了用户的工程成本。PROFIBUS-DP 设备行规主要包括：操作员和过程控制行规（HMI）、变速行动行规、编码器行规和 NC/RC 行规等。

第五节　PROFIBUS-PA 技术简介

PROFIBUS-PA 适用于过程自动化。PA 将自动化系统和过程控制系统中的压力、温度和液位变送器等现场设备连接起来，可以用来代替 DC4～20mA 的模拟信号传输技术。

PROFIBUS-PA 用一条双绞线既可传送信息也可向现场设备供电，即使在本质安全区也是如此。由于总线的操作电源来自单一的供电设备，因此不再需要绝缘装置和隔离装置。PROFIBUS-PA 具有如下特性：

1）"本质安全"在危险区可使用。

2）采用基于 IEC 61158-2 技术的双绞线实现总线供电和数据传送。

3）即使在本质安全区域，增加和去除总线站点也不会影响其他站。

4）PROFIBUS-PA 总线段与 PROFIBUS-DP 总线段之间通过 DP/PA 耦合器连接，可以实现两总线段间的透明通信。

5）适合过程自动化应用的行规使得不同厂家的现场设备具有互换性。

一、PROFIBUS-PA 传输协议

PROFIBUS-PA 采用 PROFIBUS-DP 的基本功能来传送测量值和状态，并用 PROFIBUS-DP 的扩展功能来制订现场设备的参数和进行设备操作。

第 1 层采用 IEC 61158-2 技术，第 2 层和第 1 层之间的接口在 DIN 19245 系列标准的第四部分做了规定。

二、PROFIBUS-PA 设备行规

PROFIBUS-PA 设备行规保证了不同厂商所生产的现场设备的互换性和互操作性。设备

行规是 PROFIBUS-PA 的一个组成部分。

PROFIBUS-PA 设备行规包括了适用于各种设备规范的一般性要求，也包含了适用于各种设备的组态信息的数据单。PROFIBUS-PA 设备行规保证被选用的各种类型的现场设备有相同的通信功能，并提供这些设备功能和设备行为的一切必要规格。

目前，PROFIBUS-PA 设备行规已对所有通用的测量变送器和其他选择的一些设备类型做了具体规定，这些设备如下：

1）测量压力、液位、温度和流量的变送器。

2）数字量输入和输出。

3）模拟量输入和输出。

4）阀门。

5）定位器。

第六节　PROFIBUS-FMS 技术简介

PROFIBUS-FMS 主要用于车间监控级通信。在车间监控层，可编程序控制器（PLC 和 PC）之间需要比现场层更大量的数据传送，但对通信实时性的要求低于现场层。

一、PROFIBUS-FMS 应用层

应用层提供了供用户使用的通信服务，包括访问变量、程序传递、事件控制等。PROFIBUS-FMS 应用层包括以下两部分：

（1）现场总线报文规范（Fieldbus Message Specification，FMS）　描述了通信对象和应用服务。

（2）低层接口（Lower Layer Interface，LLI）　用于将 FMS 适配到第 2 层。

二、PROFIBUS-FMS 通信模型

PROFIBUS-FMS 利用通信关系将分散的过程统一到一个公用的过程中。在应用过程中，可用来通信的那部分现场设备称为虚拟现场设备（Virtual Field Device，VFD）。在实际现场设备与 VFD 之间设立一个通信关系表，通信关系表是 VFD 通信变量的集合。VFD 通过通信关系表实现对物理现场设备的通信。

三、通信对象与对象字典（OD）

PROFIBUS-FMS 面向对象通信，它确认 5 种静态通信对象：简单变量、数组、记录、域和事件，还确认两种动态通信对象：程序调用和变量表。

每个 PROFIBUS-FMS 设备的所有通信对象都添入对象字典。静态通信对象添入静态对象字典，动态通信对象添入动态对象字典。它们可以用 FMS 服务进行预定义或定义、改变或删除。

四、PROFIBUS-FMS 服务

PROFIBUS-FMS 服务是 ISO 9506 制造信息规范（Manufacturing Message Specification，MMS）服务项目的子集，已在现场总线应用中优化，而且还加上了通信对象的管理和网络管理。

PROFIBUS-FMS 提供管理和服务，满足了不同设备对通信提出的需求。服务项目的选用取决于特定的应用，具体的应用领域在 FMS 设备行规中做了规定。

五、低层接口（LLI）

第 7 层到第 2 层服务的映射由 LLI 来解决，其主要任务是数据流控制和连接监视。用户通过通信关系与其他应用过程进行通信。FMS 设备的全部通信关系都列入通信关系表（Communication Relationship List，CRL）。每个通信关系通过通信索引（Communication REF-erence，CREF）来查找，CRL 包含了 CREF 和第 2 层及 LLI 地址间的关系。

六、网络管理

应用层（第 7 层）实现网络管理功能，主要功能有上下关系管理、配置管理、故障管理等。

七、PROFIBUS-FMS 设备行规

PROFIBUS-FMS 提供了范围广泛的功能来保证它的普遍应用。在不同的应用领域中，具体需要的功能范围必须与具体的应用要求相适应。设备的功能应结合应用来定义，这些适应性定义称为设备行规。设备行规提供了设备的可互换性，以保证不同厂商生产的设备具有相同的通信功能。FMS 设备行规做了如下规定（括号中的数字是文件编号）：控制器间的通信（3.002）、楼宇自动化行规（3.011）、低压开关设备（3.032）。

第七节　PROFIBUS 的应用

PROFIBUS 是一种用于工厂自动化车间级监控和现场设备层数据通信与控制的现场总线技术，可实现现场设备层到车间级监控的分散式数字控制和现场通信网络，从而为实现工厂综合自动化和现场设备智能化提供了可行的解决方案。目前应用的领域包括加工制造、过程控制和自动化等。

一、PROFIBUS 在工厂自动化系统中的位置

一个典型的工厂自动化系统应该是三层网络结构，如图 3-19 所示。PROFIBUS 控制系统位于工厂自动化系统中的现场级和车间级。

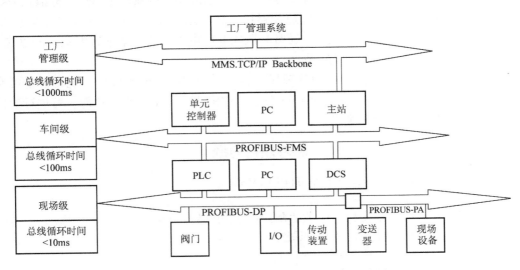

图 3-19　PROFIBUS 在工厂自动化系统中的应用

1. 现场设备层

该层的主要功能是连接现场设备，如分散式 I/O、传感器、驱动器、执行机构等，完成现场设备控制及设备间联锁控制。主站（PLC、PC 机或其他控制器）负责总线通信管理以及所有从站的通信。总线上所有设备的控制程序存储在主站中，并由主站执行。

2. 车间监控层

车间监控用来实现车间主生产设备间的连接，并实现车间级设备监控。车间级监控网络通常要设立车间监控室，有操作员工作站及打印设备，可采用 PROFIBUS-FMS，它是一个多主网络，这一级传输速度不是最重要的，重要的是能够传送大量的信息。

3. 工厂管理层

车间操作员工作站可通过集线器与车间办公网连接，将车间生产数据送到车间管理层。车间办公网是工厂主网的一个子网。子网通过交换机、网桥或路由等连接到工厂主网，将车间数据集成到工厂管理层。车间管理层通常采用以太网，工厂主网根据工厂实际情况，可采用 FDDI 或 ATM 等网络。

二、PROFIBUS 控制系统的组成

PROFIBUS 控制系统的组成包括以下几个部分：

1. 一类主站

一类主站指 PLC、PC 或可作为一类主站的控制器。一类主站完成总线通信与管理。

2. 二类主站

二类主站指操作员工作站（如 PC + 图形监控软件）、编程器、操作员接口等。完成各站点的数据读写、系统配置、故障诊断等。

3. 从站

（1）PLC　PLC 可作为 PROFIBUS 上的一个从站。PLC 自身有程序存储功能，PLC 的 CPU 执行程序按程序驱动 I/O。作为 PROFIBUS 的一个从站，在 PLC 的存储器中有特定区域（共享数据区）实现与主站的通信。主站可通过通信间接控制从站 PLC 的 I/O。

（2）分散式 I/O　分散式 I/O 通常由电源、通信适配器及接线端子组成。分散式 I/O 不具有程序存储和程序执行的功能。通信适配器用于接收主站指令，按照主站指令驱动 I/O，并将 I/O 及故障诊断信息返回给主站。通常分散式 I/O 由主站统一编址，因此，分散式 I/O 与主站集成的 I/O 在主站编程时无区别。

（3）驱动器、传感器、执行机构等现场设备　带有 PROFIBUS 接口的现场设备可作为 PROFIBUS 从站，可由主站在线完成系统配置、参数修改、数据交换等功能。可进行通信的参数及参数格式由 PROFIBUS 决定。

思考题与习题

3-1　简述 PROFIBUS 总线网络的模型结构和协议类型。

3-2　简述 RS-485 传输技术的基本特性。

3-3　简述 IEC 61158-2 传输技术要点。它适合于什么应用场合？为什么？

3-4　PROFIBUS 采用何种总线存取控制机制？

3-5　PROFIBUS 控制系统由哪几部分组成？

第四章　SIMATIC S7 系统及其组态软件

SIMATIC S7 系统提供了集成式或插入式 PROFIBUS 总线接口，将分散的设备组成完整的控制系统，再通过 STEP7 组态编程实现系统控制功能。基于全集成的理念，STEP7 不仅是可编程序控制器的组态软件，而且还与基于 PC 的监控软件兼容。本章首先介绍 SIMATIC S7 系统及其设备，再介绍 STEP7 组态软件，并以 S7-300 和 S7-400 CPU 为例，叙述 STEP7 的使用方法。

第一节　SIMATIC S7 系统基础

SIMATIC S7 系统是基于 DP 网络的控制系统。本节详细介绍了 SIMATIC S7 系统的组成和功能，简要介绍了针对过程控制的 SIMATIC PCS7。

一、SIMATIC S7 系统概述

SIMATIC S7 通过 DP 网络连接分散的设备，应用 STEP7 所具有的硬件和软件组态功能将分散的设备集成在一起，构成分散控制系统；SIMATIC S7 系统提供集成式或插入式设备模块，如输入、输出、运算和控制模块，还提供操作站和编程器等人机接口设备。

二、SIMATIC S7 系统组成

SIMATIC S7 系统的构成如图 4-1 所示。系统的硬件部分包括控制器（CPU）模块、电源模块、输入/输出模块、编程设备和通信电缆（编程设备电缆）。系统软件采用 STEP7 组态软件，安装在编程设备中。

编程设备中的 STEP7 组态软件完成系统的硬件组态和控制软件的编制，并通过编程设备电缆下传给控制器模块，从而完成系统的硬件配置和实现控制功能，构成一个完整的 SIMATIC S7 控制系统。

三、SIMATIC PCS7

SIMATIC PCS7（Process Control System）适用于各种工业领域，具有多类模块或组件，可以构成大、中、小集散控制系统（Distributed Control System）。

SIMATIC PCS7 具有以下特点：

1）具有符合工业标准并经

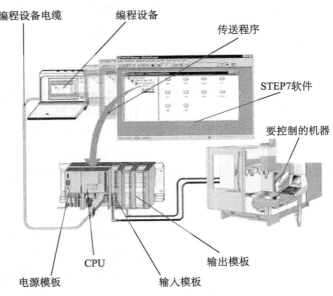

图 4-1　SIMATIC S7 系统结构

过测试验证的硬件和软件。

2）实现分布式的客户/服务器结构。

3）实现工厂级或具有60000个过程对象的复杂系统。

4）适合连续系统。

5）适合过程控制、人工控制和混合控制等各种工业现场。

6）适合厂级集中工程系统。

7）现场设备与PROFIBUS总线易于集成。

8）具有可靠的安全体系。

9）具有开放式层（级）结构。

10）各层（级）具有可选的冗余操作，增加了系统的实用性。

第二节　SIMATIC S7系统设备

SIMATIC S7系统具有S7-300和S7-400等模块化PLC控制系统。

SIMATIC S7-300是模块化中、小型PLC系统，具有多种性能的CPU和I/O模块，可以根据实际应用选择合适的模块，构成所需的简单或复杂的控制系统。

SIMATIC S7-400是模块化中、大型PLC系统，具有多种功能的CPU和各类模块，并具有较强的通信能力和友好的用户界面，多种控制方案可以满足复杂控制系统的要求。

一、SIMATIC S7系统的接口设备

SIMATIC S7-300/400系统中有两种PROFIBUS-DP接口。

一种是集成在CPU上的DP接口，如CPU315-2，CPU414-3，CPU316-2，CPU318-2等；另一种是通过接口模板（IM）或通信处理器（CP）的DP接口，如IM467，CP443-5和CP342-5等。

每个DP接口的特性都不相同，随着CPU特性的变化而变化。值得说明的是，CP342-5 DP接口的运行不依赖于CPU，它的数据交换由用户程序内的特殊功能调用来管理。

1. 系统中DP接口的类型

SIMATIC S7-300系统中具有PROFIBUS-DP接口的CPU或CP既可以作为DP主站运行，也可以作为DP从站运行。当作为DP从站运行时，既可以将DP从站选作为主动节点，也可以将DP从站选作为被动节点。两种不同的选择方式，在系统运行过程中会有不同的结果：作为主动节点的DP从站在与DP主站数据交换时是被动地接收，与被动节点的DP从站功能相同；作为主动节点的DP从站获得令牌后，它可以与在总线上运行的编程装置（PG）、操作员面板（OP）和PC等设备进行通信，并与其他节点实现数据交换，起到了DP主站的功能。

根据配置和用途的不同，SIMATIC S7系统具有三类不同的DP从站。

（1）紧凑型DP从站　具有不可更改的固定结构的输入和输出区域。ET200B模块属于此类型，可以提供具有不同电压范围和不同数量I/O通道的系列模块。

（2）模块化DP从站　它的输入和输出区域是可变的，可用STEP7组态系统定义此模块。ET200M是这种从站的典型代表。

（3）智能DP从站（I-从站）　输入和输出区域不是实际存在的，而是由预处理CPU映

像的输入和输出区域。可以作为 DP 从站的 S7-300 控制器和 CP342-5 通信处理器都属于此类智能从站，它的输入和输出区域在 STEP7 组态系统时确定。

2. 设备选型

（1）S7 系统中的 PROFIBUS-DP 接口　通常具有两种类型：

1）CPU 带内置 PROFIBUS 接口。

① CPU315-2 DP

- 具有 PROFIBUS-DP 接口和中到大容量程序存储器的 S7-300 系列中央处理器，可设置成主站或从站运行方式。
- 数据传输速率是 9.6kbit/s ~ 12Mbit/s。
- 可连接的 I/O 数目：AI/AO 为 128 个；DI/DO 为 1024 个。
- 通过 MPI 接口与编程器连接。
- DP 从站最大数目是 64 个。
- 用于大规模的 I/O 配置或建立分布式 I/O 结构。
- 编程软件为 STEP7。

② CPU316-2 DP

- 具有 PROFIBUS-DP 和 MPI 接口及大容量程序存储器的 S7-300 系列中央处理器，可设置为主站或从站运行方式。
- 数据传输速率是 9.6kbit/s ~ 12Mbit/s。
- 可连接的 I/O 数目：AI/AO 为 128 个；DI/DO 为 1024 个。
- 通过 MPI 接口与编程器连接。
- DP 从站最大数目是 64 个。
- 用于大量的 I/O 配置或具有分布式和集中式的 I/O 配置。
- 编程软件为 STEP7。

③ CPU318-2 DP

- 具有 PROFIBUS-DP 和 MPI 接口及大容量程序存储器的 S7-300 系列中央处理器，可设置成主站或从站运行方式。
- 数据传输速率是 9.6kbit/s ~ 12Mbit/s。
- 可连接的 I/O 数目：AI/AO 为 128 个；DI/DO 为 1024 个。
- 通过 MPI 接口与编程器连接。
- DP 从站最大数目是 125 个。
- 用于大规模的 I/O 配置或建立分布式 I/O 结构。
- 编程软件为 STEP7。

2）CPU 不带 PROFIBUS 接口。对于此类装置，需要配置 PROFIBUS 通信处理器模块或接口模块。

① CP342-5 通信处理器

- 用于连接 SIMATIC S7-300 到 PROFIBUS-DP 的主/从站接口模块。
- 可以作为主站或从站运行，符合 EN 50170 标准。
- 数据传输速率是 9.6kbit/s ~ 1.5Mbit/s。
- DP 从站最大数目是 125 个。

- 编程软件为 STEP7。

② IM467 接口模板

- 具有 PROFIBUS-DP 接口的 S7-400 系列接口模板，可设置为主站运行方式。
- 数据传输速率是 9.6kbit/s ~ 12Mbit/s。
- DP 从站最大数目是 125 个。
- 价格较低，安装简便，响应时间短。
- 编程软件为 STEP7。

③ CP443-5 通信处理器

- 用于连接 SIMATIC S7-400 PLC 到 PROFIBUS-FMS/DP 上。
- 可以作为主站或从站运行，符合 EN 50170 标准。
- 数据传输速率是 9.6kbit/s ~ 12Mbit/s。
- DP 从站最大数目是 125 个。
- 编程软件为 STEP7。

（2）S7 系统中分散式 I/O 从站

① ET200M

- ET200M 是一种模块式结构的远程 I/O 站。
- 由 IM153 PROFIBUS-DP 接口模块、电源和各种 I/O 模块组成。
- 可使用 S7-300 系列所有 I/O 模块，包括 SM321/322/323/331/332/334、EX、FM350-1/351/352/353/354。
- 最多可扩展 8 个 I/O 模块。
- 最多可提供的 I/O 地址是 128I/128O。
- 最大数据传输速率为 12Mbit/s。
- 具有集中和分散的诊断数据分析。

② ET200L

- ET200L 是小型固定式 I/O 站。
- 由端子模块和电子模块组成。端子模块包括电源和接线端子，电子模块由通信部分及各种类型的 I/O 组成。
- 可选各种 DC 24V 开关量输入、输出和混合输入/输出模块。包括 16DI、16DO、32DI、32DO、16DI/DO。
- 具有集成的 PROFIBUS-DP 接口。
- 最大数据传输速率为 1.5Mbit/s。
- 具有集中和分散的诊断数据分析。

③ ET200B

- ET200B 是小型固定式 I/O 站。
- 由端子模块和电子模块组成。端子模块包括电源、通信口及接线端子，电子模块由各种类型的 I/O 组成。
- 可选各种 DC 24V 螺钉端子模块、DC 24V 弹簧端子模块、AC 120V/230V 螺钉端子模块及用于模拟量的弹簧端子模块。
- 可选各种 DC 24V 开关量输入、输出和混合输入/输出模块，包括 16DI、16DO、

32DI、32DO、16DI/DO、24DI/8DO、8DI/8DO；各种 AC 120V/230V 开关量输入、输出和混合输入/输出模块，包括 16DI、16DO、32DI、32DO、8DI/8DO；各种模拟量输入、输出及混合输入/输出模块，有 4/8AI、4AI、4AO。

- 具有集成的 PROFIBUS-DP 接口。
- 最大数据传输速率为 12Mbit/s。
- 具有集中和分散式的诊断数据分析。

二、SIMATIC S7 系统中 DP 接口的系统响应

SIMATIC S7 系统中 DP 接口分为主站和从站两种类型，除 CP342-5 通信处理器外，全部都集成在系统之中。SIMATIC S7 系统针对作为主站和从站的 DP 接口具有不同的响应方式。

1. SIMATIC S7 系统中 DP 主站接口的特性

SIMATIC S7 系统中 DP 主站给各从站装载参数，并且按照一定的运行方式与 DP 从站交换现场数据。由于工业现场设备的分布式结构，网络的技术和拓扑等原因及启动电源时间的交叉，会引起 DP 主站与从站之间、DP 从站之间的启动时间有差异，因此 DP 主站与从站之间的交互需要一定的延时时间，SIMATIC S7-300/400 系统中已经设定了最大延迟时间指标。

2. SIMATIC S7 系统中 DP 从站接口的特性

DP 从站接收 DP 主站的参数设置，并且与主站交互现场数据。如果 DP 从站由于掉电、总线导线断开等原因引起故障，CPU 系统就会调用相应的模块进行处理，或者停止从站的运行。具有自诊断功能的 I/O 模块可以通过产生诊断中断报告节点的各种故障，使 CPU 系统调用用于诊断中断处理的模块。SIMATIC S7 系统中具有过程中断能力的 DP 从站可以通过总线向 DP 主站传送故障信息，向 CPU 请求中断。此时，系统将调用专用于过程中断的处理模块做出回应。

第三节　STEP7 的功能和使用方法

一、STEP7 组态软件

STEP7 组态软件是用于 SIMATIC S7-300/400 系统创建可编程序逻辑控制程序的标准软件，应用 STEP7 软件可以方便地构造和组态 PROFIBUS-DP 网络。

STEP7 软件包括硬件配置和参数设置、定义系统通信、编程、测试、启动和维护系统、文件建档和操作/诊断等基本功能，并为控制工程提供了各种不同的应用工具。

（1）SIMATIC Manager　集中管理系统所有的工具软件和数据。

（2）符号编辑器　定义符号名称、数据类型和全局变量的注释。

（3）硬件配置　配置系统和对各种模块进行参数设置。如从电子目录中选择硬件模块、机架，并将所选模块分配给机架中期望的插槽；对 CPU 参数的设置，包括启动时间、扫描时间、监视时间等属性。

（4）通信　配置连接及定义经 MPI 连接的组件及周期性数据传送；定义用 MPI、PRO-FIBUS 或工业以太网进行的连接及数据传送。

（5）信息功能　快速浏览 CPU 数据和控制程序在运行中的故障原因。

STEP7 软件具有三种编程语言：梯形图（LAD）、功能块图（FBD）和语句表（STL）。一般预先装在 PG720、PG740 和 PG760 等编程器中，也可以在 PC 中运行。如果在 PC 中运

行，需要有以下设备：

1）一个 MPI 卡或 PC 适配器。

2）STEP7 软件包和授权盘。

3）一个 SIMATIC S7-300/400 可编程序控制器。

1. STEP7 的运行环境

设计一个 SIMATIC S7 系统，必须应用 STEP7 软件。如果使用 SIMATIC 编程设备，STEP7 软件已经安装，可以直接运用；若使用 PC，则必须首先安装 STEP7 软件。STEP7 软件可以在 Windows 95/98/2000 或 Windows NT 环境下运行。一旦安装完成并重新启动计算机，SIMATIC Manager（SIMATIC 管理器）的图标就会显示在 Windows 桌面上。SIMATIC Manager 是 STEP7 软件包及其扩展的附加软件工具的图形用户接口管理器。

2. STEP7 的使用步骤

安装 STEP7 程序之后，双击 Windows 桌面上的 "SIMATIC Manager" 图标，STEP7 被激活。在默认设置下，STEP7 助手将自动启动，引导创建或组态一个自动化任务。

STEP7 软件结构与 VC＋＋和 Windows Explorer 软件相类似，是树形分层结构，如图 4-2 所示。它的主对象是一个 STEP7 项目（Project），即一个自动化工程，项目中包含了这个自动化工程所需要的所有硬件和软件信息。一个 STEP7 项目又包含有若干个对象（Object），每个对象与相关的应用软件自动连接，以文件夹的形式存在于项目中。

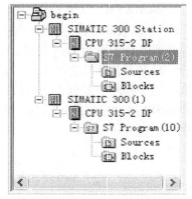

在图 4-2 中，"begin" 是项目的名称，它的数据在分层结构中以对象的形式保存，包括一个 S7-300 主站和一个 S7-300 从站，每个主站和从站又有各自的 CPU，它们包含了组态和硬件的参数数据；"S7 Program" 包含了所有必需的编程组件，即 Symbol、Source 和 Block。

1）Symbol 表示符号，是给地址定义用的符号名。

图 4-2 项目中的对象层次结构

2）Source 是源文件，用来保存系统的源程序和文件。

3）Block 包含已经生成的 OB1 块和以后将要生成的所有其他块，这些块里有控制对象所需要的程序。

项目由以下组态信息构成：

1）硬件组态数据。

2）模块参数数据。

3）网络和通信的组态数据。

4）可编程模块的程序。

应用 STEP7 设计和实施一个自动化任务时，可以按照图 4-3 所示的步骤进行。

如果系统是多输入、多输出的复杂系统，采用选项 1，即先组态硬件，再编制程序，系统的地址由 STEP7 的硬件组态编辑器显示；若是只有少量输入、输出的系统，也可以先编

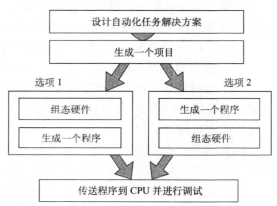

图 4-3 使用 STEP7 的基本步骤

制程序，再组态硬件，即采用选项 2 的步骤，此时，系统的每一个地址需要程序员自己决定，而且只能依据所选择的组件，不能通过 STEP7 调入这些地址。

二、应用 STEP7 构造 PROFIBUS-DP 系统

本小节通过对一个系统实例的描述，详细介绍了应用 STEP7 构造 PROFIBUS-DP 系统的步骤和操作过程。

利用 STEP7 软件创建一个 PROFIBUS-DP 系统，首先创建该系统的项目，用 HWConfig 组态系统硬件，并设置网络参数。这些步骤可以用 STEP7 Wizard 完成，也可以选择 SIMATIC Manager 菜单条中的"File→New"项建立一个新项目，利用快捷菜单插入各个对象。

本例中采用 STEP7 Wizard 建立新项目，系统组态针对 SIMATIC S7-300 的 CPU315-2 DP 进行。通过 CPU 集成的 DP 接口连接 DP 从站 ET200B、ET200M、CPU315-2 DP，设定传输速率为 1.5Mbit/s。

（一）应用 SIMATIC Manager 建立一个新项目

双击 Windows 桌面上的"SIMATIC Manager"图标，STEP7 软件被打开，出现 STEP7 Wizard 界面，如图 4-4 所示。

利用 STEP7 Wizard 引导建立一个名为"begin"的 STEP7 项目组态，步骤如下：

（1）单击图 4-4 中的"Next"按钮，出现如图 4-5 所示界面。单击所需型号的 CPU，则选中的 CPU315-2 DP 出现在窗口下部的项目结构中，并且 CPU 的 MPI 地址被自动确定。

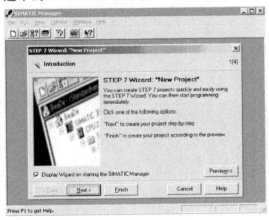
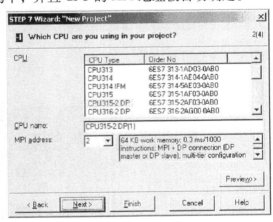

图 4-4　进入 STEP7 Wizard　　　　　　　图 4-5　选择组态的 CPU

（2）单击图 4-5 中的"Next"按钮，出现如图 4-6 所示界面。默认设置了系统的组织块 OB1，还需要为组织块 OB1 选择一种编程语言，本例中选择 STL 语言。

（3）单击图 4-6 中的"Next"按钮，出现如图 4-7 所示界面。在这个界面中输入项目的名称"begin"，然后单击"Finish"按钮，就创建完成了一个新的 STEP7 项目。

新项目生成后，程序回到"SIMATIC Manager"主界面并且"begin"项目已经打开，相应的对象文件夹也已建立，如图 4-8 所示。针对每一个特定的 CPU，其 MPI（Multi Point Interface）地址已经自动生成。MPI 是 SIMATIC S7 系统标准的编程和通信接口。

（二）系统组态

PROFIBUS-DP 系统组态包括网络设置和硬件组态。在已经建立的"begin"项目中实现系统组态。

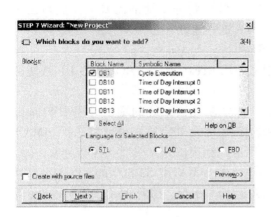

图 4-6　选择块参数

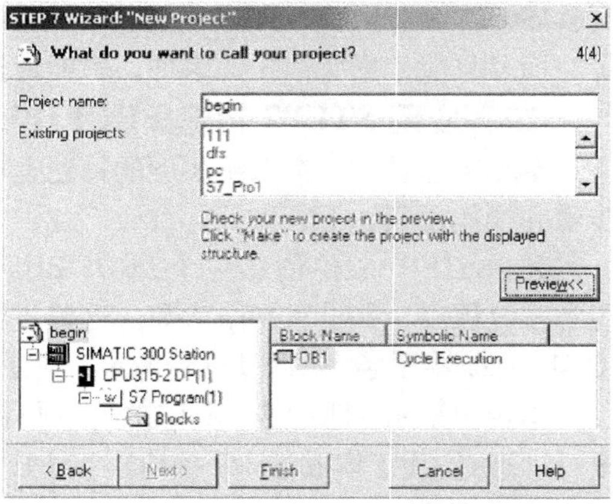

图 4-7　输入项目名称

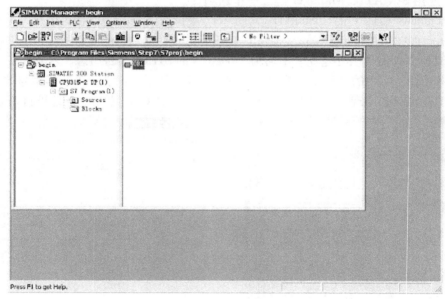

图 4-8　生成的"begin"项目

1. 网络设置

打开"begin"文件夹，界面右侧出现"SIMATIC 300 Station"和"MPI"图标。选中界面左侧的"begin"项目名，单击鼠标右键，选择"Insert New Object"中的"PROFIBUS"项，如图4-9所示。此时界面的右侧出现"PROFIBUS（1）"图标，表明项目中已经加入了PROFIBUS网络，如图4-10所示。双击"PROFIBUS（1）"图标，打开NetPro界面，如图4-11所示。右键单击PROFIBUS（1）子网络，在快捷菜单中选择命令"Object Properties"，出现"Properties-PROFIBUS"界面，用"Networking Settings"实现网络特性设置，如图4-12所示。其中：

1）"Highest PROFIBUS Address"表示最高站地址，是用来优化多-主总线配置的总线存取控制。对于单-主PROFIBUS-DP配置，不改变此参数的默认值126。

2）"Transmission Rate"是传输速率，它适用于整个PROFIBUS网。传输速率（波特

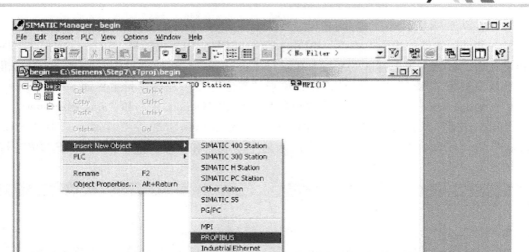

图 4-9　加入 PROFIBUS 网络界面

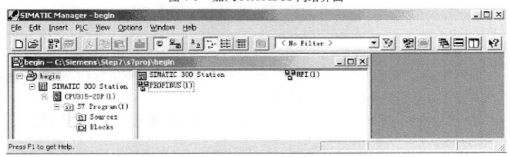

图 4-10　PROFIBUS 网络加入到项目中

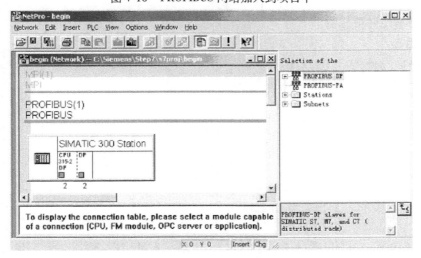

图 4-11　NetPro 界面

率）可以在 9.6 ~ 12000kbit/s 之间选择，默认设置为 1500kbit/s。

3）"Profile" 是总线行规。它为不同的 PROFIBUS 应用提供标准，包括用 STEP7 程序计算和设定总线参数，考虑特殊的配置和传输速率的选择等，可以选择图中所示的四种标准之一。默认设置为 "DP"。选择默认设置，单击 "确定" 键，返回项目主界面。

4）"Properties-PROFIBUS" 界面右侧有两个按钮 "Options…" 和 "Bus Parameters…"。

① 单击按钮 "Options…"，出现如图 4-13 所示的网络参数设置界面，其中 "Network Stations" 定义了包含在总线参数计算中的附加主动节点和被动节点。此选项对 "DP" 行规不可用。

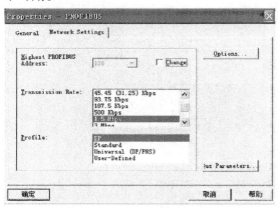

图 4-12　网络特性设置

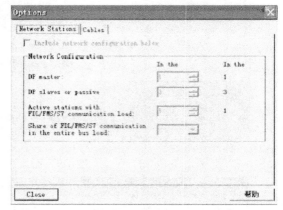

图 4-13　网络参数设置

"Cables" 描述了系统总线中电缆长度、RS-485 中继器或光纤电缆的 OLM（光纤链路模块）的使用情况，这些都影响总线参数的计算。

② 用按钮 "Bus Parameters…" 可以存取由 STEP7 计算的总线参数，包括目标轮询时间和监视响应时间，如图 4-14 所示。通常情况下，对话框中显示的预置值不允许被修改。

2. 硬件组态

双击主界面左侧的 "SIMATIC 300 Station"，界面的右侧出现 "Hardware" 和创建项目时所选择的 CPU 型号 "CPU 315-2 DP"，如图 4-15 所示。双击 "Hardware"，标识为 "HW Config" 的界面被打开，如图 4-16 所示。此时，S-300 机架已经在界面中，CPU 315-2 DP 占据了槽 2，其余为空白，开始选择组态硬件。

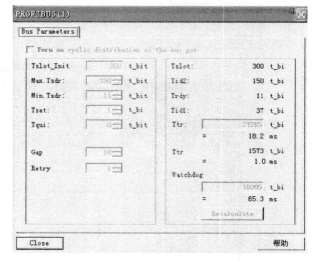

图 4-14　总线响应时间设置

（1）选择电源　打开图 4-16 右侧树形目录 "SIMATIC 300" → "PS 300"，拖动 PS30710A 电源到机架的槽 1 中。

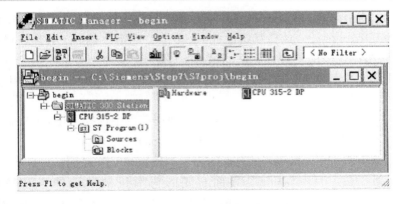

图 4-15 总线网络组态窗口

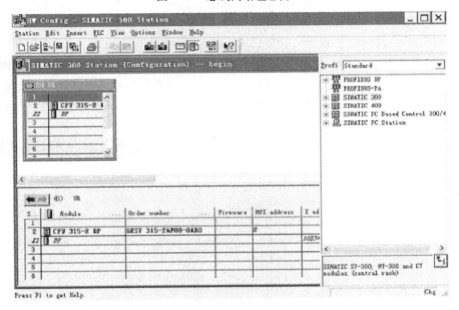

图 4-16 硬件组态

（2）组态 I/O 模块 选择树形目录"SIMATIC 300"→"SM-300"→"DI-300"中的"DI16×DC24V"，拖动对象到机架的槽 4 中，将"SIMATIC 300"→"SM-300"→"DO-300"中的"DO16×DC24V/0.5A"拖动到机架的槽 5 中。

（3）组态项目的从站 SIMATIC 系统具有三种从站：紧凑型从站、模块化从站和智能从站。"begin"项目中采用的 ET200B 属于紧凑型从站，ET200M 是模块化从站，智能从站采用 S7-300 的 CPU 315-2 DP。

打开"Insert"菜单，选择"Master System"，建立了 PROFIBUS（1）子网。

打开图 4-16 右侧树形目录"PROFIBUS DP"→"ET200B"，用鼠标将"B-8DI/8DO"拖到子网的主站接口，即光标变为"+"号时，放开对象。此时"Properties-PROFIBUS Interface B-8DI/8DO"对话框自动打开，给此 DP 从站设置 PROFIBUS 地址，选择默认设置 5，单击"确定"返回"HW Config"界面。

同理，打开图 4-16 右侧树形目录"PROFIBUS-DP"→"ET200M"，用鼠标将"IM

153"拖到子网的主站接口，"Properties-PROFIBUS Interface IM 153"对话框自动打开，给此DP从站设置PROFIBUS地址，选择默认设置4，单击"确定"返回"HW Config"界面。编译、保存并关闭"HW Config"界面，回到项目主界面。

在"begin"项目中建立S7-300智能从站，然后将智能从站与DP主站相连。按照以下步骤建立一个智能从站：

1）右键单击主界面左侧的项目名，在弹出的快捷菜单中选择"Insert New Object"中的"SIMATIC 300"项，界面的右侧出现"SIMATIC 300 Station"图标。

2）双击"SIMATIC 300 Station"图标，打开"HW config"界面。

3）配置机架：在"HW Config"界面右侧的树形目录中选择"SIMATIC 300"的"RACK-300"，将"Rail"拖动到界面上部，出现了一张安有轨道指示S7-300槽的配置表。

4）配置电源：选择电子目录"SIMATIC 300"下的"PS-300"中电源PS3072A放入模块机架的槽1中。

5）配置CPU：选择电子目录"SIMATIC 300"下的"CPU-300"→"CPU 315-2 DP"，选择型号为"6ES7315-2AF01-0ABO"的CPU，将它移动到模块机架的槽2中。此时，"Properties-PROFIBUS Interface DP"对话框自动打开，设置智能从站的DP接口地址为6，并选择与CPU的DP接口连接的PROFIBUS子网络，单击"确定"编译保存后，返回"HW Config"窗口。

6）设置从站：因为S7-300的6ES7315-2AF01-0ABO CPU是一个DP从站，所以必须再组态一个DP接口CPU 315-2 DP作为DP从站。双击X2槽的DP行，打开"Properties-DP"对话框，选择"Operating Mode"选项卡及其"DP slave"设置，如图4-17所示。

选择"Configuration"选项卡，定义DP接口的参数和特性：①为主-从通信对DP从站配置输入/输出区域；②为直接数据交换（交叉通信）对DP从站配置输入/输出

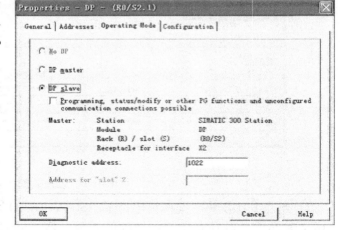

图4-17 组态DP从站

区域；③为DP从站接口的本地诊断地址，当CPU处在从站方式时，与"Addresses"选项卡上的诊断地址无关。

单击"OK"回到"HW Config"界面，保存并返回到主界面。为DP接口新组态的"DP-从站"已经完成。

打开主站的"HW Config"界面，选择电子目录中的"PROFIBUS-DP"，打开"Configured Station"文件夹，将刚组态的智能从站CPU 315-2 DP连接到PROFIBUS子网上，"DP slave properties"对话框打开，如图4-18所示，在"Connection"选项卡下选择列表中的从站，用"Connect"按钮将它与DP主站相连。转换到"Configuration"选项卡，录入相关主站的参数，单击"OK"回到"HW Config"窗口，编译并保存此项目，如图4-19所示，完

成了总线系统的硬件组态。

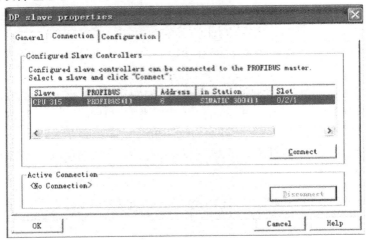

图 4-18　DP 从站参数设置

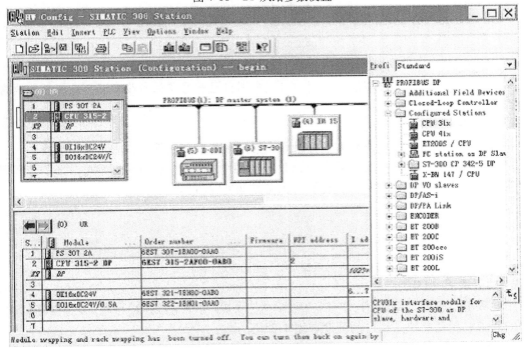

图 4-19　组态完毕的总线系统

第四节　用 STEP7 开发应用软件

一、SIMATIC S7 系统地址分配原则

SIMATIC S7 系统地址有两种表示方式：绝对地址和符号地址。

1）绝对地址是指输入和输出地址都是由硬件组态预定义的，被直接指定的地址。绝对地址的表示如图 4-20 所示。

2）符号地址是指代替绝对地址的符号名。例如，将绝对地址输入"I 1.5"用符号"key1"代替，则"key1"就是符号地址。符号地址的确定原则是要表示该绝对地址在程序中的作用和功能。应用符号名编写程序、寻找地址，可以大大提高程序的可读性。

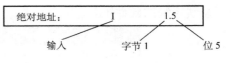

图 4-20　绝对地址的表示

STEP7 软件中，存在符号表结构（Symbols），如图 4-21 所示，它可以为程序中的所有绝对地址（Address）分配符号名（Symbol）和数据类型（Data type），及每个符号的简要说明（Comment）。

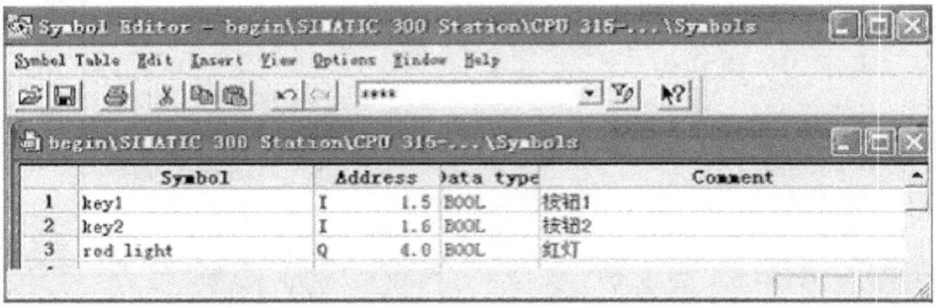

	Symbol	Address	Data type	Comment
1	key1	I 1.5	BOOL	按钮1
2	key2	I 1.6	BOOL	按钮2
3	red light	Q 4.0	BOOL	红灯

图 4-21　符号表结构

二、STEP7 的三种编程语言

STEP7 有三种基本的编程语言。用户可以根据自己的习惯和专业知识，选择三种语言之一进行工程设计和系统组态。

1. 梯形图（LAD）

梯形图语言用各种电气符号如常开触点、常闭触点或者线圈等，表示逻辑程序。

例如，用梯形图设计一个串联电路，只有当两个常开触点"key1"和"key2"都闭合时灯亮（"light"），程序如图 4-22 所示（用符号地址编写）。

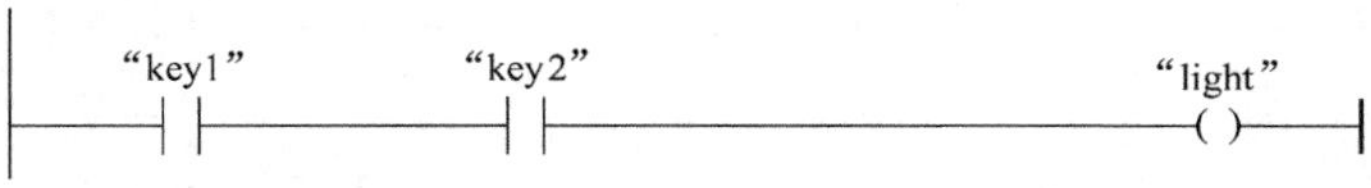

图 4-22　梯形逻辑程序示例

2. 功能块图（FBD）

用逻辑电路中的"与"门、"或"门、"非"门等功能块运算符号表示逻辑程序。对于上例的要求，用功能块图编写的程序如图 4-23 所示。

3. 语句表（STL）

类似于计算机语言，每一条语句表示特定的功能。"与"（AND）、"或"（OR）等功能运算分别用 A 和 O 表示。编程时，要为每一段程序的第一条指令选择一个区域，若第一条指令是与运算，则第一个程序行是 A，空格加符号名。

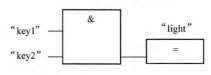

图 4-23　功能块图程序示例

对于上例，采用语句表编写的程序是

A　　　　　"key1"

A　　　　　"key1"

```
A          "key2"
=          "light"
```

三、SIMATIC S7 系统的程序结构

SIMATIC S7 系统的 Program 文件夹中包含了所有必需的编程组件，其中 Block 文件夹又包含了系统的所有功能软件，这些软件在 Block 文件夹中以组织块（QB）、功能块（FB）或功能（FC）的形式存在，它们的调用顺序如图 4-24 所示。

1. 组织块（Organize Block，OB）

组织块是 SIMATIC S7 CPU
操作系统与用户程序间的接口，
被嵌在用户程序中，用于执行
用户程序。组织块 OB1 是系统
程序结构中最高的编程层次，
相当于应用软件的主程序。CPU

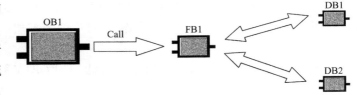

图 4-24　Block 文件夹的功能调用形式

首先执行 OB1，并循环处理 OB1。CPU 逐行读入并执行程序命令，当 CPU 返回到第一条程序时，表示完成了一个程序循环，它所需的时间就是扫描循环时间，也是 CPU 最大循环监视时间，可以在 HW Config 的 CPU Properties 中定义。组织块可以调用和组织其他功能块。SIMATIC S7 CPU 提供多个组织块，每个组织块的优先级不同，"1" 是最低优先级，"29" 是最高优先级。优先级在 "1" ~ "26" 之间，可以由用户确定，其他的系统固定。

OB1 的数据含义如下：

1）OB1 _ EV _ CLASS：事件的类别及标识符，B#16#11 是有效标识。数据类型为字节（Byte）。

2）OB1 _ SCAN _ 1：OB 的启动状态。数据类型为字节（Byte）。

　　　　　　　B#16#01 表示预热再启动。

　　　　　　　B#16#02 表示热再启动。

　　　　　　　B#16#03 表示自由周期结束。

3）OB1 _ PRIORITY：优先权等级。数据类型为字节（Byte）。

4）OB1 _ OB _ NUMBER：OB 的号码。数据类型为字节（Byte）。

5）OB1 _ RESERVED _ 1：保留。数据类型为字节（Byte）。

6）OB1 _ RESERVED _ 2：保留。数据类型为字节（Byte）。

7）OB1 _ PREV _ CYCLE：以前循环运行的时间。数据类型为整型（Int）。

8）OB1 _ MIN _ CYCLE：最近一次最小循环时间。数据类型为整型（Int）。

9）OB1 _ MAX _ CYCLE：最近一次最大循环时间。数据类型为整型（Int）。

10）OB1 _ DATE _ TIME：OB 被请求的日期和时间。数据类型为双字（DW）。

若以十六进制数字表示数据类型，则：

1）字节型数据的表示方式是 B#16#x，其中 x 值的范围是 0 ~ FF。

2）数据类型字的表示方式是 B#16#x，其中 x 值的范围是 0 ~ FFFF。

3）数据类型双字的表示方式是 B#16#x，其中 x 值的范围是 0 ~ FFFFFFFF。

2. 功能块（Function Block，FB）**和数据块**（Data Block，DB）

在系统程序结构中，功能块位于组织块之下，是程序中完成某部分特定功能的软件，它

可以被组织块多次调用。功能块中的所有形参和静态数据都存储在一个单独的、被指定给该功能块的数据块中，这种数据块被称为背景数据块。背景数据块只对应着特定的功能块，其中的数据只在这个功能块内局部有效。功能块可以对应多个数据块。

还有一种数据块叫作共享数据块。如果 CPU 中没有足够的内存保存所有数据，可将一些指定的数据存储到一个共享数据块中，此块中的数据可以被任意一个块使用，是整个程序中的全局有效量。

3. 功能（Function）

功能和功能块一样，位于程序结构中组织块的下面，通过组织块的调用，功能才能被 CPU 处理。与功能块不同的是，功能不需要对应的数据块，而且不允许使用静态局域数据作为变量。

可以在创建项目时根据程序的要求，通过 STEP7 助手对以上的几种块结构进行选择和设置。

四、实例

编写一个项目的程序，包括组织块程序 OB1、一个功能块程序和两个数据块程序。利用 STEP7 软件提供的编程界面，选择 STL 语言编写。

首先打开需要编程的项目"begin"，单击"S7 Program"目录下的"Block"文件夹，窗口右侧出现了"OB1"图标，双击此图标，打开"LAD/STL/FBD"编程窗口，如图 4-25 所示。

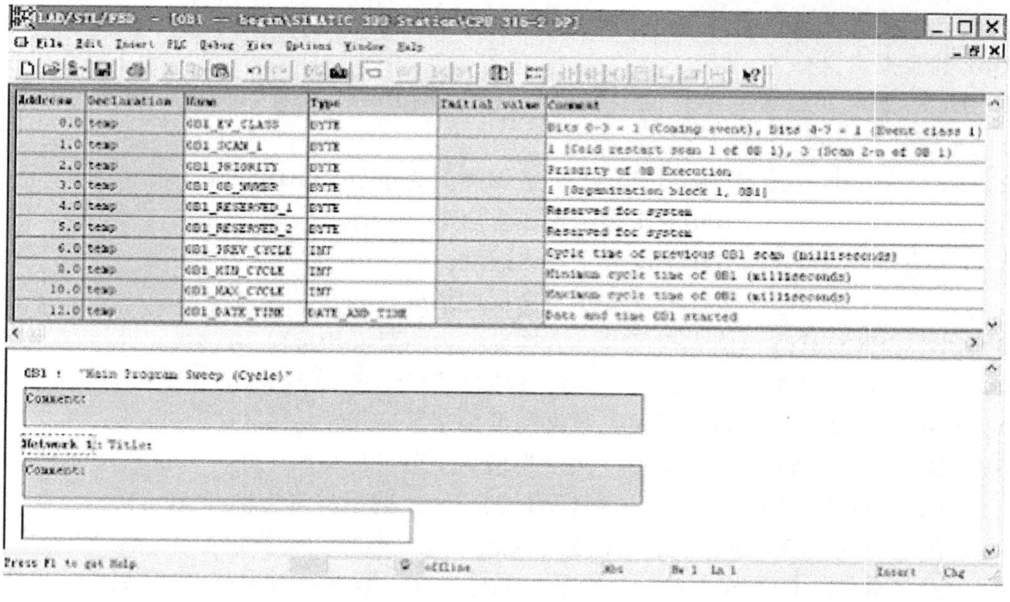

图 4-25 LAD/STL/FBD 编程窗口

其中，窗口的上部是变量声明表，包括组织块 OB1 的 10 个参数和局域变量；窗口的下部"Network1：Title"是注明编程块或段的名称；"Comment"部分可以写入程序的注释；"Comment"以下是正式的程序指令。

如果 OB1 中包含多个功能程序块，则通过窗口中的工具条 **::::** ，可以实现"插入新的段"并再次选择输入区域。

用工具条中的按钮 ⟨□ 可以选择程序是采用绝对寻址还是符号寻址。如采用符号寻址，则按下此键。在用符号地址编写程序的过程中，如果符号在符号表中不存在或有语法错误，则会显示为红色。

1. 编写 OB1 程序

本程序与介绍编程语言时的程序相同，是具有与（AND）功能的程序。它们的符号地址表在本节的第一部分中已经给出。编写的程序如图 4-26 所示，其中左侧的程序是采用符号地址编写的，右侧的程序应用绝对地址编写。保存该块并关闭该窗口。

图 4-26　应用符号地址和绝对地址编写的 OB1 程序

2. 创建功能块程序

编写一个功能块程序和数据块程序，实现用一个功能块调用数据块控制和监视发动机。此程序选用与 OB1 块程序相同的编程语言。

打开"Begin"项目中的"Block"文件夹，在窗口的右侧单击鼠标右键，在弹出的快捷菜单中选择"Insert New Object"选项中的"Function Block"，窗口中出现"Properties-Function Block"对话框，设置"Symbolic Name"为"engine"，其余采用默认设置，如图 4-27 所示，单击"OK"按钮返回。此时，"SIMATIC Manag-

图 4-27　设置功能块

er"的主窗口"Block"文件夹中出现了新加入的"FB1"图标。双击"FB1"图标，出现编程窗口，如图4-28所示。

（1）填写变量声明表 FB1编程窗口的上部是变量参数表。发动机特定的信号必须作为输入和输出参数在变量参数表中列出，并声明是"in"或"out"状态。填写的变量参数表包括参数的名称、地址、声明、类型、初始值和注释，如图4-29所示。参数名称只能采用字母、数字和下画线表示。参数类型的选择可以单击鼠标的右键，在弹出的快捷菜单"Elementary Types"中选择。按"Enter"键光标跳到下一栏或插入新的一行。

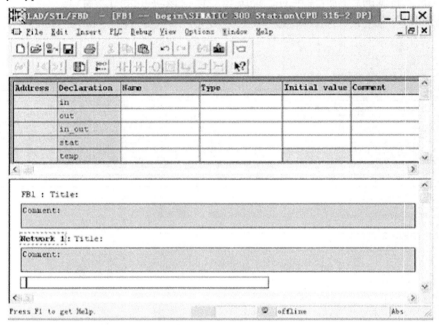

图4-28　功能块编程窗口

Address	Declaration	Name	Type	Initial value	Comment
0.0	in	Switch_On	BOOL	FALSE	Switch on engine
0.1	in	Switch_Off	BOOL	FALSE	Switch off engine
0.2	in	Failure	BOOL	FALSE	Engine failure, causes the engine to switch off
2.0	in	Actual_Speed	INT	0	Actual engine speed
4.0	out	Engine_On	BOOL	FALSE	Engine is switched on
4.1	out	Preset_Speed_Rea	BOOL	FALSE	Preset speed reached
	in_out				
6.0	stat	Preset_Speed	INT	1500	Requested engine speed
	temp				

图4-29　功能块程序中的参数状态

（2）编程控制发动机接通和断开 FB1编程窗口的下半部分是功能块及各个程序段的名称和注释。在段1中输入控制发动机接通和断开的指令，如下段程序所示。

Network 1：发动机通断控制

```
#Switch _ On              //发动机接通信号有效为"1 "
"Automatic _ Mode "       //并且自动模式信号为"0 "
#Engine _ On              //发动机起动
```

#Switch _ Off   //发动机关断信号有效为"1"

#Failure   //或者发动机故障信号为"0"（表示出现故障）

#Engine _ Off   //断开发动机

其中，局部变量用"#"指示并只在本块或段中有效；全局变量用引号表示，它们在符号表中（Symbols）定义并且在整个程序中有效。

（3）编写速度监控程序 插入新段2，输入速度监控程序指令，如下：

Network 2：速度监控

#Actual _ Speed   //发动机的实际速度

#Preset _ Speed   //发动机的预置速度

> = 1   //如果实际速度大于或等于预置速度

#Preset _ Speed _ Reached //Preset _ Speed _ Reached 的值为1

其中，发动机的实际速度是块输入参数，在变量参数表中定义；发动机的预置速度是不变的，是固定的参数，以静态数据的形式存储，被称为"静态局部变量"。

3. 创建数据块程序

以上编写了发动机的功能块程序FB1，并且在变量参数表中定义了发动机指定的参数。为了能在OB1中编写调用功能块的指令，必须生成相应的数据块。一个背景数据块总是被指定给一个功能块。

打开"Begin"项目中的"Block"文件夹，在窗口的右侧单击鼠标右键，在弹出的快捷菜单中选择"Insert New Object"→"Data Block"，窗口中出现"Properties-Data Block"对话框，如图4-30所示。在"Name and type"栏中，选择"Instance DB"和"FB1"项，使新建数据块与功能块相对应，单击"OK"返回。此时，"SIMATIC Manager"的主窗口"Block"文件夹中出现了新加入的"DB1"图标。双击"DB1"图标，"LAD/STL/FBD"编程窗口打开并显示来自FB1变量参数表的数据。如果要修改 DB1 窗口的实际数据，则选择菜单"View"中的"Data View"，出现如图4-31所示窗口。保存DB1并关闭编程窗口。

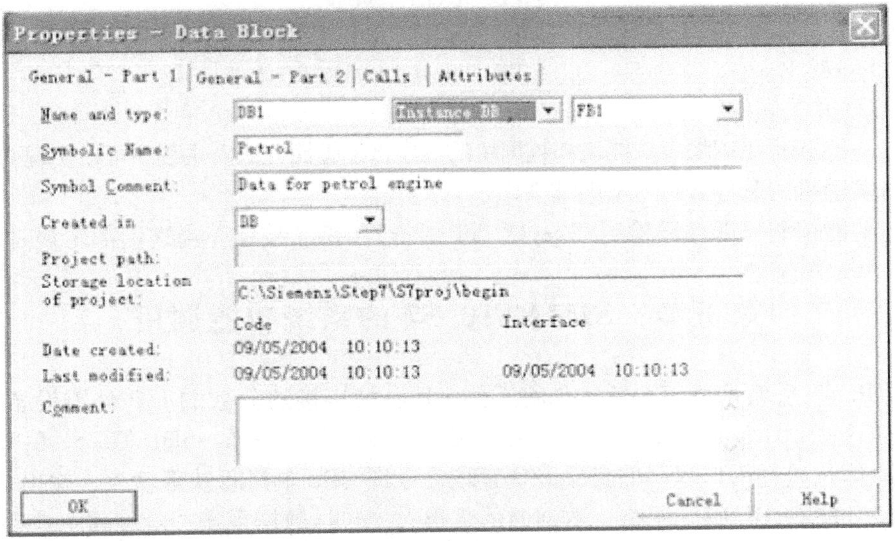

图 4-30 设置数据块

Address	Declaration	Name	Type	Initial value	Actual value
0.0	in	Switch_On	BOOL	FALSE	FALSE
0.1	in	Switch_Off	BOOL	FALSE	FALSE
0.2	in	Failure	BOOL	FALSE	FALSE
2.0	in	Actual_Speed	INT	0	0
4.0	out	Engine_On	BOOL	FALSE	FALSE
4.1	out	Preset_Speed_Reached	BOOL	FALSE	FALSE
6.0	stat	Preset_Speed	INT	1500	1500

图 4-31　数据块参数窗口

本例中一个功能块只控制一个发动机，因此只生成一个数据块；若用一个功能块控制多个发动机，则需要生成相对应的其他数据块。

4. OB1 对功能块的调用

STEP7 软件中的 OB1 是主程序，功能块 FB1 相当于一个子程序，子程序只有在被主程序调用时才有意义，即功能块 FB1 只有在被组织块 OB1 调用时，才能实现功能。

首先打开需要编程的项目"begin"，单击"S7 Program"目录下的"Block"文件夹，窗口右侧出现了"OB1"图标，双击此图标，打开"LAD/STL/FBD"编程窗口，插入新段 2，在指令区键入 CALL "engine"，"Petrol"并回车，功能块中的所有参数都显示出来。将光标放在每个参数后面的等号上并单击鼠标右键，在弹出的快捷菜单中选择"Insert Symbols"，用下拉列表中相应的符号名为功能块的所有参数分配地址。

Network 2：控制发动机

CAll "Engine "，"Petrol "

Switch _ On	: = "Switch _ On _ PE "
Switch _ Off	: = "Switch _ Off _ PE "
Failure	: = "PE _ Failure "
Actual _ Speed	: = "PE _ Actual _ Speed "
Engine _ On	: = "PE _ On "
Preset _ Speed _ Reached	: = "PE _ Preset _ Speed _ Reached "

保存程序并关闭编程窗口。

至此，一个包括组织块、功能块和数据块的程序已经编制完成。主程序可以实现两个功能：

1）对发动机的起停控制和速度监测。

2）与功能控制，即循环检测"key1"和"key2"两个按钮，当它们都闭合时，灯亮。

第五节　SIMATIC S7 的系统功能调用

SIMATIC S7 系统通过 STEP7 软件将采用 DP 协议连接的分散的 I/O 外围设备集成在系统中，就像这些 I/O 设备连接在本地中央机架或扩展机架中一样。SIMATIC S7 CPU 与 DP 从站的数据通信是通过用户程序的直接 I/O 存取命令或 CPU 的过程映像输入、输出表完成的。

对于复杂的 PROFIBUS 网络，数据通信量很大，包括数据采集、对过程中各种中断的诊断和处理以及由用户程序调整和更改 DP 从站的参数集，通常的 I/O 存取命令很难胜任，因此 SIMATIC S7 系统提供了一些特殊的系统功能和接口实现与这些 DP 从站的通信。这些系统功能由集成在 SIMATIC S7 CPU 操作系统中的特殊功能来调用，称作系统功能调用（System Function Call，SFC）。

一、SFC 参数

通用的系统功能调用参数包括 SFC 输入参数 REQ、BUSY、LADDR 和 SFC 输出参数 RET _ VAL。

1）REQ 是启动系统功能的参数，如果在调用功能时 REQ 参数传送逻辑"1"给 SFC，执行此调用功能。

2）BUSY 表示所调用的 SFC 是否已经结束。若 BUSY 等于"1"，表明 SFC 没有结束。

3）LADDR 确定调用的 SFC 是 HW Config 程序中所组态的输入、输出模块的逻辑起始地址还是 DP 从站的诊断地址。在程序中用十六进制格式表示地址。

4）RET _ VAL 是 SFC 的输出参数，表明执行的系统功能是否成功。如果 SFC 在执行过程中出现了错误，则返回值包含出错代码。出错代码有两种形式，即通用出错代码和与 SFC 有关的专用出错代码，见表 4-1。

表 4-1 通用 RET _ VAL 出错代码及含义

出错代码 W#16#	含 义	
8 * 7F	内部出错。不是由用户引起的，用户不能纠正它	
8 * 22	读一个参数时，区域长度出错	参数 x 整个或部分在地址范围之外，或者是"ANY—Pointer"参数的位字段长度不能被 8 整除
8 * 23	写一个参数时，区域长度出错	
8 * 24	读一个参数时，区域长度出错	参数 x 被放在一个系统功能不允许的区域
8 * 25	写一个参数时，区域长度出错	
8 * 28	读一个参数时，偏移量出错	
8 * 29	写一个参数时，偏移量出错	
8 * 30	参数被放在写保护的全局数据块中	
8 * 31	参数被放在写保护的实例数据块中	
8 * 32	参数含有的数据块号出错（含有一个太大的 DB 号）	参数 x 含有一个块号，它大于系统允许的最大块号
8 * 34	参数含有一个太大的功能调用号（FC 的号出错）	
8 * 35	参数含有一个太大的功能块号（FB 的号出错）	
8 * 3A	参数含有一个未被装载的数据块（DB）号	
8 * 3C	参数含有一个未被装载的功能调用（FC）号	
8 * 3E	参数含有一个未被装载的功能块（FB）号	
8 * 42	系统试图从输入的 I/O 区域读一个参数时，出现了存取错误	
8 * 43	系统试图向输出的 I/O 区域写一个参数时，出现了存取错误	
8 * 44	出现一个错误后，第 n（$n > 1$）次读存时出错	不允许对请求的参数进行存取
8 * 45	出现一个错误后，第 n（$n > 1$）次写存时出错	

二、特殊功能组织块

SIMATIC S7 系统的组织块 OB1 中装载着主程序，被循环执行，可以调用其他功能块、功能或 SFC。同时，SIMATIC S7 系统还提供了与各种中断或出错信息有关的特殊功能组织块。系统的中断优先权从"1"~"26"，可以由用户确定，其他的固定，如图 4-32 所示。

1. 过程中断（OB40 ~ OB47）

SIMATIC S7 CPU 提供 8 个组织块反映过程中断。CPU 操作系统识别 DP 从站产生的过程中断，并根据优先权调用相应的组织块处理此中断，中断结束后，CPU 发送确认信息给 DP 从站，见表 4-2。

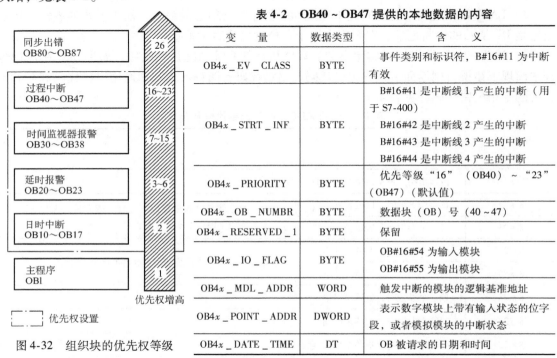

图 4-32 组织块的优先权等级

表 4-2 OB40 ~ OB47 提供的本地数据的内容

变　量	数据类型	含　义
OB4x _ EV _ CLASS	BYTE	事件类别和标识符，B#16#11 为中断有效
OB4x _ STRT _ INF	BYTE	B#16#41 是中断线 1 产生的中断（用于 S7-400） B#16#42 是中断线 2 产生的中断 B#16#43 是中断线 3 产生的中断 B#16#44 是中断线 4 产生的中断
OB4x _ PRIORITY	BYTE	优先等级"16"（OB40）~"23"（OB47）（默认值）
OB4x _ OB _ NUMBR	BYTE	数据块（OB）号（40 ~ 47）
OB4x _ RESERVED _ 1	BYTE	保留
OB4x _ IO _ FLAG	BYTE	OB#16#54 为输入模块 OB#16#55 为输出模块
OB4x _ MDL _ ADDR	WORD	触发中断的模块的逻辑基准地址
OB4x _ POINT _ ADDR	DWORD	表示数字模块上带有输入状态的位字段，或者模拟模块的中断状态
OB4x _ DATE _ TIME	DT	OB 被请求的日期和时间

2. 诊断中断（OB82）

组织块 OB82 用来检查和评估诊断中断。系统存在诊断中断必须具备两个条件：

1）DP 从站具有诊断能力。

2）已经用 HW Config 程序在 DP 从站的参数集中定义了诊断报警。

一旦产生诊断中断，CPU 调用组织块 OB82 处理；若组织块 OB82 没有被编程，则 CPU 对诊断中断的反应是进入 STOP 状态。OB82 的本地数据含义见表 4-3。

表 4-3 OB82 的本地数据含义

变　量	数据类型	含　义
OB82 _ EV _ CLASS	BYTE	中断类别和标识符 B#16#38：离开的事件 B#16#39：到来的事件

（续）

变 量	数据类型	含 义
OB82 _ FLT _ ID	BYTE	B#16#42：出错代码
OB82 _ PRIORITY	BYTE	优先权等级 26 是 RUN 运行状态默认值 28 是 STARTUP 运行状态
OB82 _ OB _ NUMBR	BYTE	OB 号（82）
OB82 _ RESERVED _ 1	BYTE	保留
OB82 _ IO _ FLAG	BYTE	B#16#54：输入模块 B#16#55：输出模块
OB82 _ MDL _ ADDR	INT	发生故障的模块的逻辑基准地址
OB82 _ MDL _ DEFECT	BOOL	模块故障
OB82 _ INT _ FAULT	BOOL	内部错误
OB82 _ EXT _ FAULT	BOOL	外部错误
OB82 _ PNT _ INFO	BOOL	通道出错
OB82 _ EXT _ VOLTAGE	BOOL	外部辅助电压不存在
OB82 _ FLD _ CONNCTR	BOOL	正面插头连接器未连接
OB82 _ NO _ CONFIG	BOOL	模块的参数集丢失
OB82 _ CONFIG _ ERR	BOOL	模块中的参数错误
OB82 _ MDL _ TYPE	BOOL	位 0～3：模块类型 位 4：当前通道信息 位 5：当前用户信息 位 6：来自替代者的诊断中断 位 7：保留
OB82 _ SUB _ MDL _ ERR	BOOL	用户模块出错或者不存在
OB82 _ COMM _ FAULT	BOOL	通信出错
OB82 _ MDL _ STOP	BOOL	运行状态（0：运行；1：停止）
OB82 _ WTCH _ DOG _ FLT	BOOL	时间监控已经触发
OB82 _ INT _ PS _ FLT	BOOL	内部模块供电电压有故障
OB82 _ PRIM _ BATT _ FLT	BOOL	电池没电
OB82 _ BCKUP _ BATT _ FLT	BOOL	后备电池故障
OB82 _ RESERVED _ 2	BOOL	保留
OB82 _ RACK _ FLT	BOOL	扩展机架故障
OB82 _ PROC _ FLT	BOOL	处理器故障
OB82 _ EPROM _ FLT	BOOL	EPROM 出错
OB82 _ RAM _ FLT	BOOL	RAM 出错
OB82 _ ADU _ FLT	BOOL	ADU/DAU 出错
OB82 _ FUSE _ FLT	BOOL	熔丝熔断
OB82 _ HW _ INTR _ FLT	BOOL	过程中断丢失
OB82 _ RESERVED _ 3	BOOL	保留
OB82 _ DATE _ TIME	DT	OB 被请求的时间和日期

3. 插/拔模块中断（OB83）

SIMATIC S7 CPU 通过 OB83 监视系统中央机架或扩展机架中存在的模块。拔掉 DP 从站上已经组态好的模块，CPU 有两种反应：

1）如果 CPU 正在运行，则系统调用 OB83 执行中断处理，并在诊断缓冲器和模块状态表中产生一个登入项。

2）如果 CPU 停止或刚刚启动，则系统不调用 OB83，只是将中断请求寄存在诊断缓冲器和模块状态表中。

如果 CPU 运行时插入已经组态的模块，则 CPU 检查所插入的模块类型是否与组态匹配。调用 OB83 指出模块类型正确后，可以通过 HW Config 程序将已经组态在 CPU 上的参数集装入此模块，还可以调用系统功能更新插入模块的参数。OB83 的本地数据含义见表4-4。

表 4-4　OB83 的本地数据含义

变　量	数据类型	含　义
OB83 _ EV _ CLASS	BYTE	中断类别和标识符 B#16#38：插入的模块 B#16#39：拔出的模块或不能被寻址的模块
OB83 _ FLT _ ID	BYTE	出错代码 B#16#61：OB83 _ MDL _ TYPE 中为实际模块类型，若已插入模块，模块类型正确，对应中断类别 B#16#38；已经拔走的模块或者不可寻址的模块，对应中断类别 B#16#39 B#16#63：OB83 _ MDL _ TYPE 中为实际模块类型，已插入模块，但模块类型错 B#16#64：OB83 _ MDL _ TYPE 中为设定的模块类型，已插入模块，但模块有故障 B#16#65：OB83 _ MDL _ TYPE 中为实际模块类型，已插入模块的参数中有错
OB83 _ PRIORITY	BYTE	优先权等级 26 是 RUN 运行状态默认值；28 是 STARTUP 运行状态
OB83 _ OB _ NUMBR	BYTE	OB 号（83）
OB83 _ RESERVED _ 1	BYTE	保留
OB83 _ MDL _ ID	BYTE	B#16#54：输入 I/O 区域 B#16#55：输出 I/O 区域
OB83 _ MDL _ ADDR	WORD	受影响的模块的逻辑基准地址
OB83 _ RACK _ NUM	WORD	模块机架号或者 DP 站号和 DP 主站系统 ID（高字节）
OB83 _ MDL _ TYPE	WORD	受影响模块的类型
OB83 _ DATE _ TIMEP	DT	OB 被请求的日期和时间

4. 程序顺序出错（OB85）

在下列三种情况下，CPU 调用 OB85 进行处理。

1）用户程序调用了一个未被装入的程序块或操作系统调用了一个没有编程的 OB。

2）过程映像被更新时出现了 I/O 存取错误。

3）DP 从站已经损坏，系统还在对它的输入/输出地址进行操作。

如果 OB85 没有被编程，系统 CPU 进入 STOP 状态。OB85 的本地数据含义见表 4-5。

表 4-5　OB85 的本地数据含义

变　量	数据类型	含　义
OB85 _ EV _ CLASS	BYTE	中断类别和标识符
OB85 _ FLT _ ID	BYTE	出错代码
OB85 _ PRIORITY	BYTE	优先权等级 26 是 RUN 运行状态的默认值 28 是 STARTUP 运行状态
OB85 _ OB _ NUMBR	BYTE	OB 号是 85
OB85 _ RESERVED _ 1	BYTE	保留
OB85 _ RESERVED _ 2	BYTE	保留
OB85 _ RESERVED _ 3	INT	保留
OB85 _ ERR _ EV _ CLASS	BYTE	产生错误的中断类别
OB85 _ ERR _ EV _ NUM	BYTE	产生错误的中断号
OB85 _ OB _ PRIOR	BYTE	出现错误时，正在处理的 OB 的优先权等级
OB85 _ OB _ NUM	BYTE	出现错误时，正在处理的 OB 的号
OB85 _ DATE _ TIME	DT	OB 被请求的日期和时间

5. 机架故障（OB86）

系统的扩展机架、DP 主站和 DP 从站产生故障或者从故障中恢复，CPU 调用组织块 OB86 处理。若未编程 OB86，CPU 执行 STOP 命令。OB86 的本地数据含义见表 4-6。

表 4-6　OB86 的本地数据含义

变　量	数据类型	含　义
OB86 _ EV _ CLASS	BYTE	事件类别和标识符 B#16#38：离去的事件 B#16#39：到来的事件
OB86 _ FLT _ ID	BYTE	出错代码
OB86 _ PRIORITY	BYTE	26 是 RUN 运行状态的默认值 28 是 STARTUP 运行状态
OB86 _ OB _ NUMBR	BYTE	OB 号是 86
OB86 _ RESERVED _ 1	BYTE	保留
OB86 _ RESERVED _ 2	BYTE	保留
OB86 _ MDL _ ADDR	WORD	取决于出错代码
OB86 _ RACKS _ FLTD	ARRAY	取决于出错代码
OB86 _ DATE _ TIME	DT	OB 被请求的日期和时间

6. I/O 存取错误（OB122）

CPU 读取 I/O 模块或 DP 的输入/输出数据时出现错误，则调用 OB122 处理。若 OB122 没有编程，CPU 转入 STOP 状态。OB122 的本地数据含义见表 4-7。

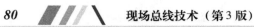

表 4-7 OB122 的本地数据含义

变　量	数据类型	含　义
OB122 _ EV _ CLASS	BYTE	事件类别和标识符
OB122 _ SW _ FLT	BYTE	出错代码 B#16#42：S7-300 读存取 I/O 时出错；S7-400 出现一个错误后，第一次读存取 I/O 时出错 B#16#43：S7-300 写存取 I/O 时出错；S7-400 出现一个错误后，第一次写存取 I/O 时出错 B#16#44：S7-300 出现一个错误后，第 n（$n>1$）次读存取 I/O 时出错 B#16#45：S7-400 出现一个错误后，第 n（$n>1$）次写存取 I/O 时出错
OB122 _ PRIORITY	BYTE	出现错误的 OB 的优先权等级
OB122 _ OB _ NUMBR	BYTE	OB 号 122
OB122 _ BLK _ TYPE	BYTE	出现错误的块模型 B#16#88 是组织块 B#16#8A 是数据块 B#16#8C 是功能调用 B#16#8E 是功能块
OB122 _ MEM _ AREA	BYTE	存取类型和存储器区域 位 7～4：存取类型 0：位存取 1：字节存取 2：字存取 3：双字存取 位 3～0：存储器区域 0：I/O 区域 1：过程映像输入表 2：过程映像输出表
OB122 _ MEM _ ADDR	WORD	出现错误的存储器地址
OB122 _ BLK _ NUM	WORD	造成错误的 MC7 命令的块号
OB122 _ PRG _ ADDR	WORD	造成错误的 MC7 命令的相对地址
OB122 _ DATE _ TIME	DT	OB 被请求的日期和时间

第六节　连续数据量的 I/O 存取命令

SIMATIC S7 系统的 CPU 通过 STEP7 程序编写专用的 I/O 存取命令来寻址分散在外围设备模块的 I/O 数据。这些命令直接调用 I/O 存取或通过过程映像调用 I/O 存取，用于读和写分散 I/O 信息的数据格式可以是字节、字或双字，图 4-33 所示为用不同数据格式与 DP 从站的 I/O 通信。

但是有一些 DP 从站模块数据结构非常复杂，它们的输入和输出数据区域有 3 个或大于

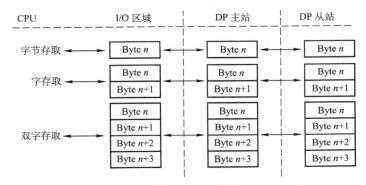

图 4-33　不同数据格式与 DP 从站的 I/O 通信

3 个字节的长度，这些数据区域被称为连续的 I/O 数据区域。在使用连续的数据区域的 DP 从站的参数集中，参数 "Consistency" 必须设置为 "TotalLength"。

由于 DP 主站与 CPU 进行数据输入/输出的更新循环中，DP 输入/输出数据的更新只能由 DP 主站与 DP 从站之间的总线循环确定，如图 4-34 所示，这就可能导致 DP 的输入/输出数据已经在寻址 DP 从站输入/输出数据的存取指令与下一条 I/O 存取指令之间被更改了。因此对于连续的数据，其输入和输出不能通过过程映像或者 I/O 存取命令来传送和进行数据交换。

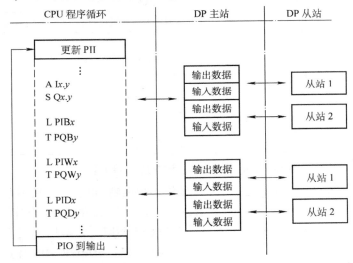

图 4-34　DP 从站 I/O 数据更新和存取

为了存取相关模块的连续数据区域，SIMATIC S7 提供了系统功能 DPRD_DAT 和 DPWR_DAT。

一、系统功能 SFC14DPRD_DAT

系统功能 SFC14DPRD_DAT 用于读一个 DP 从站的连续数据输入区域，每个读取涉及一个专用输入模块。如果一个 DP 从站有若干个连续的输入模块，则必须为每个要读的输入模块安排一个 SFC14 调用。SFC14 定义的输入和输出参数见表 4-8。

表 4-8　SFC14DPRD_DAT 的参数

参　　数	说　　明	数据类型	存储器区域	描　　述
LADDR	INPUT	WORD	I，Q，M，D，L（不变的）	用 HW Config 组态的 DP 从站的输入模块开始地址规定（十六进制格式）
RET_VAL	OUTPUT	INT	I，Q，M，D，L	SFC 的返回值
RECORD	OUTPUT	ANY	I，Q，M，D，L	所读用户数据的目的区域

1. 参数 RECORD

在 S7 CPU 上表示读取 DP 从站连续输入数据的目的区域，它的长度必须与用 HW Config

为 DP 从站的输入模块所定义的长度相一致。

2. 参数 RET_VAL

其返回值及含义见表4-9。

表 4-9　RET_VAL 返回值及其含义

出错代码 W#16#…	含　　义
0000	无错误发生
8090	对于指定的逻辑基本地址没有模块被组态或超出对于连续数据所允许的长度
8092	在数据类型 ANY-Pointer 参数中指出类型不是 BYTE
8093	由 LADDR 指定的逻辑地址，不存在可以从中读取连续数据的模块
80AD	所选择的模块有缺陷
80B0	在外部 DP 接口上从站故障
80B1	指定的目的区域的长度与通过 HW Config 指定的用户数据长度不一致
808x	对外部 DP 接口系统出错
80B2	对外部 DP 接口系统出错
80B3	对外部 DP 接口系统出错
80C0	对外部 DP 接口系统出错
80C2	对外部 DP 接口系统出错
80Fx	对外部 DP 接口系统出错
87xy	对外部 DP 接口系统出错

二、系统功能 SFC15DPWR_DAT

从 S7 CPU 传送一个连续的输出数据到 DP 从站，使用系统功能 SFC15DPWR_DAT。每个写存取涉及一个专用的输出模块。如果 DP 从站有若干个连续的数据输出模块，则对每个要写入的输出模块必须分别安排一个 SFC15 调用。表 4-10 定义了 SFC15 的输入和输出参数。

表 4-10　SFC15DPWR_DAT 的参数

参　　数	说　　明	数据类型	存储器区域	含　　义
LADDR	INPUT	WORD	I，Q，M，D，L （不变的）	用 HW Config 组态的 DP 从站的输出模块开始地址的规定（十六进制格式）
RECORD	OUTPUT	ANY	I，Q，M，D，L	所要写的用户数据的源区域
RET_VAL	OUTPUT	INT	I，Q，M，D，L	SFC 的返回值

1. RECORD 参数

表示将要从 S7 CPU 写入 DP 从站的连续输出数据的源区域。它的长度必须与用 HW Config 组态的 DP 从站的输出模块长度相一致。

2. RET_VAL 参数

其返回值及含义见表4-11。

三、SFC14 和 SFC15 的工作原理

SFC 中的参数 LADDR 是一个指针，它指向要读出的输入数据区域或指向要写入的输出数据区域。SFC 参数中，所指定的 DP 从站的输入或输出模块的起始地址必须与 HW Config 组态时规定的地址相同，而且这些地址用十六进制数表示。它们的工作原理如图 4-35 所示。

表 4-11　SFC15DPWR _ DAT 的返回值及其含义

出错代码 W#16#…	含　　义
0000	未出现错误
8090	对于指定的逻辑基准地址没有模块被组态或超出所允许的连续数据长度
8092	在数据类型 ANY-Pointer 参数中指出类型不是 BYTE
8093	由 LADDR 指定的逻辑地址，不存在可以对它写入连续数据的模块
80A1	所选择的模块有缺陷
80B0	在外部 DP 接口上从站故障
80B1	所指定的源区域的长度与通过 HW Config 组态指定的用户数据长度不一致
80B2	对外部 DP 接口系统出错
80B3	对外部 DP 接口系统出错
80C1	在模块上先前写作业的数据还未被模块处理完
808x	对外部 DP 接口系统出错
80Fx	对外部 DP 接口系统出错
85xy	对外部 DP 接口系统出错
80C2	对外部 DP 接口系统出错

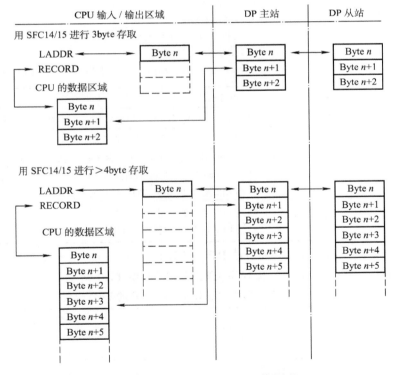

图 4-35　SFC14 和 SFC15 的工作原理

第七节　PROFIBUS-DP 的诊断功能

SIMATIC S7 系统提供了广泛的诊断工具，用于检查和定位系统中装置的错误。这些诊断功能也可以作为监视功能，成为用户程序的一部分自动地执行。

用 SIMATIC S7 实现的 DP 网络有 4 种实用诊断程序。

一、LED 故障诊断

SIMATIC S7-300 和 SIMATIC S7-400 系列 CPU 的面板上有许多发光二极管（LED），它们指示 CPU 或 PROFIBUS-DP 接口的当前状态。利用这些 LED 可以初步判断系统是否存在故障以及故障的类型。下面介绍几种典型设备的 LED 分布和含义。

1. CPU315-2 DP 的 LED

表 4-12 说明了 LED 在 CPU 面板上的排列和含义。

表 4-12　CPU315-2 DP 的 LED 含义

LED	含　义	说　　明
SF（红色）	组出错	出现下列情况之一，LED 点亮 ● 硬件出错 ● 固件出错 ● 编程出错 ● 参数出错 ● 计算出错 ● 时间出错 ● 存储器卡有故障 ● 在 POWER-ON 时电池故障或无后备电池 ● I/O 出错（仅对外部 I/O） 备注：为了更准确地确定故障，用 PG 编程装置读 CPU 的诊断缓存器
BATF（红色）	电池出错	如果电池损坏、不存在或放完电，LED 点亮
DC5V（绿色）	DC 5V 电源	CPU 和 S7-300 总线的内部 DC 5V 电源正常时，LED 点亮
FRCE（黄色）	保留	在此 CPU 上，"Force" 功能不能实现
RUN（绿色）	运行模式 RUN	● 在 CPU 启动时，LED 以 2Hz 频率至少闪烁 3s（CPU 启动可能更短些）。在 CPU 启动期间，STOP 指示器也亮，当 STOP LED 熄灭时，输出启用 ● 当 CPU 处于 RUN 模式时，LED 亮
STOP（黄色）	运行状态 STOP	● 当 CPU 不在处理用户程序时，LED 亮 ● 当 CPU 请求整体复位时，LED 以 1s 间隔闪烁

2. 在"DP 主站"模式下 CPU31x-2 DP 的 LED

表 4-13 列出了在"DP 主站"模式下 CPU31x-2 DP 的 LED 指示。

表 4-13　DP 主站模式下 CPU31x-2 DP 的 LED 含义

SFDP	BUSF	含　义	措　　施
熄灭	熄灭	配置正确 所有被组态的从站均可被寻址	—
点亮	点亮	总线出错（硬件故障） DP 接口出错 在多主站运行中，有不同的波特率	检查总线电缆是否短路或断开 评估诊断信息，定义新的配置或纠正原先的配置
点亮	闪烁	站出错 至少有一个指定的从站不可寻址	检查连接到 CPU31x-2 DP 的总线电缆，等待直至 CPU31x-2 DP 已经启动，如果此 LED 不停止闪烁，则检查 DP 从站或评估 DP 从站的诊断信息
点亮	熄灭	丢失或不正确的配置（当 CPU 未作为 DP 主站启动时，也发生此情况）	评估诊断信息 定义新的配置或纠正原先的配置

3. 在"DP 从站"模式下 CPU31x-2 DP 的 LED

表 4-14 给出了 CPU31x-2 DP 作为 DP 从站时 PROFIBUS-DP 接口的 LED 指示。

表 4-14　DP 从站模式下 CPU31x-2 DP 的 LED 含义

SFDP	BUSF	含　义	措　　施
熄灭	熄灭	配置正确	—
无关	闪烁	CPU31x-2 DP 的参数集不正确 DP 主站与 CPU31x-2 DP 间无数据通信 可能的原因： 1）控制监视定时器（Watchdog）期限到 2）通过 PROFIBUS-DP 的总线通信被中断 3）所定义的 PROFIBUS 地址不正确	检查 CPU31x-2 DP 检查总线连插器是否正确插入 检查到 DP 主站的电缆是否断开 检查配置和参数设置
无关	点亮	总线短路	检查总线结构
点亮	无关	丢失或配置不正确 与 DP 主站无数据通信	检查配置 评估诊断中断或诊断缓存器登入项

4. 带 DP 接口的 S7-400 CPU 的 LED

表 4-15 给出了具有 PROFIBUS-DP 接口的 S7-400 CPU 的 LED 指示。

表 4-15　带 DP 接口的 S7-400 CPU 的 LED 含义

CPU		DP 接　口	
LED	含　义	LED	含　义
INTF（红色）	内部出错	DPINTF（红色）	在 DP 接口内部出错
EXTF（红色）	外部出错	DPEXTF（红色）	在 DP 接口外部出错
FRCE（黄色）	强制	BUSF	在 DP 接口上的总线出错
CRST（黄色）	完全复位（冷）		
RUN（绿色）	运行状态 RUN		
STOP（黄色）	运行状态 STOP		

5. 带 DP 主站接口的 S7-400 CPU 的 LED

表 4-16 给出了带 DP 主站接口的 S7-400 CPU 的 LED 指示。在进行中的错误或特殊功能的 LED 指示见表 4-17。

表 4-16　带 DP 主站接口的 S7-400 CPU 的 LED 含义

	LED		含　　义
RUN	STOP	CRST	
点亮	熄灭	熄灭	CPU 在运行状态 RUN
熄灭	点亮	熄灭	CPU 在 STOP 状态，用户程序不工作，能预热或热再启动，如果 STOP 状态因出错而产生，则故障 LED（INTF 或 EXTF）也点亮
熄灭	点亮	点亮	CPU 在 STOP 状态，仅预热再启动可以作为下一次启动模式
闪烁 （0.5Hz）	点亮	熄灭	通过 PG 测试功能触发 HOLD 状态

（续）

RUN	LED STOP	CRST	含 义
闪烁 （2Hz）	点亮	点亮	执行预热启动
闪烁 （2Hz）	点亮	熄灭	执行热再启动
无关	闪烁 （0.5Hz）	无关	CPU 请求完全复位（冷）
无关	闪烁 （2Hz）	无关	完全复位（冷）运行

表 4-17 带 DP 接口的 S7-400 DP 的错误或特殊功能的 LED 含义

INTF	LED EITF	FRCE	含 义
点亮	无关	无关	检查出一个内部出错（编程或参数出错）
熄灭	亮点	无关	检查出一个外部出错（出错不是由 CPU 模块引起的）
无关	无关	点亮	在此 CPU 上 PG 正在执行 "force" 功能，这就是说，用户程序的变量被设置为固定值，且不能被用户程序再改变

6. S7-400 CPU 的 DP 接口的 LED

表 4-18 给出了 S7-400 CPU 的 PROFIBUS-DP 接口的 LED 指示。

表 4-18 S7-400 DP 接口的 LED 含义

DPINTF	LED DPEXTF	BUSF	含 义
点亮	无关	无关	在 DP 接口上检查出一个内部出错（编程或参数出错）
无关	点亮	无关	检查出一个外部出错（出错不是由 CPU 模块而是由 DP 从站产生的）
无关	无关	闪烁	在 PROFIBUS 上有一个或多个 DP 从站不响应
无关	无关	点亮	检查出 DP 接口上的一个总线出错（如电缆断或不同的总线参数）

7. DP 从站的 LED

（1）ET200B 16DI/16DO 模块的 LED 表 4-19 给出了 ET200B 16DI/16DO 模块的 LED 指示。

（2）ET200M/IM153-2 模块的 LED 表 4-20 给出了 ET200M/IM153-2 模块的 LED 指示。

表 4-19 ET200B 16DI/16DO 模块的状态和出错 LED 含义

LED	光信号	含 义
RUN	点亮（绿色）	ET200B 在运行中（电源接通，STOP/RUN 开关在 RUN 位置）
BF	点亮（红色）	控制监视定时器期限到，没有站被寻址（即与 S7 DP 主站的连接出故障） 在调试/启动期间，此站还未接收到它的参数集
DIA	点亮（红色）	对数字直流 24V 输出模块，至少有一个输出；短路或无负载电压
L1 +	点亮（绿色）	通道组 "0" 有电压（熔断熔丝或电压低，典型的：15.5V，信号二极管熄灭）
L2 +	点亮（绿色）	通道组 "1" 有电压（熔断熔丝或电压低，典型的：15.5V，信号二极管熄灭）

表 4-20 ET200M/IM153-2 模块的状态和出错 LED 含义

ON（绿色）	LED SF（红色）	BF（红色）	含　义	措　施
熄灭	熄灭	熄灭	无电压存在或 IM153-2 的硬件有故障	检查 24V 直流电压电源模块
点亮	无关	闪烁	DM153-2 装载了不正确的参数集，或在 DP 主站与 IM153-2 模块间无数据通信。可能原因： 1）控制监视定时器期限到 2）通过 PROFIBUS-DP 到 IM153-2 模块的总线通信中断	检查 DP 地址 检查 IM153-2 模块 检查总线连接器是否插好 检查连接到 DP 主站的总线电缆是否中断 接通和断开电源模块上的 24V 直流电压开关 检查配置和参数集
点亮	无关	点亮	传输速率搜索或非法的 DP 地址	在 IM153-2 上设置有效的 DP 地址（"1"～"125"）或检查总线结构
点亮	点亮	无关	组态的 ET200M 模块结构与实际结构不一致。在已安装的 S7-300 模块中有错或 IM153-2 有缺损	检查 ET200M 的结构（模块丢失或缺损，已安装未组态的模块）。检查配置、更换 S7-300 模块或 IM153-2
点亮	熄灭	熄灭	DP 主站与 ET200M 间的数据通信正在进行，定义的和实际的 ET200M 配置相一致	

二、STEP7 在线功能诊断

SIMATIC Manager 中，调用 PLC-Display Accessible Nodes 功能检查已经连接到 MPI 或 PROFIBUS 网络的主动总线节点和被动总线节点。如果对连接到网络上的 MPI 和 PROFIBUS 站进行出错诊断，但又没有这些站的 STEP7 数据，也可以使用此功能。

启动此功能时，PG/PC 的在线接口是被动的，检查在接口上的传输速率设置与在 PROFIBUS 网络上的传输速率设置是否匹配，若不匹配，就会显示一个错误信息；如果一个总线站地址被连接的 PG/PC 分配两次，也会显示相应的出错信息。当验证了传输速率是匹配的并且没有总线站地址被重复指定时，PG/PC 才可以作为一个主动的总线站被包括在令牌环中。

用 MPI/ISA 卡可以设置的最大传输速率是 1.5Mbit/s。对高传输速率的诊断需要附加一个接口卡，所有这些接口都被标准的 STEP7 软件包支持，不需要附加驱动器。

在 SIMATIC Manager 中启动诊断功能，选择 PLC 菜单中的 "Display Accessible Nodes" 项，窗口展示出所有可编程的模块，它们在网络中都可以被寻址，其 MPI 或总线地址也被显示；MPI 和没有用 STEP7 组态的总线站也在其中显示。通过 MPI 电缆或有源总线电缆直接与 PG 编程装置或 PC 相连接的总线站在它们的地址后面标有 "direct" 字样。

此诊断功能提供了对可编程模块的快速存取，方便了服务和维护。由于在窗口中已经打开的 "Accessible Nodes" 对话框不能自动地更新在线视图中的更改，可以按功能键 "F5" 或在菜单条中选择 "VIEW-UPDATE" 更新此内容。

右键单击 MPI 站打开快捷菜单，选择其中的 PLC 项打开另一个子菜单，其中具有诊断功能的菜单命令有以下 4 个：

1. MONITOR/MODIFY VARIABLES

该命令用于启动 STEP7 的 Monitor/Modify Variables 功能，可以设置和监视目的系统的变量。

2. OPERATION MODE

该命令用于扫描站的当前状态，还可以改变它。

3. MODULE INFORMATION

该命令用于提供实际的模块信息，信息的范围取决于所选择的模块类型。

显示模块信息的对话框由几个选项卡组成，它仅显示与所选模块相关的信息。除了在数目不等的选项卡上提供的信息外，对话框还包含一些永久信息，如模块的运行模式等。

表 4-21 显示了"Module Information"对话框对各种模块类型提供的标签。

表 4-21 "Module Information"对话框中的相关信息

选 项 卡	CPU 或 M7-FM	系统诊断	诊 断	无 诊 断	标准 DP 从站
一般	×	×	×	×	×
诊断缓存器	×	×			
存储器	×				
扫描循环时间	×				
时间系统	×				
特性数据	×				
堆栈	×				
通信	×				
诊断中断		×	×		
DP 从站诊断					×

在"Module Information"对话框的"一般"（General）选项卡中，包含如下信息：

1）所选择模块的 ONLINE 路径。

2）相关 CPU 的运行模式。

3）所选模块的状态。

4）所选模块的运行模式。

对话框中的各个选项卡提供不同的信息，表 4-22 列出了此对话框可以提供的选项卡和它们的目的、内容。当打开选项卡时，其中的内容不会自动更新，可以按"Update"按钮刷新显示信息。

表 4-22 "Module Information"对话框中选项卡的内容和用途

选项卡名称	内 容	用 途
一般	所选模块的 ID 信息（如类型，版本，订货号，机架，槽等）	所安装模块的在线 ID 信息与用 HW Config 组态的模块的 ID 信息做比较
诊断缓存器	在诊断缓存器中的事件的概况	评估 CPU 产生 STOP 的原因
存储器	工作存储器的当前负载和所选 CPU 或 M7-FM 模块的负载内存	在传送新的或扩展的块到 CPU 前，检查内存的可利用性
扫描循环时间	所选 CPU 或 M7-FM 模块的最短、最长和上次循环的持续时间	用该信息检查在组态中定义的最小循环时间、最大和当前循环时间
时间系统	当前的运行的日、时和同步时钟信息	检查模块的日、时和时间同步

（续）

选项卡名称	内　　容	用　　途
特性数据"块"（能从"特性数据"标签中调用）	所选 CPU/FM 模块的内存配置、地址区域和可用的块。包含在所选模块功能范围中所有块类型的指示，在此模块中使用的 OB、SFB 和 SFC 的表	在生成用户程序之前和期间使用此信息，检查现存的用户程序与指定的模块是否能兼容
通信	传输速率，连接概况，通信负载和最大报文长度	用该信息检查 CPU 或 M7-FM 的哪些和多少连接是可以的或已被占用
堆栈	堆栈 B、I 和 L 的内容。从这里也可以切换到块编辑器	用该信息检查转换到 STOP 的原因和纠正一个块
诊断中断	所选模块的诊断信息	检查一个模块故障的原因
DP 从站诊断	EN50170 所选 DP 从站的诊断信息	检查 DP 从站出错的原因

在"Module Information"对话框中有三个最重要的选项卡，它们分别是"诊断缓存器"、"诊断中断"和"DP 从站诊断"。

（1）诊断缓存器　"诊断缓存器"选项卡读取要查看模块的诊断缓存器中的内容，只要这些模块支持系统诊断，所有的诊断事件和相关的诊断信息都会按照它们发生的先后次序存储在诊断缓存器中，即使 CPU 复位时，诊断缓存器中的内容仍然会保留。

诊断事件主要包括模块出错、CPU 上的系统出错、改变运行模式和用户程序中出错。为了获得列在诊断缓存器中特别事件的附加信息，选择此事件并按下"Help on Event"按钮，提供出错定位的诊断登入项就指向相关的块，选择登入项并按"Open Block"按钮，就会打开相应的出错块。在打开的块中，光标指向引起事件的程序中的位置。

诊断缓存器的最大登入项数随模块的不同而不同。如果达到最大登入项数后，有新的事件出现，则列在末端的最陈旧的登入项被删除。在表的顶端总是最近的诊断登入项。

（2）诊断中断　如果系统中的模块支持诊断功能，"诊断中断"选项卡就可以指出模块的故障信息。系统内部和外部模块故障和相关的诊断信息将在窗口中的编辑框内出现。

（3）DP 从站诊断　"DP 从站诊断"选项卡提供有关 DP 从站的诊断信息，分为 DP 从站一般诊断信息和与设备相关的诊断信息。

1）DP 从站一般诊断信息提供 DP 从站的正确启动或故障信息。

2）DP 从站与设备相关的诊断文本可以从 GSD 文件中获得。如果在 GSD 文件中不存在此类信息，则诊断信息不能以普通文本的格式提供。

4. DIAGNOSE HARDWARE

该命令用于指出系统中模块的状态。当系统中的模块支持诊断功能或诊断中断已经启动的情况下，能由模块的诊断插图检查和指出有故障的模块。诊断插图的标识及含义见表 4-23。

表 4-23　诊断插图的描述

诊断插图	含　　义
在模块插图前有红色斜杠	已组态的与实际配置不匹配。此组态的模块不存在或安装了不同类型的模块
红色圆圈带有白色叉	模块有故障。可能的原因是发现诊断中断出错或 I/O 存取出错
用低对比度表示模块	因为不存在在线连接而不可能诊断或 CPU 不提供模块诊断信息（如电源、子模块）
在模块周围有一圈红色斑点	在此模块上正执行"强制变量"（Forcevariables）（即将模块的用户程序中的变量预设定为不能由程序来改变的固定值）。用于"强制"的符号也可能与其他插图连用

"Diagnosing Hardware" 对话框中还有一些附加按钮。"Update" 按钮用于刷新对话框内容；"Open Station Online..." 按钮装载已选站的硬件配置。

三、利用用户程序诊断

SIMATIC S7 系统提供了丰富的用户程序执行诊断功能。有针对性地使用这些功能，可以准确地判定系统的故障原因。

1. 利用 SFC13 DPNRM＿DG 进行 DP 从站诊断

系统功能调用 SFC13 可以读取一个 DP 从站的标准诊断数据，图 4-36 所示为诊断数据报文的一般结构。

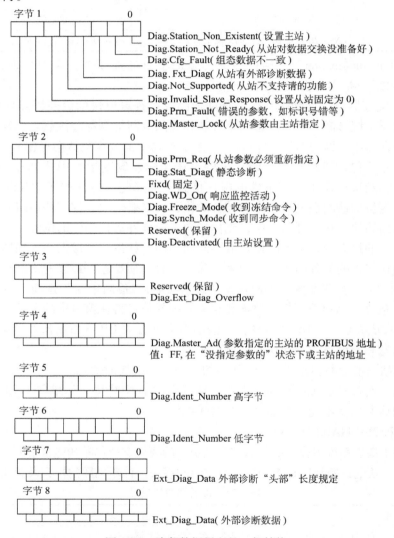

图 4-36　诊断数据报文的一般结构

在循环程序（OB1）、诊断程序 OB（OB82）以及站故障和恢复的 OB（OB86）中可以调用系统功能 SFC13，即从触发读到读完整个 DP 从站的诊断数据的读过程中需要重复调用系统功能，并把诊断数据登入由 RECORD 参数指定的目标区域。图 4-37 所示为系统功能 SFC13 的运行原理。

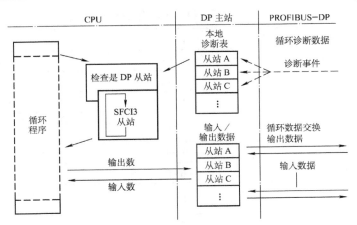

图 4-37 SFC13 的运行原理

2. 在 OB82 中用 SFC51 RDSYSST 进行诊断

针对 S7 DP 从站或 S7 DP 从站上的 S7-300 模块提供扩展的诊断功能。一个模块化设计的 S7 DP 从站要对每个 S7-300 模块给出准确的出错诊断，并发送诊断中断给调用组织块 OB82 的 DP 主站或 CPU。在 OB82 内部，为了执行扩展的出错诊断而调用系统功能 SFC51 RDSYSST。

SFC51 是一个异步系统功能。由于要完整地读出诊断信息并把它们写入由 DR 参数指定的目标数据区域，因此必须多次调用此系统功能。也可以同步执行 SFC51，此时必须在 OB82 中调用 SFC51 读取含有中断原因的模块数据记录"0"或"1"。

SFC51 读取的数据记录的内容和结构与本地连接在中央机架或扩展机架中模块的诊断数据相同，所以采用 SFC51 功能可以诊断集中和分散连接的模块。

由 OB82 提供的本地数据允许使用变量调用来编程 SFC51，因此，采用这种方法就不必为每个 S7 DP 从站的每个 S7-300 模块分别编程 SFC51 调用。

四、PROFIBUS 监视器诊断

1. 诊断块 FB125

DP 诊断块 FB125 可以在 STEP7 用户程序中进行 DP 主站系统的诊断评估，检查由于故障或损坏已经产生中断的 DP 从站。它显示有关故障或从站的详细诊断信息，如槽号或模块号、模块状态、通道号和通道故障等，表 4-24、表 4-25 给出了详细的说明。

表 4-24　FB125 的输入参数

名　称	类　型	含　义
DP _ MASTERSYSTEM	INT	DP 主站系统号
EXTERNAL _ DP _ INTERTACE	BOOL	外部 DP 接口（CP/IM）
MANUAL _ MODE	BOOL	各个诊断的手动模式
SINGLE _ STEP _ SLAVE	BOOL	所有 DP 从站逐一选择
SINGLE _ STEP _ ERROR	BOOL	逐一选择 DP 从站上的出错
RESET	BOOL	复位评估
SINGLE _ DIAG	BOOL	各个 DP 从站的诊断
SINGLE _ DIAG _ ADR	BYTE	用于各个诊断的 DP 从站地址

表 4-25　FB125 的输出参数

名　　称	类　　型	含　　义
ALL _ DP _ SLAVES _ OK	BOOL	所有 DP 从站正常
SUM _ SLAVES _ DIAG	BYTE	有关从站号
SLAVE _ ADR	BYTE	DP 从站地址
SLAVE _ STATE	BYTE	0：OK　1：故障　2：损坏 3：未组态/不能被评估
SLAVE _ IDENT _ NO	WORD	DP 从站的标识号
ERROR _ NO	BYTE	出错号
ERROR _ TYP	BYTE	1：槽诊断　2：模块状态 3：通道诊断　4：S7 诊断
MODULE _ NO	BYTE	模块号
MODULE _ STATE	BYTE	模块状态
CHANNEL _ NO	BYTE	通道号
CHANNEL _ ERROR _ INFO	DWORD	通道出错信息（对标准的和 S7 从站）
SPECIAL _ ERROR _ INFO	BWORD	特殊出错信息（对 S7 从站的附加信息）
DIAG _ OVERLOW	BOOL	诊断溢出
BUSY	BOOL	评估在进行中

2. 用 PROFIBUS 总线监视器进行诊断

PROFIBUS 总线监视器提供了 PROFIBUS 系统的另一种诊断手段。总线监视器一般由安装在 PG 或 PC 中的 PROFIBUS 接口和具有 Windows 图形用户接口软件组成。总线监视器通过监视总线来记录 PROFIBUS 的报文通信，但不占用总线上的 PROFIBUS 地址。总线监视器有不同的功能和用户接口，通常提供下列功能：

（1）激活设备表（Livelist）　可以通过 PROFIBUS 地址来识别与 PROFIBUS 连接的所有设备，并将这些设备和它们的 PROFIBUS 地址列在对话框中。

（2）过滤器（Filter）　如果要根据某些确定的原则限制所记录的报文，就可以使用过滤器功能。

（3）触发器（Trigger）　如果要在某个事件到达时停止记录，就可以使用触发器功能。

新的总线监视器提供了扩展的诊断工具，包括：

1）自动识别总线上的传输速率。

2）保存报文在环形缓冲器或一个文件中，为进一步分析准备和描述数据。

3）解释报文并根据所选择的行规对它们做进一步的分析。

4）完成各种统计功能。

5）结合一个硬件触发器。

6）记录故障报文并为进一步分析准备信息。

第八节　程序下载及调试

本章的第三节介绍了组态一个工程项目的方法和步骤，并实际组态了一个以 SIMATIC

S7-300 的 CPU315-2 DP 为主站，通过 CPU 集成的 DP 接口连接 ET200B、ET200M 和 S7-300/CPU315-2 DP 等 DP 从站的项目。在第四节叙述了组态项目的软件程序，组织块程序、功能块程序和数据块程序的编写规则，并给出了程序清单。创建一个项目后，如何将这样的一个完整项目下载到可编程序逻辑控制器，进行调试以建立实时可靠的总线控制系统，是本节的主要内容。

一、下载组态程序

总线系统的结构如图 4-38 所示。

如果将 STEP7 中的一个项目下载到可编程序控制器上，首先需要建立编程设备与前端可编程序控制器的在线连接。如图 4-38 所示，装有 STEP7 软件的编程设备通过编程设备电缆与控制柜相连。

1. 项目下载

1）打开控制柜中 CPU 电源，CPU 上的 DC 5V 指示灯点亮。

2）如果操作模式开关未在 STOP 状态，将操作模式开关置于 STOP 位置，红色的 "STOP" LED 被点亮。

3）复位 CPU 并转换到 RUN 状态。将操作模式开关转到 MRES 位置并至少保持 3s 直至红色的 "STOP" LED 灯开始慢闪。放开开关并至多在 3s 以内将开关

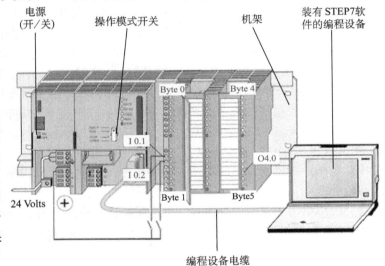

图 4-38　总线系统的结构图

再转到 MRES 位置，此时若 "STOP" LED 灯快闪，则表明 CPU 已经被复位；如果 "STOP" LED 灯没有快闪，还需要重复这一过程。

4）下载程序到 CPU。将操作模式开关再次置于 STOP 位置，开始下载程序。启动 SIMATIC Manager，打开一个项目，此时打开的是 Offline 即离线窗口。选择项目窗口的菜单项 "View"，单击 "Online"，打开在线窗口。在线或离线的状态通过不同颜色的标头指示。在两个窗口中定位到 "Blocks" 文件夹，离线窗口显示编程设备上的情形，在线窗口显示 CPU 上的状态。在离线窗口选择 "Blocks" 文件夹，然后调用菜单命令 PLC 的 Download 项下载程序到 CPU，单击 "OK" 按钮确认提示。下载完成之后，这些程序就会出现在在线窗口中。

5）接通 CPU 并检查操作模式。将操作模式开关置于 RUN-P 位置，如果此时绿色的 "RUN-P" LED 灯亮，而红色的 "STOP" LED 灯灭，这表明系统已经为 CPU 的操作做好了准备，可以进行测试程序了；相反，若红色的 LED 灯仍然亮着，说明有错误出现，就需要实施错误诊断。

2. 需要注意的问题

下载程序时，操作模式开关必须处于 RUN-P 或 STOP 状态。在 RUN-P 模式下载的块立即被启动，因此要非常谨慎，避免发生以下错误：

1）正确块被错误块重写，导致系统错误。

2）没有按照一定的顺序下载块，即先是子程序块，再下载更高一级的块，将使 CPU 进入 STOP 状态。

有时为了调试程序，需要在线修改已经下载到 CPU 中的块，只需在在线窗口双击要修改的块，进入"LAD/STL/FBD"编程窗口，与离线编程一样编辑该块即可。需要注意的是，这个编完的块立即在 CPU 中生效。

二、测试程序

程序下载到 CPU 之后，可以采用两种方式测试程序变量，以确定下载的程序是否有误。

1. 用程序状态测试程序

如果已经建立了与 CPU 的在线连接，该 CPU 在 RUN 或 RUN-P 模式下，并且程序已经下载，可以使用程序状态（Program State）功能，在一个块中测试程序。

例如，在在线窗口中打开"begin"项目中的 OB1 块，即与功能模块，出现"LAD/STL/FBD"编辑窗口，激活菜单命令"Debug"中的"Monitor"项，此时：

1）用功能块图和梯形图编制的程序用虚线表示，信号状态用 0 和 1 表示。

2）用语句表编写的程序以表格的形式显示以下内容：逻辑操作结果（RLO）、状态位（STA）和标准状态（STANDARD）。

闭合按钮"key1"和"key2"，显示测试结果如下：

1）在图形编程语言功能块图和梯形图中，通过编程段中颜色的变化显示该点逻辑操作的结果。

2）使用语句表作为编程语言，当逻辑操作结果满足时，STA 和 RLO 栏中会显示变化。

释放菜单命令"Debug"中的"Monitor"项并关闭窗口，同时关闭"SIMATIC Manager"在线窗口。

2. 用变量表测试程序

用变量表测试程序与用程序状态测试程序的条件相同，即要求编程设备与 CPU 建立了在线连接，CPU 处于 RUN-P 模式并且程序已经下载到 CPU。

用变量表测试程序，首先要建立用于测试的变量表，具体步骤如下：

1）在"SIMATIC Manager"中打开"begin"项目窗口。

2）找到并打开"Blocks"文件夹，在窗口右侧单击鼠标右键，在弹出的快捷菜单中选择"Insert New Object"→"Variable Table"，弹出"Properties"对话框，选择默认设置，此时 VAT1 在"Block"文件夹中生成，出现在窗口右侧。

3）双击"VAT1"图标，"监视和修改变量"（Monitoring and Modifying Variables）窗口被打开。输入"begin"项目中的符号名或地址，按"Enter"键，其余信息被自动加入。如果要改变符号的显示格式，选中该符号的"Display format"列项，单击鼠标右键在快捷菜单中选择相应的格式，如图 4-39 所示。保存填写好的变量表。

4）单击窗口工具条中的 按钮，建立与组态 CPU 之间的连接，此时变量表处于在线状态。将 CPU 设置为 RUN-P 模式。

5）单击窗口工具条中的（Monitor Variables）按钮，按下"key1"和"key2"键，监视变量表中各值的状态变化，实现程序测试。

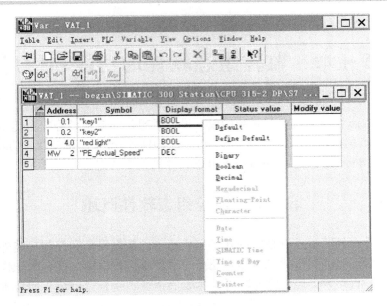

图 4-39　项目变量表

利用变量表中的"Modify value"栏可以修改某些参数的值。

如果一个程序中具有多个变量，受屏幕空间限制，变量表不能被完全显示，可以针对测试要求，生成几个变量表。

三、错误诊断

如果程序处理过程中 CPU 进入 STOP 状态，或者程序下载后 CPU 无法转为 RUN 模式，可以从诊断缓存区的事件列表中判定错误原因。

打开"SIMATIC Manager"项目中的"Block"文件夹，单击"PLC"菜单项的"Diagnosing hardware"（诊断硬件），出现对话框。项目中的所有 CPU 都列在对话框里，处于 STOP 模式的 CPU 被加亮，通过此对话框可以判断是哪一个 CPU 进入了 STOP。

单击菜单 PLC 中的"Module Information"（模块信息），打开模块信息窗口，它提供了 CPU 的特性和参数信息。打开"Diagnosing Buffer"（诊断缓存区）选项卡打开事件窗口，最近的事件在列表的最上面，显示造成 STOP 状态的原因。

如果是编程错误造成 CPU 进入 STOP，选择该事件并按对话框的"Open Block"按钮，"LAD/STL/FBD"编程窗口打开，出错段被加亮，方便修改程序。

思考题与习题

4-1　试叙述 SIMATIC S7 系统的组成。

4-2　S7 系统中的 DP 接口有几种类型？分别写出几个典型装置。

4-3　简要描述 S7 系统中 DP 从站的种类。

4-4　为什么 S7-300/400 系统中需要设置最大延时时间？

4-5　SIMATIC S7 系统的应用程序包括哪些部分？它们是按照什么顺序执行的？

4-6　SIMATIC S7 系统采用哪些方式实现对 DP 网络的诊断功能？

4-7　试叙述用变量表测试程序的步骤。

4-8　功能块、功能的定义是什么？它们分别与数据块有何关系？

第五章　监控组态软件的功能和使用

本章从监控组态软件的特点、系统构成、设计思想、性能要求等内容起步，以具体实例详细说明了 WinCC 软件的组成、功能和使用方法。最后简要介绍了 iFIX、Citect、RSview32、TRACE MODE、Intouch、组态王和力控等组态软件的主要特点。

第一节　监控组态软件概述

监控组态软件在计算机控制系统中除了完成基本的数据采集和控制功能外，还要完成故障诊断、数据分析、报表的形成和打印，还要与管理层进行数据交换，为操作人员提供灵活方便的人机界面。近年来，监控组态软件技术发展迅速，特别是图形界面技术、面向对象编程技术（Object Oriented Program，OOP）、组件技术（Component Object Model，COM）的出现，使人机界面变得更加友好。

一、组态及组态软件的概念

"组态"（Configuration）的含义是使用软件工具对计算机硬、软件资源进行配置，使其达到设计要求，满足用户需要。也就是说，用户采用非编程的操作方式，进行参数填写、图形连接和文件生成等，形成应用控制软件和操作监视画面。DCS 和 PLC 等通用的控制系统应用领域很广，而用户的要求千差万别，开发商却又不能专门为每个用户开发软件。所以，开发商首先开发一套通用的监控组态软件，然后用户在此软件平台上进行二次开发，这种软件的二次开发工作就称为"组态"，相应的软件开发平台就称为"监控组态软件"，简称"组态软件"。计算机控制系统在组态之前只是一些硬件和软件的集合体，只有通过组态才能使其成为一个满足生产过程需要的应用控制系统。

监控组态软件采用面向对象技术，为用户提供了各种应用功能块和对象。二次开发人员根据应用要求，建立模块或创建对象，再定义参数或对象属性，最后生成可供运行的应用程序。也就是说，组态是生成一系列可以运行的程序代码，再将这些程序代码下装到相应的计算机中运行。组态分为离线组态和在线组态两种。离线组态是指在计算机控制系统运行之前完成组态工作，然后将生成的应用程序安装在相应的计算机中。在线组态是指在计算机控制系统运行过程中进行组态。

二、组态软件的特点

组态软件的特点之一是实时多任务。例如，数据输入与输出、数据处理与算法实现、图形显示及人机对话、实时数据的存储、检索管理、实时通信等多个任务可以在同一台计算机上同时运行。

组态软件的用户是自动化工程设计人员，其主要目的是用户在生成自己需要的应用软件时不需要修改软件程序的源代码，因此在设计组态软件时应充分了解相应的基本需求，并加以总结提炼，主要解决以下共性问题：

1）如何与采集、控制设备间进行数据交换。

2）使来自设备的数据与计算机图形画面上的各元素关联起来。

3）处理数据报警及系统报警。

4）存储历史数据并支持历史数据的查询。

5）各类报表的生成和打印输出。

6）为用户提供灵活、多变的组态工具，可以适应不同应用领域的需求。

7）最终生成的应用系统运行稳定可靠。

8）具有与第三方程序的接口，方便数据共享。

自动化工程设计人员在组态软件中只需填写一些事先设计的表格，再利用图形功能把对象（如反应罐、温度计、锅炉、趋势曲线、报表等）形象地表示出来，通过内部数据连接把对象的属性与 I/O 设备的实时数据进行逻辑连接。当由组态软件生成的应用系统投入运行后，与对象相连的 I/O 设备数据发生变化会直接带动对象的属性变化。若要对应用系统进行修改也十分方便，这就是组态软件的方便性。

从以上可以看出，要适应用户要求，组态软件必须具有实时多任务、接口开放、使用灵活、功能多样、运行可靠等特点。

三、组态软件的系统构成

在组态软件中，通过组态生成的一个目标应用项目在计算机硬盘中占据唯一的物理空间（逻辑空间），可以用唯一的名称来标识，称为应用程序。在同一计算机中可以存储多个应用程序，组态软件通过应用程序的名称来访问其组态内容，打开其组态内容进行修改或将其应用程序装入计算机内存投入实时运行。

组态软件的结构划分有多种标准，这里按照软件的系统环境和软件体系组成两种标准讨论其体系结构。

1. 按使用软件的系统环境划分

按照使用软件的系统环境划分，组态软件包括系统开发环境和系统运行环境两大部分。

（1）系统开发环境 自动化工程设计人员为实施其控制方案，在组态软件的支持下进行应用程序的系统生成工作所必须依赖的工作环境。通过建立一系列用户数据文件，生成最终的图形目标应用系统，供系统运行环境运行时使用。

系统开发环境由若干个组态程序组成，如图形界面组态程序、实时数据库组态程序等。

（2）系统运行环境 在系统运行环境下，目标应用程序装入计算机内存并投入实时运行。系统运行环境由若干个运行程序组成，如图形界面运行程序、实时数据库运行程序等。

设计人员最先接触的一定是系统开发环境，通过系统组态和调试，最终将目标应用程序在系统运行环境投入实时运行，完成工程项目。

2. 按照软件组成划分

组态软件因为其功能强大，而每个功能相对来说又具有一定的独立性，因此其组成形式是一个集成软件平台，由若干程序组件构成。其中必备的典型组件有以下几种：

（1）应用程序管理器 应用程序管理器是提供应用程序的搜索、备份、解压缩、建立新应用等功能的专用管理工具。设计人员应用组态软件进行工程设计时，时常遇到如下烦恼：经常要进行组态数据的备份；经常需要引用以往成功应用项目中的部分组态成果（如画面）；经常需要迅速了解计算机中保存了哪些应用项目。虽然这些要求可以用手工方式实现，但效率低下，极易出错。有了应用程序管理器，这些操作就变得非常简单。

（2）图形界面开发程序　这是设计人员为实施其控制方案，在图形编辑工具的支持下进行图形系统生成工作所依赖的开发环境。通过建立一系列用户数据文件，生成最终的图形目标应用系统，供图形运行环境运行时使用。

（3）图形界面运行程序　在系统运行环境下，图形界面运行程序将图形目标应用系统装入计算机内存并投入实时运行。

（4）实时数据库系统组态程序　目前比较先进的组态软件都有独立的实时数据库组件，以提高系统的实时性，增强处理能力。实时数据库系统组态程序是建立实时数据库的组态工具，可以定义实时数据库的结构、数据来源、数据连接、数据类型及相关的各种参数。

（5）实时数据库系统运行程序　在系统运行环境下，实时数据库系统运行程序将目标实时数据库及其应用系统装入计算机内存并执行预定的各种数据计算、数据处理任务。历史数据的查询、检索、报警的管理都是在实时数据库系统运行程序中完成的。

（6）I/O驱动程序　I/O驱动程序是组态软件中必不可少的组成部分，用于和I/O设备通信、互相交换数据。DDE和OPC Client是两个通用的标准I/O驱动程序，用来和支持DDE标准和OPC标准的I/O设备通信。多数组态软件的DDE驱动程序整合在实时数据库系统或图形系统中，而OPC Client则单独存在。

除了必备的典型组件外，组态软件还可能包括如下扩展可选组件：

（1）通用数据库接口（ODBC接口）组态程序　通用数据库接口组件用来完成组态软件的实时数据库与通用数据库（如Oracle、Sybase、Foxpro、DB2、Infomix、SQL Server等）的互联，实现双向数据交换。通用数据库既可以读取实时数据，也可以读取历史数据；实时数据库也可以从通用数据库实时地读入数据。通用数据库接口（ODBC接口）组态环境用于指定要交换的通用数据库的数据库结构、字段名称及属性、时间区段、采样周期、字段与实时数据库数据的对应关系等。

（2）通用数据库接口（ODBC接口）运行程序　已组态的通用数据库链接装入计算机内存，按照预先指定的采样周期，在规定时间区段内，按照组态的数据库结构建立起通用数据库和实时数据库间的数据连接。

（3）策略（控制方案）编辑组态程序　策略编辑/生成组件是以PC为中心实现低成本监控的核心软件，具有很强的逻辑、算术运算能力和丰富的控制算法。策略编辑/生成组件以IEC 61131-3标准为用户提供标准的编程环境，共有4种编程方式：梯形图、结构化编程语言、指令助记符和模块化功能块。用户一般都习惯于使用模块化功能块，根据控制方案进行组态，结束后系统将保存组态内容并对组态内容进行语法检查、编译。

编译生成的目标策略代码既可以与图形界面在同一台计算机上运行，也可以下装（Download）到目标设备（如PC-Based设备）上运行。

（4）策略运行程序　组态的策略目标系统装入计算机内存并执行预定的各种数据计算、数据处理任务，同时完成与实时数据库的数据交换。

（5）实用通信程序　实用通信程序极大地增强了组态软件的功能，可以实现与第三方程序的数据交换，是组态软件价值的主要表现之一。实用通信程序具有以下功能：

1）可以实现操作站的双机冗余热备用。

2）实现数据的远程访问和传送。

3）实用通信程序可以使用以太网、RS-485、RS-232、PSTN等多种通信介质或网络实

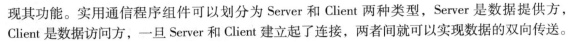

现其功能。实用通信程序组件可以划分为 Server 和 Client 两种类型，Server 是数据提供方，Client 是数据访问方，一旦 Server 和 Client 建立起了连接，两者间就可以实现数据的双向传送。

四、组态软件的设计思想

组态软件一般都由若干个组件构成，操作系统直接支持多任务，而且组态软件普遍使用"面向对象"（Object Oriented，OO）的编程和设计方法，使软件更加易于学习和掌握，功能也更强大。

如上所述，一般的组态软件主要由下列组件组成：图形界面系统、实时数据库系统、第三方程序接口组件、控制功能组件。下面分别讨论每一类组件的设计思想。

在图形画面生成方面，构成现场过程的图形画面被划分成 3 类简单的对象：线、填充图形和文本。每个简单对象都有影响其外观的属性，对象的基本属性包括线的颜色、填充颜色、高度、宽度、取向、位置移动等。这些属性可以是静态的，也可以是动态的。静态属性在系统投入运行后保持不变，与原来组态时一致。而动态属性则与表达式的值有关，表达式可以是来自 I/O 设备的变量，也可以是由变量和运算符组成的数学表达式。这种对象的动态属性随表达式的值的变化而实时改变，这种组态过程通常叫作动画链接。

在图形界面上还具备报警通知和确认、报表组态及打印、历史数据查询与显示等功能。各种报警、报表、趋势都是动画链接的对象，其数据源都可以通过组态来指定。这样每个画面的内容就可以根据实际情况由工程技术人员灵活设计，每幅画面中的对象数量均不受限制。

控制功能组件以基于 PC 的策略编辑/生成组件（也称之为软逻辑或软 PLC）为代表，是组态软件的重要组成部分。目前多数组态软件都提供了基于 IEC 61131-3 标准的策略编辑/生成控制组件，它也是面向对象的，但并不是唯一由事件触发，它像 PLC 中的梯形图一样按照顺序周期地执行。策略编辑/生成组件在基于 PC 和现场总线的控制系统中是大有可为的，可以大幅度地降低成本。

实时数据库是更为重要的一个组件，随着 PC 处理能力的增强，实时数据库更加充分地表现出组态软件的长处。实时数据库可以存储每个工艺点的多年数据，用户既可以浏览工厂当前的生产情况，又可以了解过去的生产情况。工厂的历史数据是很有价值的，实践告诉人们：现在很难知道将来进行分析时哪些数据是必需的，因此保存所有数据是防止信息丢失的最好方法。

通信及第三方程序接口组件是系统开放的标志，是组态软件与第三方程序交互及实现远程数据访问的重要手段之一。它主要有 3 个作用：

1）用于双机冗余系统中，主机与从机之间的通信。

2）用于构建分布式 HMI/SCADA 应用时多机间的通信。

3）在基于 Internet 或 Browser/Server（B/S）应用中实现通信功能。

五、对组态软件的性能要求

1. 实时多任务

实时性是指工业控制计算机系统应该具有的能够在限定的时间内对外来事件做出反应的特性。在具体确定这里所说的限定时间时，主要考虑两个因素：其一，根据工业生产过程出现的事件能够保持多长的时间；其二，该事件要求计算机在多长时间以内必须做出反应，否则就将对生产过程造成影响甚至造成损害。可见，实时性是相对的。工业控制计算机及监控组态软件具有时间驱动能力和事件驱动能力，即在按一定的周期时间对所有事件进行巡检扫描的同时，可以随时响应事件的中断请求。

实时性一般都要求计算机具有多任务的处理能力，以便将监控任务分解成若干并行的多个任务，加速程序执行速度。可以把那些变化并不显著、即使不能立即做出反应也不至于造成影响或损害的事件，作为顺序执行的任务，按照一定的巡检周期有规律地执行；而把那些保持时间很短且需要计算机立即做出反应的事件，作为中断请求源或事件触发信号，为其专门编写程序，以便在该类事件一旦出现时计算机能够立即响应。如果监控范围庞大、变量繁多，这样分配仍然不能保证所要求的实时性时，则表明计算机的资源已经不够使用，只得对结构进行重新设计，或者提高计算机的档次。

2. 高可靠性

在计算机、数据采集控制设备正常工作的情况下，如果供电系统正常，当监控组态软件的目标应用系统所占的系统资源不超过负荷时，则要求软件系统稳定可靠地运行。

如果对系统的可靠性要求更高，就要应用冗余技术构成双机备用系统。冗余技术是利用冗余资源来克服故障影响，从而增加系统可靠性的技术。冗余资源是指在系统完成正常工作所需资源以外的附加资源。例如，一个软件运行系统采用双机热备用，可以指定一台机器为主机，另一台作为从机，从机内容与主机内容实时同步，主机、从机可同时操作，从机实时监视主机状态，一旦发现主机停止响应，便接管控制，从而提高系统的可靠性。

3. 标准化

尽管目前尚且没有一个明确的国际、国内标准用来规范组态软件，但国际电工委员会IEC 61131-3 开放型国际编程标准在组态软件中起着越来越重要的作用。IEC 61131-3 提供用于规范 DCS 和 PLC 中的控制用编程语言，它规定了 4 种编程语言标准：梯形图、机构化高级语言、方框图和指令助记符。

此外，OLE（目标的连接与嵌入）、OPC（过程控制用 OLE）是微软公司的编程技术标准，目前也被广泛应用。TCP/IP 是网络通信的标准协议，广泛地应用于现场测控设备之间及测控设备与操作站之间的通信。

六、组态软件的数据流

组态软件通过 I/O 驱动程序从现场 I/O 设备获得实时数据，对数据进行必要的加工后，一方面以图形方式直观地显示在计算机屏幕上，另一方面按照组态要求和操作人员的指令将控制数据送给 I/O 设备，对执行机构实施控制或调整控制参数。

对已经组态的历史趋势的变量存储历史数据，对历史数据检索请求给予响应。当发生报警时及时将报警以声音、图像的方式通知给操作人员，并记录报警的历史信息，以备检索。图 5-1 直观地表示出了组态软件的数据处理流程。

从图中可以看出，实时数据库是

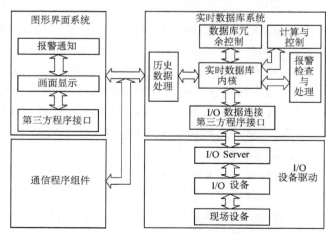

图 5-1　组态软件的数据处理流程

组态软件的核心和引擎，历史数据的存储与检索、报警处理与存储、数据的运算处理、数据库冗余控制、I/O 数据连接都是由实时数据库系统完成的。图形界面系统、I/O 驱动程序等组件以实时数据库为核心，通过高效的内部协议互相通信，共享数据。

第二节　WinCC 的功能和使用方法

按照使用对象来分类，可以将组态软件分为两类：一类是专用的组态软件，另一类是通用的组态软件。专用的组态软件主要是由一些 DCS 厂商和 PLC 厂商专门为自己的系统开发的，例如 Honeywell 公司的组态软件、Foxboro 公司的组态软件、和利时公司的组态软件、Rockwell 公司的 RSView、Simens 公司的 WinCC、CE 公司的 Cimplicity。而通用组态软件并不特别针对某一类特定的系统，开发者可以根据需要选择合适的软件和硬件来构成自己的计算机监控系统。如果开发者在选择了通用组态软件后，发现其无法驱动自己选择的硬件，可以提供该硬件的通信协议，请组态软件的开发商来开发相应的驱动程序。

本节主要介绍监控组态软件 WinCC 的功能和使用方法，iFIX、Citect、RSview32、TRACE MODE、Intouch、组态王和力控等组态软件的简要内容将在第三节予以介绍。

一、WinCC 系统综述

（一）WinCC 的概念

WinCC 是在 Microsoft Windows NT 和 Windows 2000 环境下的一种高效 HMI 系统，用于实现过程的可视化，并为操作员开发图形用户界面。HMI 是 "Human Machine Interface"（人机界面）的缩写，即人（操作员）和机器（过程）之间的界面，WinCC 是 "Windows Control Center"（视窗自动化中心）的缩写。自动化系统（AS）要完成对过程的控制，一方面要实现 WinCC 和操作员之间的通信，另一方面要实现 WinCC 和自动化系统之间的通信（见图 5-2）。

1）操作员使用 WinCC 对过程进行观察，过程状态以图形化的方式显示在屏幕上。一旦过程的状态发生变化，屏幕显示便会随之刷新。

2）操作员使用 WinCC 对过程进行控制。例如，操作员可以在图形用户界面上预先定义设定值或打开阀门等。

3）一旦出现临界过程状态，WinCC 自动发出报警信号。例如，如果超出了预定义的限制值，屏幕上会显示一条报警信号。

4）在使用 WinCC 进行工作时，既可以打印过程值，也可以对过程值进行电子归档。这样，更容易编制过程文档，并可以在事后访问过去的生产数据。

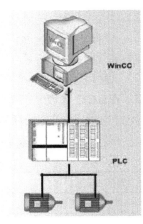

图 5-2　WinCC 和操作员、自动化系统之间的通信

（二）WinCC 的系统结构

WinCC 具有模块化的结构，其基本组件是组态软件（CS）和运行软件（RT），并有许多 WinCC 选项和 WinCC 附加软件（见图 5-3）。

1. 组态软件

启动 WinCC 后，WinCC 资源管理器随即打开。WinCC 资源管理器是组态软件的核心，整个项目结构都显示在 WinCC 资源管理器中。从 WinCC 资源管理器中调用特定的编辑器，既可用于组态，也可对项目进行管理，每个编辑器分别形成特定的 WinCC 子系统。

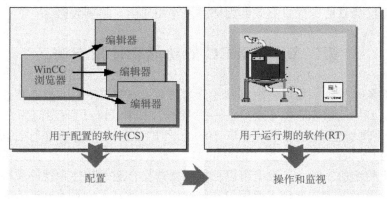

图 5-3　WinCC 的系统结构

主要的 WinCC 子系统包括以下几部分：

1）图形系统：用于创建画面的编辑器，也称作图形编辑器。

2）报警系统：对报警信号进行组态的过程，也称报警记录。

3）归档系统：变量记录编辑器，用于确定对何种数据进行归档。

4）报表系统：用于创建报表布局的编辑器，也称作报表编辑器。

5）用户管理器：用于对用户进行管理的编辑器。

6）通信：提供 WinCC 与 SIMATIC 各系列可编程序控制器的连接。

2. 运行软件

用户通过运行软件对过程进行操作和监控，主要执行下列任务：

1）读出已经保存在 CS 数据库中的数据。

2）显示屏幕中的画面。

3）与自动化系统通信。

4）对当前的运行系统数据进行归档。

5）对过程进行控制。

3. WinCC 选项

用户通过 WinCC 选项扩展基本的 WinCC 系统功能，每个选项均需要一个专门的许可证，这些选项及功能见表 5-1。

表 5-1　WinCC 选项及功能

WinCC 选项包	功　　能
WinCC/Web 浏览器	通过 Intranet 和 Internet 对过程进行操作和观察
WinCC/服务器	一台或多台 WinCC 客户机连接到 WinCC 服务器
WinCC/用户归档	创建具有任何数据结构的单独定义的归档，存储在这些用户归档中的数据记录可在 WinCC 与其他相关系统之间进行交换。操作员可以在 WinCC 中输入配方数据，将该数据保存在用户归档中，并在必要时将其传递给自动化系统
WinCC 冗余	可以操作冗余服务器
WinCC/ProAgent	对 S7 自动化系统进行全面过程诊断

（续）

WinCC 选项包	功 能
WinCC/Messenger	自动或由操作员控制发送带有声音、图像和动画的电子邮件。通过电子邮件将报警信号、报表、报警画面发送到需要的位置，实现远程诊断
WinCC/Guardian	视频监控系统的敏感区域，如果状态、颜色或动作发生变化，则产生一条报警信号，并执行自己定义的动作，由摄像机记录过程，数据保存到视频数据库内
WinCC/Industrial	在使用 Visual Basic 创建单个画面或控制元素（ActiveX 控件）时提供支持，可将这些 ActiveX 控件集成到 WinCC 画面中
WinCC/ODK	为开发访问 WinCC 组态和运行系统数据的单个应用程序提供支持，将 WinCC 的 C 编程接口（C‑API）制作成文档
WinCC/基本过程控制	为过程控制项目和包含大量画面的大型系统提供支持，可以利用图形化的方式创建过程画面分层结构，向导指导用户完成各种组态任务
WinCC/CDK	为用户开发自己的通道提供支持，并将用于与自动化系统进行通信的 WinCC 编程接口制作成文档

（三） WinCC 的性能特点

1. 使用创新软件技术

WinCC 基于最新发展的软件技术，与微软公司密切合作保证用户能获得不断创新的技术。

2. 包括所有 SCADA 功能在内的客户机/服务器系统

WinCC 系统提供生成复杂可视化任务的组件和函数，最基本的 WinCC 系统组件即可生成画面、脚本、报告、趋势等。

3. 可灵活剪裁，由简单任务扩展到复杂任务

WinCC 是一个模块化的自动化组件，可以灵活地进行扩展，从简单的工程应用到复杂的多用户应用，甚至可应用在工业和机械制造工艺的多服务器分布式系统中。

4. 众多选件和附加件扩展了基本功能

已开发了应用范围十分广泛的 WinCC 选件和附件，均基于开放式编程窗口，覆盖了不同工业分支的需求。

5. 集成 ODBC/SQL 数据库

Sybase SQL Anywher 标准数据库集成于 WinCC，所有面向列表的组态数据库和过程数据结构均存储于此库中，可以使用标准查询语言（SQL）或 ODBC 驱动访问 WinCC 数据库。

6. 标准接口 （如 OLE、ActiveX、OPC）

WinCC 建立了像 DDE、OLE 等在 Windows 程序间交换数据的标准接口，能集成 ActiveX 控件和 OPC 服务器、客户端功能。

7. 统一脚本语言

WinCC 可以编写 ANSI‑C 和 Visual Basic 脚本程序。

8. 开放 API 编程接口访问 WinCC 函数和数据

所有的 WinCC 模块都有开放的 C 语言编程接口（C-API），这就意味着可以在用户应用程序中集成 WinCC 的部分功能，例如：访问组态运行期数据或对过程进行干预等。

9. 通过向导（在线）组态

WinCC 提供了大量的向导来简化组态工作，在调试阶段还可以进行在线修改。

10. 可选择语言的组态软件和在线语言转换

WinCC 软件是基于多语言设计的，可以在德语、英语和法语甚至众多的亚洲语言之间进行选择。可以存储用户所喜爱的任何一种语言文本，可以在系统运行时选择所需要的语言，也可以进行语言在线转换。

11. 提供所有主要 PLC 系统的通信通道

WinCC 支持所有连接 SIMATIC S5/S7/505 控制器的通信通道，还包括 PROFIBUS-DP、DDE、OPC 等非特定控制器的通信通道。此外，选件和添加件可以提供广泛的通信通道。

12. 与基于 PC 控制器 SIMATIC WinAC 的接口

软件/插槽式 PLC 和操作、监控系统在 PC 上相结合是一个面向未来的概念，WinCC 和 WinAC 实现了基于 PC 的自动化解决方案。

13. 全集成自动化 T. I. A 的部件

T. I. A 集成了各种西门子产品，WinCC 是过程控制的窗口，是 T. I. A 的中心部件。T. I. A 意味着在组态、编程、数据存储和通信方面的一致性。

14. 在 SIMATIC PCS7 中的 SCADA 部件

SIMATIC PCS7 是 T. I. A 中的过程控制系统，PCS7 是集中了基于控制器的制造业自动化的优点和基于 PC 的过程工业自动化的优点的过程处理系统（PCS）。基于控制器的 PCS7 对过程可视化使用标准的 SIMATIC 部件，WinCC 是 PCS7 的操作员站。

15. 集成到 MES 和 ERP 中

通过使用标准接口，SIMATIC WinCC 成为在全公司范围 IT 环境下的一个完整部件，超越了自动控制过程，将范围扩展到工厂监控级，为公司的 MES（制造执行系统）和 ERP（企业资源计划）提供管理数据。

二、WinCC 的 SCADA 基本功能

（一）用户接口和操作

1. 可组态的用户接口

WinCC 既可以用于小规模、简单的过程控制和监控，也可以用于复杂的系统。配置标准、用户化的 WinCC 操作界面，保证生产过程的安全可靠，使操作员能够优化生产过程。其硬件配置主要包括键盘、鼠标和触摸屏等。

用户接口的布局（屏幕画面）使得用户和过程之间的对话更加灵活，而且更加面向任务。屏幕可以分割为总览区、工作区、按键区，这样可以提供更清晰的画面。这种过程屏幕分割面向过程而设计，符合人机工程学理论，并辅之以 WinCC 分屏向导，画面总览表现为结构树的形式，并由画面树管理器（Picture Tree Manager）管理。可以使用鼠标把已经组态的画面移动到结构树中的任何位置，分屏向导和画面树管理器是 WinCC 软件的基本组成。

WinCC 可以记录变量的输入，以日期、时间、用户名、新旧值等方式记录变量值。这样就可以追溯并跟踪关键过程的每一步操作。

2. 访问授权和用户管理

可以禁止访问每一个生产过程、记录或 WinCC 的操作，以防止没有授权的存取，包括修改设定值、选择图形画面或从过程控制中调用组态软件。以上都可以根据变量情况动态设

定访问级别。

WinCC 含有多达 1000 个不同的访问级别，可建立分级的访问保护，也可为个别用户提供唯一的用户访问权限。用户名和密码决定每个用户的访问权限，这些在操作过程中还可以重新定义。通过用户管理器设置访问的授权，可以在预定阶段进行修改，然后其权限一直保持不变。

3. 语言切换

每一个项目在组态时都可以指定 10 种运行（Runtime）语言。运行时，用户单击相应的按键在这些语言之间进行切换，改变在图形、信息和报告中的文本语言。

（二）图形系统

在组态工作中，图形系统用于创建并显示过程的画面（见图 5-4）。

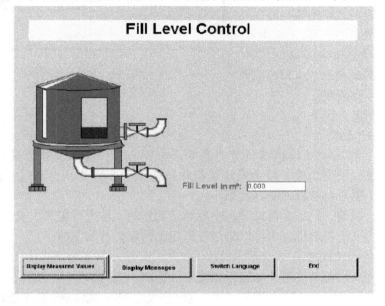

图 5-4 图形系统

1. 图形系统的任务

1）显示静态画面和操作者可控制的画面元素，例如文本、图形或按钮等。

2）更新动态画面元素，例如根据过程值的变化修改棒图长度。

3）对操作员输入做出反应，例如单击按钮或输入域中的文本输入等。

2. 图形系统组件构成

1）图形编辑器是图形系统的组态组件，是用于创建画面的编辑器。

2）图形运行软件是图形系统的运行组件，显示运行系统中的画面上的图片，并管理所有的输入和输出。

3. 模块库

模块库有助于用户高效创建用户画面，在组态期间采用拖放方式将模块库中的对象插入过程画面（见图 5-5）。

1）模块库含有大量的已预编译的对象，这些对象根据相关主题（例如阀、电机、电缆、显示仪器等）进行排序。

2）用户自己创建的对象也可保存在项目库中，需要时可再次调出。

WinCC 图形系统处理过程操作中屏幕上所有输入信号和输出信号，系统设备可视化和操作的图形都是由图形编辑器设计的。使用 WinCC 可以得到形象的、面向过程的操作员界面，图形对象包括标准化和图形化的对象、按钮、检查框、框和滑块、应用窗口和显示窗口、OLE 对象、ActiveX 对象、I/O 域、文本列表、棒状图、状态显示、主显示和客户化的用户对象等。

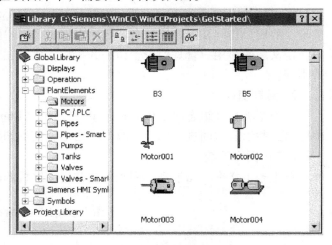

图5-5　WinCC 的模块库

图形组件的外观由组态工程师动态控制，图形的动态控制参数，如几何形状、颜色和样式通过 WinCC 变量进行改变或程序直接控制。

（三）报警记录

1. 报警记录的任务

在 WinCC 中，报警记录编辑器负责消息的采集和归档，包括过程、预加工、表达式、确认及归档等消息的采集功能。报警系统给操作员提供关于操作状态和过程故障状态的信息，使操作员能了解早期阶段的临界状态。

在组态期间，报警记录编辑器对过程中应触发消息的事件进行定义，这个事件可以是设置自动化系统中的某个特定位，也可以是过程值超出预定义的限制值。

2. 报警记录的组件构成

报警记录组件由组态系统组件和运行系统组件组成。

1）报警记录组态系统组件为报警记录编辑器，用来定义显示何种报警、报警的内容、报警的时间。使用报警记录组态系统组件可对报警消息进行组态，以便将其以期望的形式显示在运行系统组件中。

2）报警记录运行系统组件主要负责过程值的监控、控制报警输出、管理报警确认。报警信息以列表形式显示在 WinCC 报警控件中（见图5-6）。

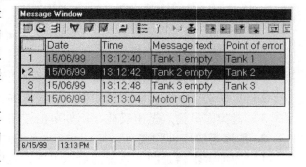

图5-6　报警控件

3. 报警的消息块

在运行系统中以表格的形式显示消息的各种信息内容，这些内容称为消息块，预先在报警组态系统中进行组态。消息块分为以下3组：

（1）系统块　它包括由报警记录提供的系统数据，默认情况下的系统消息块包含消息记录的日期、时间和本消息的 ID 号。系统还提供了其他一些系统消息块，可以根据需要进行添加。

（2）过程值块　当某个报警到来时，记录当前时刻的过程值，最多可记录 10 个过程值。

（3）用户文本块　提供常规消息和综合消息的文本，如与故障位置、原因相关信息的报警文本等。

4. 报警的基本状态

报警事件有 3 种基本状态：已激活、已清除和已确认。这 3 种报警状态之间存在以下差别：

1）报警保留其"激活"状态直至启动事件消失，例如，直至导致报警的原因不再存在。

2）一旦报警原因不再存在，报警就处于"已清除"状态。

3）操作员对报警进行确认后，报警将处于"已确认"状态。

每个报警的当前状态，"已激活""已清除"或"已确认"均表示在报警显示中，每个状态均有不同的颜色。

5. 组报警

在组态期间，一定数目的报警均可概括在一组报警中。只要至少有一个所指定的单个报警出现在队列中（逻辑"或"），组报警就将出现。当队列中没有任何单个报警时，组报警将消失。

可以使用组报警来为操作员提供系统更清晰的概括，并对某些情况进行简化处理。

6. 消息类型和等级

在 WinCC 中，将消息划分为 16 个类别，每个消息类别下还可以定义 16 种消息类型。消息类别和消息类型用于划分消息的等级，一般按照消息的严重程度进行划分。

7. 报警的归档

在报警记录编辑器中，用户可以对消息进行短期归档和长期归档。

短期归档用于在出现电源故障之后，将所组态的消息数重新装载到消息窗口。短期归档只需设置一个参数，即消息的条目数。一旦发生断电需要重新加载时，从短期归档中加载最近产生的消息数，最多可设置 10000 条。

消息的归档也可利用长期归档来完成。长期归档需要设置归档尺寸以及归档时间，既可组态为周期性归档，也可组态为连续归档。如果是周期性归档，则当所定义的存储空间在进行归档期间不足以容纳所有报警时，将自动删除最旧的报警事件；如果是连续归档，则当所定义的存储空间在进行归档期间不足以容纳所有报警时，不再归档更多的报警事件。

（四）归档系统

1. 归档系统的任务

过程值归档的目的是采集、处理和归档工业现场的过程数据，所获得的过程数据可用于获取与设备的操作状态有关的管理和技术标准。

在运行系统中，采集并处理过程值，然后将其存储在归档数据库中，以表格或趋势图的形式输出当前过程值或已经归档的过程值，也可将所归档的过程值作为记录打印输出。

当前的过程值可以通过过程画面显示，但如果希望以图形或表格的形式显示过程值的当前进程，则需要历史过程值，这些值将保存在过程值归档中。

实际应用中，进程的显示十分重要，因为这样可以提前发现问题。例如，如果罐子的填充量一直在下降，则可能出现了渗漏，此时要考虑采取措施防止生产中断，以免机器损坏。

归档系统除了用于过程值的处理外，还用于对报警进行归档。

2. 归档系统的组件

过程值归档系统由组态组件和运行系统组件构成。

1）变量记录是归档系统的组态组件，用于确定对哪些过程值进行归档以及何时归档。图形编辑器提供在线趋势控件和在线表格控件，在画面中显示过程值当前的发展进程，其中在线趋势控件提供图形显示，而在线表格控件提供表格显示。

2）变量记录运行系统是归档系统的运行系统组件，负责把运行系统中必须进行归档的过程值写入过程值归档，以及从过程值归档中读出已归档的过程值。例如，要显示某个控件的用途或进行计算，便执行上述操作。

图 5-7 显示了运行系统中的在线趋势控件（图的上半部分）和在线表格控件（图的下半部分）。

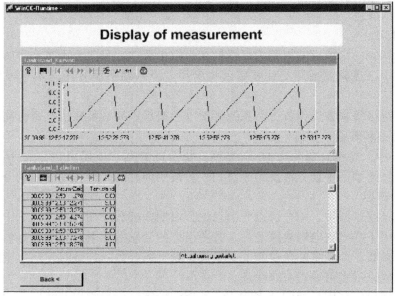

图 5-7　WinCC 在线趋势控件和表格控件

3. 归档的设置

可用事件来启动和停止过程值归档，包括二进制事件、限制值事件、时间控制的归档等，触发事件的条件可以链接到变量和脚本。

在一个归档中，可以定义要归档的变量的不同采集类型，如非周期、连续周期和可选择周期等。

对一个过程变量进行归档，并不一定对应实际值。由于采集周期和归档周期可以不同，且归档周期是采集周期的整数倍，因此几个过程值才产生一个归档值，也可以对这些过程值进行某种运算后再进行归档。

在归档组态中，可以选择以下两种类型的归档：

（1）过程值归档　在组态过程值归档时，选择要归档的过程变量和存储位置。

（2）压缩归档　在组态压缩归档时，选择计算的方法和压缩的周期。

（五）报表系统

1. 报表系统的任务

报表包括项目文档报表和运行系统数据报表，项目文档报表输出 WinCC 项目的组态数据，运行系统数据报表在运行期间输出过程数据。报表有下列基本类型：

（1）报警消息顺序报表 按时间顺序列出所有报警，既可以逐页打印，也可以在报警事件发生之后立即逐行打印。

（2）报警归档报表 列出已经保存在某个特定报警归档中的所有报警，既包括短期归档报表，也包括长期归档报表。

（3）变量记录运行报表 在运行状态下，在表格窗口中打印输出变量记录数据。

2. 报表系统的组件

报表系统由组态组件和运行系统组件组成。

1）报表编辑器是报表系统的组态组件，包括页面布局编辑器和行布局编辑器。报表编辑器按照用户要求选定预编译的默认布局或创建新的报表布局，还可创建打印作业以便启动输出。

2）报表运行系统是报表系统的运行系统组件。处于运行状态时，报表运行系统负责从归档中提取要打印的数据，也可以控制打印机的输出。

3. 打印作业

WinCC 中的打印作业用于项目文档和运行系统文档的输出。在布局中对输出外观和数据源进行组态；在打印作业中对输出介质、打印数量、打印开始时间以及其他输出参数进行组态。

每个布局必须与打印作业相关联，以便进行输出。WinCC 提供了各种不同的打印作业方式用于项目文档。这些方式均已经与相应的 WinCC 应用程序相关联，既不能将其删除，也不能对其进行重新命名。

可以在 WinCC 项目管理器中创建新的打印作业，以便输出新的页面布局。

WinCC 为输出行布局提供了特殊的打印作业方式，行布局只能使用这种方式进行打印作业的输出，而不能为行布局创建新的打印作业。

（六）通信

1. 通信方式

WinCC 与其他应用程序（例如 Microsoft Excel 或 SIMATIC ProTool）的通信借助于 OPC 来实现，由 WinCC 提供集成的 OPC 服务器来完成，其他 OPC 服务器的数据也可通过 OPC 客户机由 WinCC 来接收。

WinCC 与自动化系统之间的通信可以通过各自的过程总线（例如以太网或 PROFIBUS）来实现（见图 5-8），也可以由专门通信驱动程序（通道）与 SIMATIC S5/S7/505 等系列的 PLC 相连接。

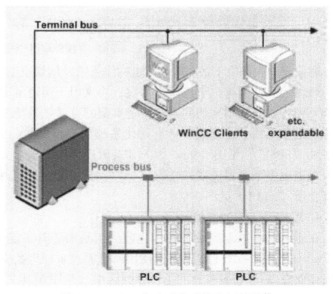

图 5-8　WinCC 与自动化系统之间的通信

2. WinCC 通信的结构及原理

WinCC 使用变量管理器来处理项目产生的数据以及存储在项目数据库中的数据，其过程并不能为用户所见。WinCC 的所有应用程序必须以 WinCC 变量的形式从变量管理器中请求数据，这些应用程序包括图形运行系统、报警记录运行系统和变量记录运行系统等。

变量管理器管理运行时的 WinCC 变量，是通过集成在 WinCC 项目中的通信驱动程序，从过程中取出请求的变量值。通信驱动程序利用其通道单元构成 WinCC 与过程处理之间的接口，在大多数情况下其硬件连接是利用通信处理器来完成的。WinCC 通信驱动程序使用通信处理器向 PLC 发送请求消息，然后通信处理器将相应请求的回答发回 WinCC。

3. 通道单元、逻辑连接、过程变量

WinCC 与自动化系统之间的通信通过逻辑连接来实现，这些逻辑连接以分层方式排列成多个等级，每个等级都反映在 WinCC 资源管理器的分层结构上（见图 5-9）。

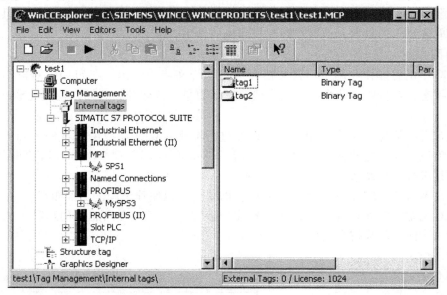

图 5-9　WinCC 资源管理器的分层结构

通信驱动程序位于最高等级，也称作通道（例如通道 "SIMATIC S7 PROTOCOL SUITE"）。

通道的通信拥有一个或多个协议，协议用于确定所用的通道单元（例如 "MPI"），该通道单元和协议一起用来访问某个特定类型的自动化系统。

通道单元用于建立到多个自动化系统的逻辑连接，通信通过通道单元进行（例如自动化系统 "SPS1"，见图 5-9）。因此，逻辑连接作为已定义的自动化系统的接口。

在出现多个逻辑连接的情况下，自动化系统的过程变量显示在数据窗口的右边（例如过程变量 "tag1"，见图 5-9）。

4. 运行系统中的通信过程

在运行系统中需要最新的过程值，正是由于有了逻辑连接，WinCC 才能知道过程变量位于哪个自动化系统上以及将要使用哪个通道来处理数据通信。过程值由通道传送，读入的数据存储在 WinCC 服务器的工作存储区中（见图 5-10）。

可以使用通道优化必要的通信步骤，采取这种方式，可最大限度地减少通过过程总线的数据通信量。

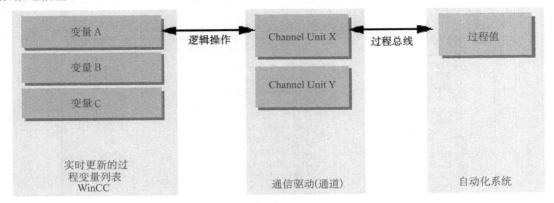

图 5-10　运行系统中的通信过程

三、WinCC 的使用方法和操作步骤举例

（一）创建 WinCC 项目

下面通过实例说明创建 WinCC 项目的过程，主要包括启动 WinCC、创建项目、选择并安装 PLC 或驱动程序、定义变量、创建并编辑过程画面、设置 WinCC 运行系统属性、激活 WinCC 运行系统中的画面、使用模拟器测试过程画面等。

1. 启动 WinCC

单击 Windows 任务栏中的"开始"按钮，通过"Simatic"→"WinCC"→"Windows Control Center 5.0"，见图 5-11 启动 WinCC。

图 5-11　从"开始"菜单中启动 WinCC

2. 创建新项目

打开 WinCC 的对话框，此对话框提供 3 个选项：

1) 创建"单用户项目"（默认设置）。

2) 创建"多用户项目"。

3) 创建"多客户机项目"。

例如创建名为"Qckstart"的项目。选择单用户项目，单击确定按钮，输入项目名称"Qckstart"，选择一条项目路径。

如果要打开已经存在的项目，选择"打开"对话框，搜索扩展名为".mcp"的文件。下次启动 WinCC 时，会自动打开上次使用的项目。如果退出 WinCC 时项目处于激活状态，重新打开时该项目仍处于激活状态。

图 5-12 显示了 WinCC 资源管理器对话窗口。

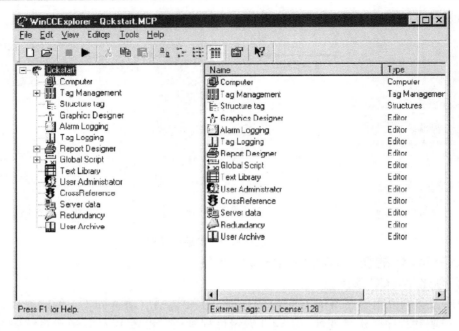

图 5-12　WinCC 资源管理器对话窗口

左边浏览器窗口显示了 WinCC 资源管理器的体系结构，从根目录到单个项目。单击符号⊞，即可打开各个隐藏部分。

右边数据窗口显示所选对象的内容。在 WinCC 资源管理器浏览器窗口中，单击"计算机"图标，在数据窗口中即可看到一个带有计算机名称（NetBIOS 名称）的服务器。鼠标右键单击此计算机，弹出"属性"菜单，在随后出现的对话框中，设置 WinCC 运行系统的属性，例如启动程序、使用语言以及取消激活等。

3. 添加 PLC 驱动程序

在组态系统中选择通信驱动器程序以便完成自动化系统与 WinCC 之间的通信。所选的驱动程序取决于使用的 PLC 的类型，SIMATIC PLC 系列涵盖范围从几百个到上千个 I/O 点。

鼠标右键单击 WinCC 资源管理器浏览器窗口中的"Tag Management"（变量管理器），添加 PLC 驱动程序。

在弹出的到菜单中，单击"Add New Driver"（添加新的驱动程序）（见图 5-13）。

在"Add New Driver"（添加新的驱动程序）对话框里，选择所需要的驱动程序（例如"SIMATIC S7 Protocol Suite"），单击"打开"按钮进行确认，所选的驱动程序出现在变量管理器下。

单击⊞图标，创建新连接，该图标在显示的驱动程序之前，并显示所有可用的通道单元。

鼠标右键单击通道单元 MPI，在快捷菜单中，单击"New Driver Connection"（新建连接）（见图 5-14）。在随后显示的"Connection properties"（连接属性）对话框中，输入名称"PLC1"，单击"OK"按钮（见图 5-15）。

4. 创建内部变量

如果 WinCC 资源管理器中的"变量管理器"处于关闭状态，则必须首先双击将它打开，然后，用鼠标右键单击"Internal tags"（内部变量）。在快捷菜单中，单击"New Tag"（新建变量）（见图 5-16）。

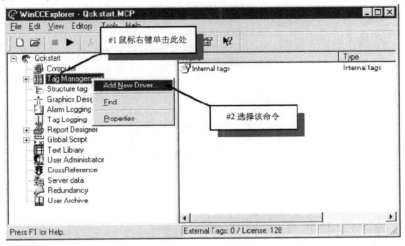

图 5-13　添加驱动程序

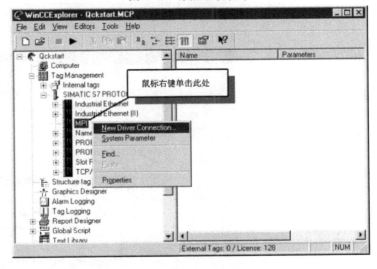

图 5-14　创建新连接

在 "Tag properties"（变量属性）对话框中，将变量命名为 "TankLevel"；从数据类型列表中，选择 "无符号的 16 位数"，然后单击 "OK" 按钮（见图 5-17）。

WinCC 资源管理器的浏览器据窗口显示出所创建的全部内部变量。

如果还需要其他变量，只要重复上述步骤即可。此外，还可对变量进行 "复制" "剪切" 和 "粘贴" 等操作。还可以在快捷菜单中选择这些命令（用鼠标右键单击期望的变量），或者使用标准 Microsoft 的键组合（如

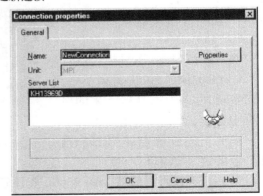

图 5-15　连接属性

< Ctrl + C > 为复制，< Ctrl + V > 为粘贴）进行相关操作。

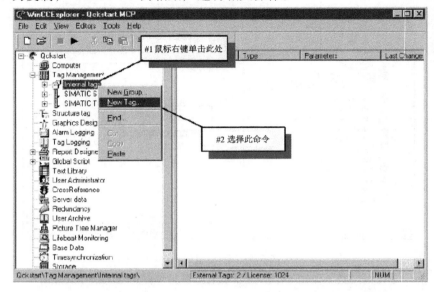

图 5-16　新建内部变量

5. 创建过程画面和按钮

下面为"Qckstart"项目设计过程画面。打开画面编辑器，按如下步骤进行操作：

（1）创建过程画面　在 WinCC 资源管理器的数据窗口中，用鼠标右键单击图形编辑器以显示快捷菜单：

在快捷菜单中，单击"New picture"（新建画面），创建名为"New-Pdl0. pdl"的画面文件（". pdl"为"画面描述文件"），随即出现在 WinCC 资源管理器的数据窗口中（见图 5-18）。

在数据窗口中，用鼠标右键单击"NewPdl0. pdl"，在快捷菜单中，单击重新命名画面，在接下来的对话框中，输入"START. pdl"。

按照上述步骤创建第二个画面，取名为"SAMPLE. pdl"。

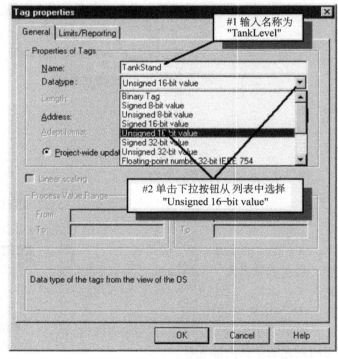

图 5-17　内部变量的属性

（2）打开图形编辑器　在 WinCC 资源管理器数据窗口中双击"START. pdl"，打开名为"START. pdl"的图形编辑器；也可以用鼠标右键单击"START. pdl"并且在快捷菜单中选择"打开画面"。

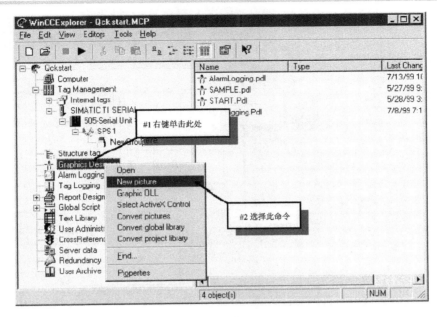

图 5-18 创建新画面

（3）创建按钮 首先组态一个按钮，运行时通过该按钮切换到另一幅画面。按如下步骤操作，即可创建在画面"START. pdl"和画面"SAMPLE. pdl"之间进行切换的按钮。

1）在对象选项板中的"START. pdl"画面中，选择"Windows 对象"→"按钮"。

2）在文件窗口中，单击鼠标左键放置按钮，按下鼠标左键拖动对象并调整其大小。

3）释放鼠标按钮，即显示"按钮组态"对话框。在"文本"域中输入所选择的名称，可以输入想跳转画面的名称，例如"SAMPLE"。

4）单击"通过鼠标单击改变画面"域旁边的图标 ，选择希望跳转的画面。

在接下来的对话框中，双击画面"SAMPLE. pdl"（见图 5-19）。

关闭"按钮组态"对话框，单击按钮 ，保存画面"START. pdl"。

（4）组态第二个按钮 为了在运行时从"SAMPLE. pdl"画面返回起始画面，还应在"SAMPLE. pdl"画面中组态一个按钮用来切换到"START. pdl"画面。单击 图标或从 WinCC 资源管理器中打开画面，其他步骤同上。

6. 设置运行系统属性

下面为项目设置运行系统属性，确定运行画面的外观，按如下操作：

1）在 WinCC 资源管理器的浏览器窗口中，单击"计算机"，数据窗口中，单击计算机的名称，在快捷菜单中，单击"属性"。

2）单击"Graphics Runtime"（图形运行系统）选项卡，在该面板上，可以确定运行画面的外观以及设置起始画面。

3）单击"搜索"，选择一个起始画面，然后，在"Start Picture"（起始画面）对话框中，选择画面"START. pdl"，单击"OK"。

4）在"Window 属性"中，激活"Title"（标题）"Maxmize"（最大化）"Minmize"（最小化）以及"适应画面大小"复选框（见图 5-20）。

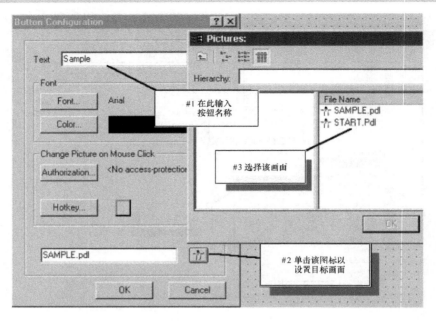

图 5-19　按钮组态

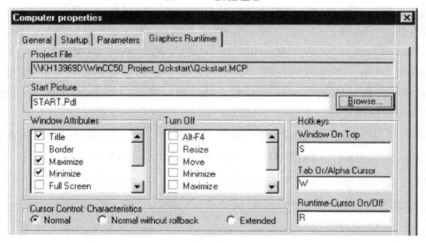

图 5-20　设置运行系统属性

5）单击"OK"，以便关闭属性窗口，现在可以在运行模式下工作了。

7. 激活项目

可单击 WinCC 资源管理器菜单栏中的"文件"→"激活"，复选标记随即显示，用以显示所激活的运行系统；也可在 WinCC 资源管理器的工具栏中单击"激活"按钮▶。

需要注意的是，单击"图形编辑器"工具栏上的"激活"按钮，可以立即查看在画面中所做的改变，经过一段时间的装载后，将看到运行系统的画面（见图5-21）。

8. 使用模拟器

如果 WinCC 没有与正在工作的 PLC 连接，可以使用模拟器来测试项目。

单击"启动"上的 Windows 任务栏→"SIMATIC"→"WinCC"→"WinCC 模拟器"，启动模拟器。

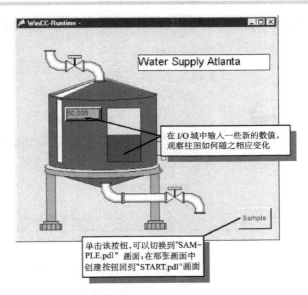

图 5-21　运行系统的画面

需要注意的是，项目必须已经处于激活状态，以确保模拟器的正确操作。

在模拟器对话框中，选择需要模拟的变量，单击"编辑"→"新建变量"。

在"项目变量"对话框中，选择内部变量"TankLevel"，然后，单击"确定"按钮。

在"属性"面板中，单击模拟器的"Inc"类型，输入起始值"0"及结束值"100"。

标记"激活"复选框，在"变量"面板中会显示出带有修改值的变量（见图5-22）。

现在切换回运行系统画面，可看到模拟器如何向画面提供"真实"值。

按下 WinCC 资源管理器的"取消激活"按钮，取消激活 WinCC 项目。

（二）过程值归档

下面介绍如何进行过程值归档，以及如何在运行系统中以趋势曲线和表格的方式显示已经归档的历史数据。主要包括如下操作：打开变量记录编辑器、组态定时器、使用归档向导创建归档、在图形编辑器中创建趋势窗口、在图形编辑器中创建表格窗口、设置起始参数、激活项目。

1．打开变量记录编辑器

在 WinCC 资源管理器的浏览器窗口中，用鼠标右键单击"变量记录"，从快捷菜单中单击"打开"（见图5-23）。

2．定时器组态

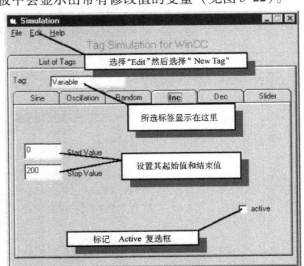

图 5-22　组态模拟器

定时器用于设置变量采集和归档的周期。采集周期是变量记录编辑器从数据管理器的过程映像处获得数值的时间间隔；归档周期是过程变量存储在归档数据库的时间间隔，为变量

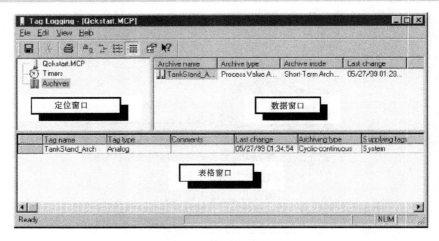

图 5-23　变量记录

采集周期的整数倍。

　　系统提供默认的定时器，用户也可以自行组态新的定时器，操作步骤如下：

1）鼠标右键单击"定时器"对象。

2）在快捷菜单中，单击"新建"菜单项。

3）在"Timers Properties"（定时器属性）对话框中，输入定时器名称"weekly"（每周）。

4）在"Base"（基准）下拉菜单中，选择时间基准值为"1day"（1天）。

5）在"Factor"（系数）编辑框中输入"7"，最后结果如图5-24所示。

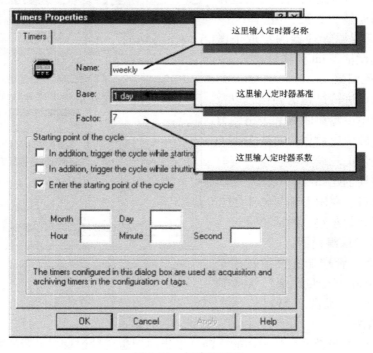

图 5-24　创建定时器

3. 创建归档

在变量记录编辑器中，使用归档向导来创建归档，并选择要归档的变量。

在变量记录编辑器浏览窗口中用鼠标右键单击归档向导，在快捷菜单中，选择归档向导菜单项；在随后打开的第一个对话框中，单击"Next"。图 5-25 为"Creating An Archive：Step-1-"（创建归档：步骤 1）对话框，输入归档名称"TankStand _ Archiv"，选择归档类型"Process Value Archive"（过程值归档）。

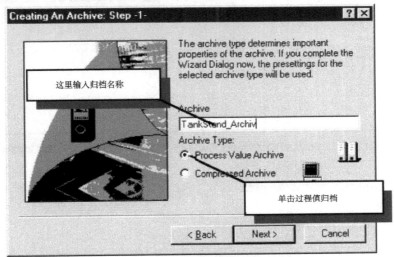

图 5-25　归档向导：组态归档

单击"Next"，进入图 5-26 所示步骤 2 对话框。单击"Select"（选择）按钮，并在变量选择对话框中选择"TankStand"变量，单击"确定"对输入进行确认。单击"Finish"按钮，退出归档向导。

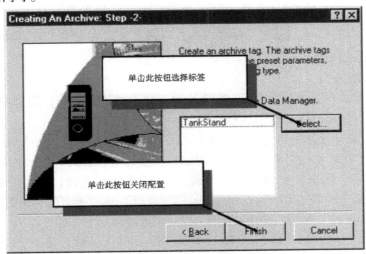

图 5-26　归档向导：变量选择

4. 归档设置

由归档向导生成的归档和归档变量的参数都是按照默认值设置的，如果需要可以更改部分设置，步骤如下：

1）在变量记录编辑器的表格窗口中，修改表格窗口中所选择的归档变量的属性。如果尚未选择变量，此动作将自动选择表格窗口中的第一个变量。

2）用鼠标右键单击需要更改设置的变量，在快捷菜单中，单击"Properties"（属性）（见图5-27）。

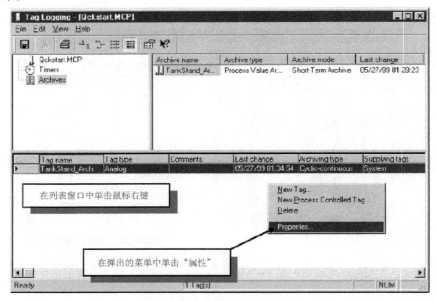

图5-27　调用变量属性

3）将归档变量的名称修改为"TankStand _ Arch"。"周期"可输入以下数值：采集周期为1秒；归档周期为1＊1秒。单击"OK"关闭"过程属性对话框"。

完成过程值归档的组态后，"TankStand"变量将每秒采集一次并作为"TankStand _ Arch"变量进行归档。单击 █ 按钮保存组态，以便下一次运行模式激活时可以应用这些设置。退出变量记录编辑器。

5. 创建趋势窗口

WinCC的图形系统提供两个 ActiveX 控件用于显示过程值归档，趋势曲线是其中之一，即通过趋势窗口以图形的形式显示过程变量。

在 WinCC 资源管理器中创建一个新的画面"TagLogging. pdl"，在图形编辑器中将其打开（见图5-28）。在对象选项板中，选择"控件"标签，然后选择"Properties of WinCC On-line Trend Control"（WinCC 在线趋势控件属性）。单击鼠标左键，在文件窗口中放置该控件，然后按住鼠标左键调整大小。在"General"（常规）选项卡上的快速组态对话框中，输入"Fill Level _ Curves"作为趋势窗口的标题。

单击"Curves"（曲线）选项卡，输入曲线名称"Fill Level"，单击"Selection"（选择）按钮。在"Selection of Archives/Tags"（归档/变量选择）对话框的左侧，双击归档"Tank-Stand _ Archiv"；在"Selection of Archives/Tags"（归档/变量选择）对话框的右侧，单击"TankStand _ Arch"变量（见图5-29）。

单击"OK"按钮，确认上述输入。

图 5-28 趋势控件的常规属性

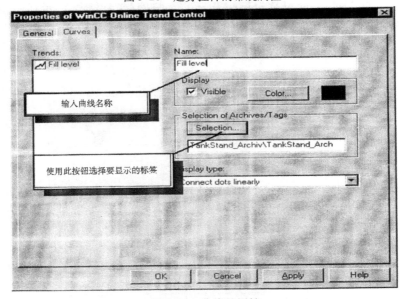

图 5-29 曲线的属性

6. 创建表格窗口

WinCC 也可以用表格的形式显示已归档的过程变量的历史值和当前值。

在对象选项板中，选择"控件"标签，然后选择"Properties of WinCC Online Table Control"（WinCC 在线表格控件属性）。单击鼠标左键，在文件窗口中放置控件，按住鼠标左键并拖动以改变控件的大小。在"General"（常规）选项卡下的快速组态对话框中，输入"Fill Level _ Table"作为趋势窗口的标题（见图 5-30）。

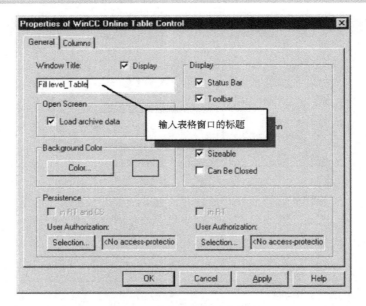

图 5-30　表格控件的常规属性

单击"Columns"（列）选项卡，输入"Fill Level"作为列名称，单击"Selection"（选择）按钮。双击"Selection of Archives/Tags"（归档/变量选择）对话框左部的"TankStand _ Archiv"归档；在"Selection of Archives/Tags"（归档/变量选择）对话框的右部，单击"TankStand _ Arch"变量，单击"OK"按钮确认输入（见图 5-31）。

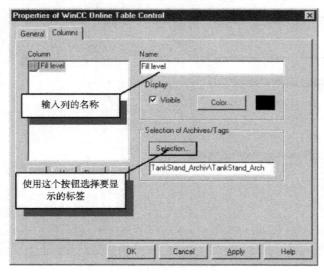

图 5-31　表格的属性

单击 图标，保存画面"TagLogging. pdl"。

7. 设置运行系统属性

下面设置运行系统属性，变量记录也在运行时启动。

在 WinCC 资源管理器浏览器窗口中，单击计算机按钮，在数据窗口中单击计算机名称，从快捷菜单中选择属性菜单项。打开"Computer properties"（计算机属性）对话框，单击

"Startup"（启动）选项卡，激活 "Tag Logging Runtime"（变量记录运行系统）复选框（见图 5-32）。

单击 "图形运行系统" 标签，单击 "搜索"，选择一个起始画面，然后在 "起始画面" 对话框中，选择画面 "TagLogging. pdl"，单击 "OK" 按钮。

8. 激活项目

图 5-32　设置运行系统属性

单击 WinCC 资源管理器工具栏中的 "激活" 按钮，可以显示趋势窗口在运行时间内的工作情况。也可以单击 "启动" 上的 Windows 任务栏→ "Simatic" → "WinCC" → "WinCC 模拟器"，激活模拟器。至于所要模拟的变量，可选择内部变量 "Fill Level"，然后，单击 "OK" 按钮。

在 "属性" 面板中，单击模拟器的 "Inc" 类型，输入 "0" 作为起始值，"10" 作为结束值。标记 "激活" 复选框，随后在 "变量" 面板中显示带有各自新数值的变量。

如图 5-33 所示，在趋势窗口和表格窗口中分别显示了 "Fill Level" 变量的模拟过程。

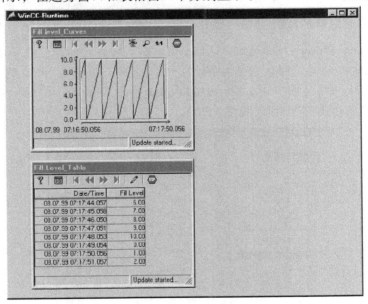

图 5-33　运行系统中的趋势窗口和表格窗口

单击 WinCC 资源管理器工具栏中的 "取消激活" 按钮，取消激活 WinCC 项目。

（三）组态报警记录

WinCC 的报警编辑器负责消息的采集和归档，其操作步骤主要包括如下内容：打开报警记录编辑器、启动系统向导、组态报警消息和报警文本、使用报警等级类型、设置报警颜色、组态模拟报警、创建报警画面、设置运行系统属性、激活项目。

1. 打开报警记录编辑器

在 WinCC 资源管理器的浏览器窗口中，用鼠标右键单击 "报警记录" 组件，从快捷菜单中选择 "打开" 菜单项（见图 5-34）。

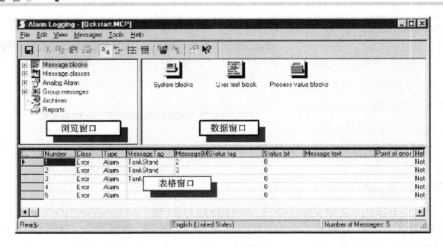

图 5-34　报警记录编辑器

2. 启动报警记录的系统向导

系统向导可以自动生成报警，简化建立报警系统的方法。

单击报警记录编辑器的主菜单 "文件" → "选择向导"，或者单击报警记录工具栏中的
按钮，即可启动报警的系统向导。打开 "选择向导" 对话框，在第一个对话框中单击
"Next"。在 "System Wizard：Selection Message Blocks"（系统向导：选择消息块）对话框
中，选中 "System Blocks"（系统块）中的 "Date，Time，Number"（日期、时间、编号），
选中 "User Text Blocks"（用户文本块）中的 "Msg Txt，Error Location"（报警文本、错误
位置），选择完毕，单击 "Next"（见图 5-35）。

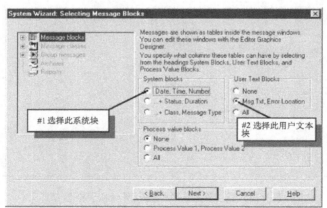

图 5-35　系统向导：选择消息块

打开 "System Wizard：Presetting Classes"（系统向导：预设定等级）对话框，选中
"Class Error with Types Alarm，Failure，and Warning（incoming）" 带有报警，故障和报警的
错误等级（到达的确认），如图 5-36 所示，单击 "Next"。

在 "System Wizard：Selection Archives"（系统向导：选择归档）对话框中，选择
"Short-Term Archive For 250 Messages"（250 个报警的短期归档），如图 5-37 所示，单击
"Next"。最后出现的对话框是对前面选项的描述，如果想修改可单击 "Back" 按钮，否则

单击"Apply"（应用）按钮。

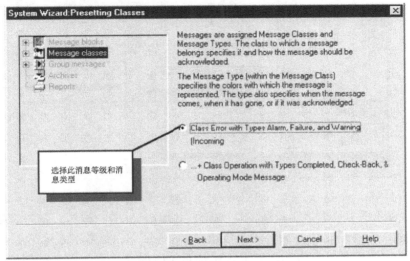

图 5-36　系统向导：预设定等级

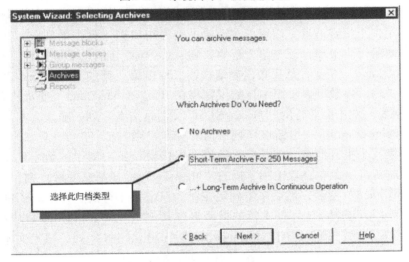

图 5-37　系统向导：选择归档

3. 组态报警消息和报警消息文本

下面的例子将在报警记录编辑器的表格窗口内组态消息，本例中建立三个报警消息。

（1）更改用户文本块中"Message text"（消息文本）和"Point of error"（错误点）的文本长度　在报警记录编辑器的浏览窗口（见图 5-38 的左上部窗口）中单击"Message blocks"（消息块）前面的⊞图标，然后单击"User text block"（用户文本块）；在数据窗口中，用鼠标右键单击"Message text"（消息文本），从快捷菜单中选择"Properties"（属性）菜单项；打开"消息块"对话框，将"长度"文本框中的值改为"30"，单击确定按钮，关闭对话框。在数据窗口中，用鼠标右键单击"错误点"，在打开的对话框中，更改"长度"文本框中的值为"25"，单击确定按钮，关闭对话框。

（2）组态第一个报警消息　在表格窗口的第 1 行上双击"Message Tag"（消息变量）

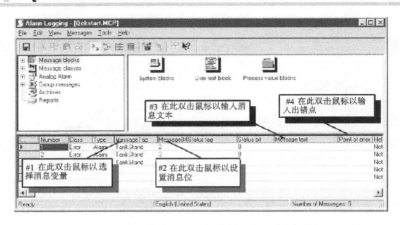

图5-38　组态报警文本

列，在打开的对话框中选择"TankStand"变量，并单击"OK"按钮。双击表格窗口的第1行的"Message Bit"（消息位）列，输入数值"2"并回车，该数字表示第1行的报警将在16位"TankStand"变量从右边算起的第3位被置位时触发。双击第1行的"Message text"（消息文本）列，输入文本"填充量超出"；双击第1行的"Point of error"（出错点）列，输入文本"罐"。

（3）组态第二个报警消息　用鼠标右键单击表格窗口第一列中的数字"1"，从快捷菜单中选择"添加新行"菜单；双击第2行的"Message Tag"（消息变量）列，在弹出对话框中，选择"TankStand"变量，然后单击确定按钮。双击第2行的"Message Bit"（消息位）列，输入数值"3"，该数字表示第1行的报警将在16位"TankStand"变量从右边算起的第4位被置位时触发。双击第2行的"Message text"（消息文本）列，输入文本"罐已空"；双击第2行的"Point of error"（出错点）列，输入文本"罐"。

（4）组态第三个报警消息　用鼠标右键单击表格窗口第一列中的数字"2"，从快捷菜单中选择"添加新行"菜单；双击第3行的"Message Tag"（消息变量）列，在弹出对话框中，选择"TankStand"变量，然后单击确定按钮。双击第3行的"Message Bit"（消息位）列，输入数值"4"，该数字表示第1行的报警将在16位"TankStand"变量从右边算起的第5位被置位时触发。双击第3行的"Message text"（消息文本）列，输入文本"泵出现故障"；双击第3行的"Point of error"（出错点）列，输入文本"泵"。

4. 组态报警消息的颜色

在运行系统中，不同类型消息的不同状态可以用不同的颜色表示，以便快速地识别出报警的类型和状态。

在浏览窗口中单击"Message classes"（消息类别）前的田图标，单击消息类别"Error"，在数据窗口中，用鼠标右键单击"Alarm"（报警），在快捷菜单中选择"Properties"（属性）菜单项，如图5-39所示。在打开的"Type"（类型）对话框中，可以根据报警的状态设置报警文本的颜色和背景颜色。

在"Type"（类型）对话框的预览区单击"Came in"（进入）（表示报警已激活），单击"Text Color"（文本颜色）按钮，在颜色选择对话框中选择希望的颜色，例如"白色"；单击"Background Color"（背景色）按钮，在颜色选择对话框中，选择"红色"，单击"OK"按钮。

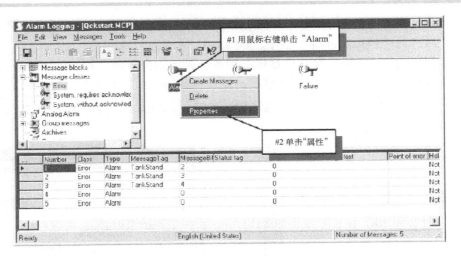

图 5-39 组态报警消息的颜色

在 "Type"（类型）对话框的预览区中单击 "Went out"（离开）（表示报警已消失），用同样的方法选择报警消失时文本颜色和背景颜色分别为 "黑色" 和 "黄色"。

在 "Type"（类型）对话框的预览区中单击 "Acknow ledged"（确认）（表示报警已激活且已确认），用同样的方法选择报警确认时文本颜色和背景颜色分别为"白色"和"蓝色"。

已组态的报警各种状态颜色如图 5-40 所示，单击 "OK" 按钮，关闭类型对话框。

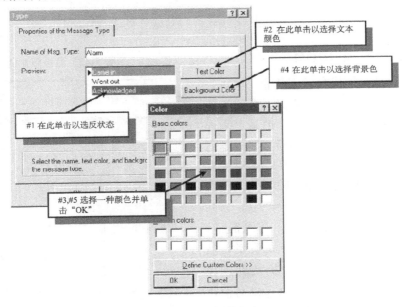

图 5-40 分配报警颜色

5. 组态模拟量报警

在组态报警时可以对某一个过程值进行监控，并可设定一个或多个限制值。当过程值超过设定的限制值时所产生的报警称为模拟量报警。要使用模拟量报警必须先激活模拟报警量组件。

在报警记录编辑器的菜单栏中单击 "工具" → "附加项"，打开 "Add Ins"（加载项）

对话框，激活复选框"Analog Alarm"（模拟量报警），单击"OK"按钮后，浏览器窗口的消息类别下面出现"模拟报警器"组件，如图5-41所示。

（1）组态变量的模拟量报警　用鼠标右键单击浏览器窗口的"Analog Alarm"（模拟量报警），从快捷菜单中选择"New"菜单项。打开"Properties"（属性）对话框，如图5-42所示，定义监控模拟量报警的变量和其他属性。单击 ⋯ 按钮，从打开的对话框中选择要监控的模拟量报警变量（见图5-43）。

图5-41　模拟量报警

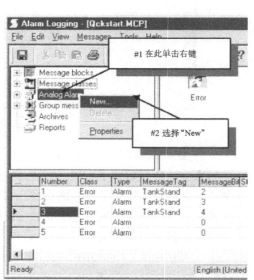

图5-42　监控限制值

需要注意的是，如果激活复选框"a message for all limit values"（一条消息对应所有限制值），则表示所有的限制值（无论是上限还是下限）对应一个消息号。模拟量报警的延迟产生时间可在"延迟"栏中设置，外部过程的扰动有可能使过程值瞬间超过限制值，设置延迟时间将使这一部分的报警不会产生。

在随后显示的"选择变量"对话框中，选择一个可用的变量或创建一个新的变量，这里将创建一个新的变量，单击 按钮。在"变量属性"对话框中，输入"AnalogAlarm"作为新变量的名称。在"变量属性"对话框中，选择数据类型"无符号的16位数"。单击"OK"按钮对输入进行确认。在变量选择对话框的左侧，单击"Internal tags"（内部变量）；在变量选择对话框的右侧，单击"Analog Alarm"（模拟量报警）（见图5-44）。

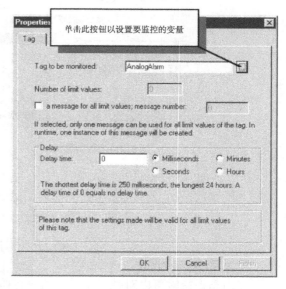

图5-43　组态限制值的监控

（2）组态限制值　用鼠标右键单击所选择的"Analog Alarm"（模拟量报警）变量，在

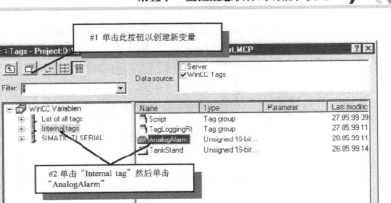

图 5-44　组态限制值监控：选择变量

快捷菜单中选择"New"菜单项（见图 5-45）。

在图 5-46 所示的"Properties"
（属性）对话框中，激活"Upper lim-
it"（上限）按钮，输入数值"90"作
为限制值，如需变化可选择变量按钮
进行相应的选择。在"Deadband"（死
区）栏中选中"effective for both"（均
有效），在"Message"（消息）栏中输
入"4"作为消息号，单击"Finish"
按钮。这里需注意，滞后值可以以上
限值或下限值的绝对值或百分数输入。

用鼠标右键单击所选择的"Analog
Alarm"（模拟量报警）变量，在快捷
菜单中选择"New"菜单项。与设置上
限值操作类似，在"Properties"（属
性）对话框中，激活"Lower limit"
（下限）按钮，输入数值"10"作为限
制值。在"Deadband"（死区）栏中选

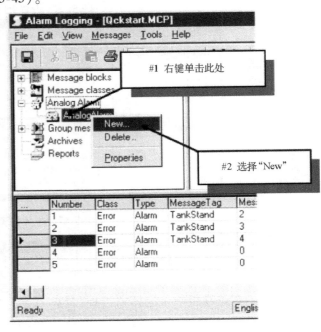

图 5-45　组态限制值

中"effective for both"（均有效），在"Message"（消息）栏中输入"5"作为消息号，单击
"Finish"按钮。

单击报警记录编辑器工具栏上的 ![按钮] 按钮，保存刚刚组态的报警，然后关闭报警记录编
辑器。再次进入后，表格窗口中将自动增加编号为 4 和 5 的两条报警组态消息，如图 5-47
所示。

6. 创建报警画面

（1）组态报警窗口　插入报警窗口，操作方法与上述趋势曲线或表格显示的方法相似。

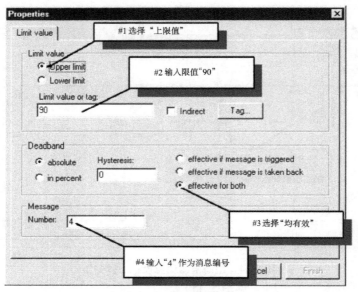

图 5-46　设置上限值

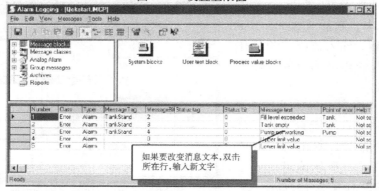

图 5-47　生成报警行

打开图形编辑器，创建一个名为"AlarmLogging. pdl"的画面，然后，按下列步骤操作（见图 5-48）：

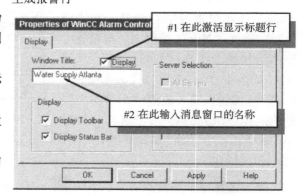

1）在对象选项板中，选择"控件"标签，然后，选择"WinCC 报警控件"。

2）单击鼠标左键，在文件窗口中放置控件，然后，拖动鼠标调整大小。

3）在面板上的快速组态对话框中，输入消息窗口的标题"亚特兰大供水系统"。

4）标记"Display"（显示）复选框。单击"OK"按钮。

图 5-48　WinCC 报警控件：快速组态

双击"WinCC 报警控件"，激活属性对话框中的"报警行"标签。使用"移动"单元把现有全部报警块传送给报警行中的枚举单元，单击"OK"按钮。

（2）I/O 域组态　在对象选项板上选择"标准"→"智能对象"→"I/O 域"选项。在文件窗口中，单击鼠标左键放置按钮，拖动鼠标调整对象大小。在"I/O 域组态"对话框中，单击 ▨ 按钮，选择与 I/O 域相连的变量。在"Update"（更新）域上选择更新周期为500ms，单击"OK"按钮（见图 5-49）。

（3）创建滚动条　在对象选项板中选择"标准"→"Windows 对象"→"滚动条对象"选项。在文件窗口中，单击鼠标左键放置按钮，拖动鼠标调整对象大小。在"I/O 域组态"对话框中，单击 ▨ 按钮，选择与 I/O 域相连的变量。在"Update"（更新）域中选择更新周期为500ms，单击"OK"按钮（见图 5-50）。

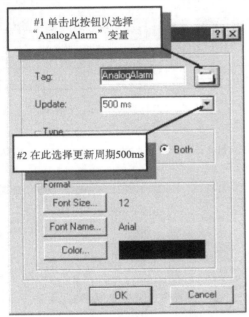

图 5-49　I/O 域组态　　　　　　　　　　　　图 5-50　创建滚动条

鼠标单击图形编辑器上的 ▨ 图标，保存"AlarmLogging. pdl"画面。

7. 设置运行系统属性

在 WinCC 资源管理器的浏览器窗口中单击"计算机"，在右边数据窗口中单击计算机的名称。从快捷菜单中选择"Prop-erties"（属性）菜单项，然后再打开如图5-51 所示的对话框，选择"Startup"选项卡，标记"Alarm Logging Runtime"（报警记录运行系统）复选框，此时自动激活"文本库运行系统"。

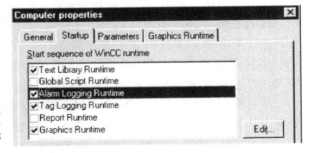

图 5-51　设置运行系统属性

单击"图形运行系统"标签，单击"搜索"，选择一个起始画面，然后，在"起始画面"对话框中，选择画面"AlarmLogging. pdl"，单击"OK"按钮，完成了运行系统属性设置。

8. 激活项目

单击 WinCC 资源管理器工具栏中的"激活"按钮，即可显示报警窗口在运行系统中的工作情况（见图5-52）。

在运行系统中，单击报警窗口工具栏中的"报警列表"按钮，可浏览当前的报警列表。

单击工具栏中的"单个确认"按钮，用来确认单个消息，用"组确认"按钮确认组报警。单击"短期归档"按钮，浏览前250个已归档报警的列表。

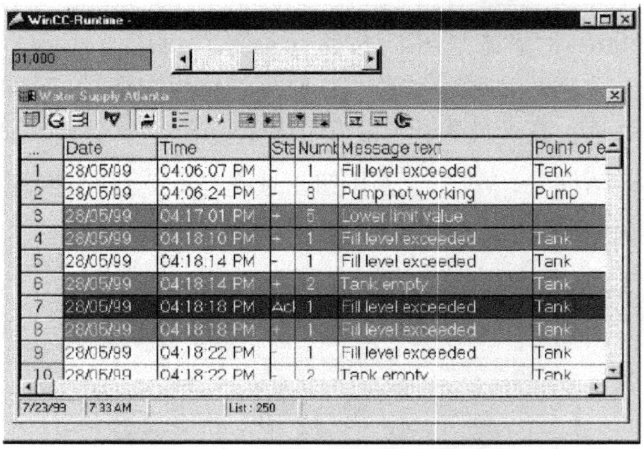

（四）打印变量记录运行系统报表

下面介绍如何用变量记录运行系统的数据创建报表，步骤如下：创建新布局、编辑变量记录运行系统报表的布局、设置打印作业参数、报表预览。

图 5-52　运行系统中的工作情况

1. 创建布局

在 WinCC 资源管理器的浏览器窗口中，用鼠标右键单击"Layout"（布局），从快捷菜单中选择"New layout"（新建布局）（见图5-53）。

将名为 "NewRPL00. RPL"的新布局添加到 WinCC 资源管理器数据窗口列表的末尾，用鼠标右键单击"NewRPL00. RPL"，从快捷菜单中选择"重新命名布局"，更名为"TagLogging. rpl"。

2. 编辑静态部分

在 WinCC 资源管理器的数据窗口中双击新建布局"TagLogging. rpl"，打开报表编辑器，显示一个空白页。

首先在静态部分添加日期/时间、页码、布局名称和项目名称，单击菜单中"视图"→"静态部分"，编辑页面的静态部分。单击"系统对象"选项板上的"日期/时间"，页面布局中显示事件和日期。

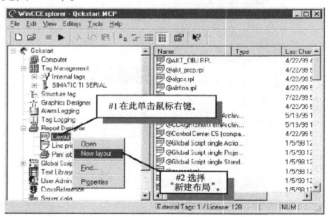

图 5-53　创建新的布局

把对象放在左下角，按下鼠标拖动调整对象大小，然后用鼠标右键单击"日期/时间"对象。从快捷菜单中选择"属性"菜单项，在浏览器窗口中，单击"字体"；在数据窗口中，双击"X 对齐"，选择"左"；在数据窗口中，双击"Y 对齐"，选择"居中"。

仿照以上步骤，在静态部分添加"项目名称""页码"以及"布局名称"，然后调整对齐方式，还可以调整更多的属性使外观更好看。

3. 编辑动态部分

单击菜单中"视图"→"动态部分"，编辑布局的动态部分。选择对象管理器的"运行系统"选项，从"变量记录运行系统"文件夹中选择"变量表格"；在页面布局的动态部分，按下鼠标拖动调整大小。

双击对象，打开"对象属性"对话框，选择"Connect"；在"Connect"对话框中，单击条目"Tag Logging Runtime"（变量记录运行系统）之前的⊞图标，选择条目"Tag Table"（变量表格），单击"OK"按钮（见图5-54）。

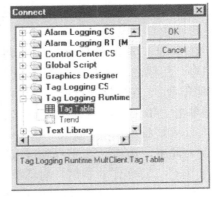

图5-54　连接动态表格

用鼠标右键单击表格，从快捷菜单中选择"属性"选项，单击"Connect"标签，在"Connect"面板的数据窗口中，单击"Tag Selection"（变量选择），然后按下"Edit"（编辑）按钮。

在"变量记录运行系统"对话框中，单击"用于记录的变量选择"中的"Add"按钮；在"归档选择"对话框的浏览器窗口中，单击"Qckstart"之前的⊞图标；在浏览器窗口中，选择"TankStand _ Archiv"归档；在数据窗口中，选择"TankStand _ Arch"变量，单击"OK"按钮（见图5-55）。

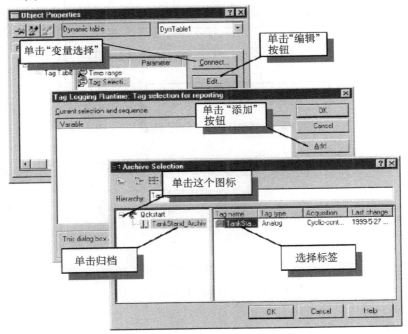

图5-55　连接变量

单击"属性"选项卡，单击📌图标；用鼠标右键单击表格以外布局中的空白区域，编辑布局的属性；在浏览器窗口中，单击"Geometry"（几何形状），然后在数据窗口中选择合适的纸张大小，然后单击"OK"（见图5-56）。

单击符号💾，保存页面布局，关闭报表编辑器。

4. 设置打印作业参数

为了打印输出变量记录运行报表，打印作业参数需要在 WinCC 任务管理器中事先设置。

在 WinCC 资源管理器的浏览器窗口中，用鼠标右键单击"Print job"（打印作业），在数据窗口中，用鼠标右键单击"Report Tag Logging RT Tables"。从快捷菜单中选择"Properties"（属性）选项，打开"Print Job Properties"（打印作业属性）对话框，如图 5-57 所示，在下拉列表中选择布局的"TagLogging.rpl"，标记"Start Time"（起始时间）复选框。

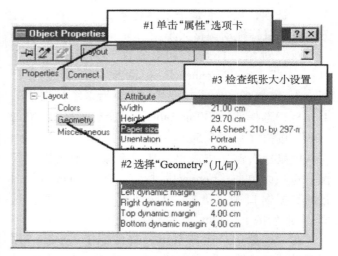

图 5-56 布局的属性

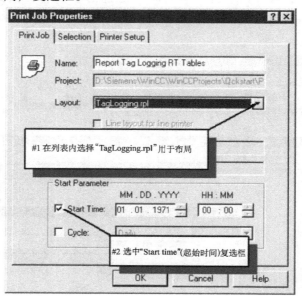

图 5-57 设置打印作业属性

单击"Printer Setup"（打印机设置）面板的选项卡，从下拉列表中选择打印机，单击"OK"按钮。

5. 激活项目

单击资源管理器工具栏上的"激活"按钮，WinCC 项目运行时，可以使用 WinCC 提供的变量模拟器来给变量赋值，并进行报表打印。

单击 Windows 任务栏上"WinCC 资源管理器"，用鼠标右键单击前面组态的"@ Report Tag Logging RT Tables"，在快捷菜单中选择"Preview print job"（预览打印作业）菜单项，如图 5-58 所示。

在预览窗口中，可通过"放大""缩小"或"双页"来改变显示（见图 5-59）。

单击"Print"按钮，文档即可打印输出。

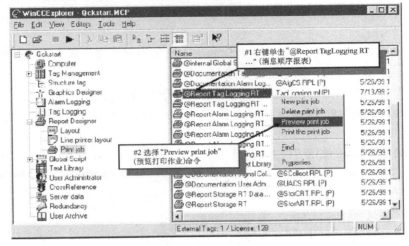

图 5-58 预览打印作业菜单项

图 5-59 预览打印作业对话框

四、WinCC 与 STEP7 的关系——全集成自动化概念

随着自动化技术的不断发展和计算机技术的飞速进步，自动化控制的概念也发生着巨大的变化。在传统的自动化解决方案中，自动化控制实际上是由各种独立的、分离的技术、不同厂商的产品来搭配起来的。比如一个大型工厂经常是由过程控制系统、可编程序控制器、监控计算机、SCADA 系统和人机界面产品共同进行控制的。为了把所有这些产品组合在一起，需要采用各种类型、不同厂商的接口软件和硬件来连接、配置和调试。

全集成自动化思想就是用一种系统或者一个自动化平台完成原来由多种系统搭配起来才能完成的所有功能。应用这种解决方案，可以大大简化系统的结构，减少大量接口部件，应用全集成自动化可以克服上位机和工业控制器之间、连续控制和逻辑控制之间、集中与分散之间的界限（见图 5-60）。

同时，全集成自动化解决方案还可以为所有的自动化应用提供统一的技术环境，这主要包括：

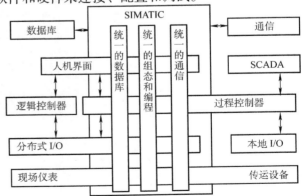

图 5-60 全集成自动化概念

1）集成的组态和编程。

2）集成的数据管理。

3）集成的通信。

通过全集成自动化，用户能恰到好处地利用它们的控制系统技术，也就是将 PLC、工业计算机、分布式 I/O、过程控制系统等集成到一起。

SIMATIC WinCC 是全集成自动化解决方案的一个组成部分，在逻辑上是连续的，具有统一的 SIMATIC 组态软件，并使 STEP7 软件和 WinCC 组态的连接更为紧密，表现在以下几方面：

1. 在 WinCC 中直接使用 STEP7 符号

标签是控制系统和可视化进行通信的基础，在通常的应用场合，相同的标签要定义两次，这往往导致大量并不需要的组态工作量而且重复定义容易引发错误。

WinCC 可以直接访问 STEP7 符号变量，也就是说用户需要一次性地输入标签数据，然后保存在一个集中的存储区域。这样不可能会发生错误的寻址，用户只需在集中的存储区域进行更改（见图 5-61）。

2. 从 WinCC 画面中直接启动 STEP7 硬件诊断

用户使用硬件诊断功能从 WinCC

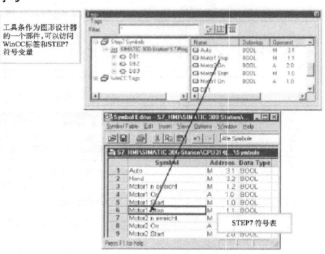

图 5-61　在 WinCC 中直接使用 STEP7 符号

画面中直接启动 STEP7 诊断程序。图 5-62 为一个自由组态的事件，STEP7 为其所连接的控制器启动"Diagnose Hardware"（硬件诊断）功能。

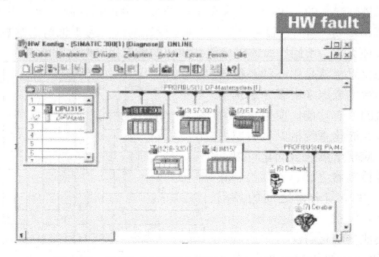

图 5-62　从 WinCC 画面中直接启动 STEP7 硬件诊断

3. 从 WinCC 中调用 STEP7 功能块

在 WinCC 中直接调用 STEP7 功能块，WinCC 画面直接可以连接到相关的 STEP7 逻辑。从 WinCC 画面进入 STEP7 符号，该符号通过内部连接到相关的 WinCC 对象，然后经由该对象返回到 WinCC 画面。

4. 使用 WinCC/ProAgent 过程诊断工具

WinCC/ProAgent 用于精确地对机器设备进行过程故障诊断。由于是全集成的 SIMATIC 过程诊断功能，ProAgent 提供基于 STEP7、S7-PDIAG 和 S7-GRAPH 工程工具以及 SIMATIC S7-300/400 和 WinAC 控制系统的用户友好的方案。ProAgent 具有以下的优点：

1）精确和快速地对机器或设备进行过程故障诊断。

2）对 SIMATIC 部件进行标准化的诊断。

3）诊断功能不需要额外的组态。

4）减少对控制器、存储器容量的要求并缩短执行时间。

第三节　其他几种监控组态软件介绍

一、iFIX 软件

iFIX 是 Intellution Dynamics™工业自动化软件解决方案家族中的 HMI/SCADA 解决方案，用于实现过程监控，并在整个企业网络中传递信息。基于组件技术的 Intellution Dynamics 还包括了高性能的批次控制组件、软逻辑控制组件及基于 Internet 的功能组件。所有组件能无缝地集成为一体，实时、综合地反映复杂的动态生产过程。

iFIX 基于多种工业标准之上，使系统具有易用性和扩展性，极大地方便了系统集成。

1. 全局技术

iFIX 的全局技术使得对一点的修改可以在整个应用内发生作用，减少开发时间。全局技术包括全局变量、全局颜色变化表以及全局 VBA 子程序等。

2. 即插即解决技术（Plug and Solve）

这是 Intellution 公司的专利技术，是微软组件对象模型（COM）的应用，Intellution 公司的产品可以方便地集成其他第三方的 COM 组件，用户可根据需要把最优秀的第三方组件集成于整个系统中。

3. iCore 框架

iCore 是 Intellution Dynamics 组件的技术核心，是 Intellution 公司特有技术和微软 DNA 技术相结合而形成的工业标准框架，包含了 VBA 6、OPC、ODBC/SQL、备份和恢复以及安全容器等技术。

iFIX 提供真正的分布式、客户/服务器结构，为系统提供最大的可扩展性。无论是 Server 和 Client 功能运行在单一计算机，实现简单的单机人机界面（HMI），还是网络复杂的分布式多 Server 和多 Client 数据采集和控制系统，iFIX 都可以保证优异的性能。

SCADA Server 直接连接到物理 I/O 点，并维护过程数据库。过程数据库中有多种功能块可供选择，包括模拟量、数字量输入/输出块、计算块、报警块、累计块、计时器块、连续控制块、统计块及 SQL 功能块等。无论 Intellution 客户端应用，还是第三方或用户自定义应用均可读取 SCADA Server 实时数据。Intellution 客户端应用包括实时动态画面、趋势、报表、批次控制和 MES 等。这些应用既可以与 SCADA Server 运行在同一台计算机上，也可通过局域网、Intranet、Internet 分布在网络中不同的 Server 或 Client 节点上运行。

二、Citect 软件

Citect 是由 Ci Technologies 公司开发的组态软件，它是由一批承担过工程项目的工程师们开发出来的，现在已得到了全世界公认，已被广泛应用于全球工业控制的各个领域中。从 Citect 问世以来，就以一种简单、集成的方案，低廉的成本处理来自整个工厂的所有控制和监视需求。Citect 具有独特的"可伸缩结构"，并且可以快速安装及易于管理。其主要特点如下：

1. 快速系统开发

直接从 PLC 程序级输入标签定义，可以有效地缩短开发时间。这一功能节约大量组态时间，同时消除记录错误，达到快速、便捷和准确。Citect 可以自动更新标签，确保与控制器同步进行，并保护数据的完整性。

2. 全面网络支持

不管是模拟 Modem 拨号上网，还是宽带接入，Citect 都能应用自如。Citect 支持当前几乎所有的上网连接方式，包括 PSTN、ISDN、ADSL、FTTB、DDN，甚至是 Cable Modem，Citect 通过透明化网络之间的物理连接，使得站与站之间的过程数据交换畅通无阻。

3. 灵活修改系统

利用第三方应用程序增加系统功能：灵活的 ActiveX 扩展功能利用加入 ActiveX 容器技术，Citect 的用户可以通过将一些诸如文件、录影和分析应用模块的"对象"直接嵌入 Citect 的方式扩展系统的功能。

4. 监控远程设备的经济型方案——拨号 I/O

便利的拨号 I/O 功能使监控远程设备的工作更加容易和经济，尤其对一些远程连接费用极其昂贵的监控系统具有更大的经济效益。

Citect 是基于 Windows 平台上的工业软件系统，从 OEMS HMI 解决方案到世界上最大的以 PC 为基础的 SCADA 系统，Citect 都得到了广泛的应用。

三、RSView32 软件

RSView32 是基于 Windows 环境的工业监控软件，可以与各类 PLC 建立通信连接。

作为人机监控软件 HMI，RSView32 首先采用了以下技术：

1）全面支持 ActiveX 的技术，使得用户可以在显示画面中任意简单地插入 ActiveX 控件，用来丰富应用。

2）开发了 RSView32 的对象模型 Object Model，使得用户可以简单地将 RSView32 和其他的基于组件的应用软件互操作或者集成应用。

3）集成微软的 Visual Basic for Applications（VBA）作为内建的脚本语言编辑器，可以随意定制开发后台应用程序。

4）同时支持 OPC 的服务器和客户端模式，既可以通过 OPC 和硬件通信，又可以向其他软件提供 OPC 服务。

5）第一个支持附加件结构 AOA，用户可以将其他的功能模块直接挂接到 RSView32 的核心上去一体应用。

用户还可以利用远程客户扩展应用 RSView32。

1）RSView32 Active Display System 是用于 RSView32 的客户/服务器应用。利用这个系统，从远程客户端高效、实时地监控现场的设备运行状况，不但可以读取到实时的数据变化，也可以控制现场。

2）RSView32 WebServer 对于有权限用户提供了不限客户连接数的基于网络浏览器（任何支持 HTML、在任何平台下包括 Linux/UNIX 等的浏览器）的远程监控方案，可以在远程看到现场的画面、参数值及报警等。

RSView32 利用附加件结构 AOA，重新定义了"监控软件核心功能"的概念，因为通过 AOA，监控软件的功能可以通过非常简单的方法不断地得到扩充。AOA 是对 RSView32 功能的延伸，用户还可以通过扩充不同的功能模块来形成自己最需要的应用环境。

四、TRACE MODE 软件

TRACE MODE 是由 AdAstrA Research Group 公司开发的监控组态软件，将 SCADA 与软逻辑（Softlogic）集成为一体，有许多独到之处。

TRACE MODE 的功能包括：PLC 编程、数据采集、过程控制、HMI、生产管理以及与企业的高层数据库交换数据。

1. 设备结构

TRACE MODE 由仪器系统和 Run-Time 执行组件构成，借助仪器系统可以实现所有创建于 TRACE MODE 的设计方案，执行组件用于 TRACE MODE 仪器系统设计的实际时间的启动，由于在分别配置的 TRACE MODE 工艺流程自动化控制系统中的作用，Run-Time 系统具备各种功能。

2. TRACE MODE-5 的体系构成

TRACE MODE-5 创建在用户发生器的基础上，设置在 Windows NT/2000 环境下，配置通用型 DCOM 载体。TRACE MODE 组件与控制器、单独的附件、资料库之间通过标准的 DCOM、OPC、DDE、SQL/ODBC 接口实施连接。因此，单独的系统组件互相之间容易耦合，而建立在 TRACE MODE 基础上的工艺流程自动化控制系统支持开发行业信息系统并使其整体化。

3. 完整统一的信息空间

TRACE MODE 是一种用于整个企业规模的综合信息系统配置的大功率仪器。由于 DCOM、OPC、ActiveX、SQL/ODBC 和 DDE 的支持，TRACE MODE 能保障企业自动化管理系统的信息系统，在起主导作用的资料管理系统的基础上，进行简单集成（例如 Oracle、Informix、Sybase、SQL Server、Access 以及其他种类）。

4. 开放式系统

程序连接线路的接口为开放式，除此之外，对于 OPC 和 DDE 用户/驱动器也予以支持。因此，TRACE MODE 在任何一种控制器上都比较容易协调，无论是俄罗斯的产品，还是其他国外的产品。对于非标准装置，使用者可以独立设计程序驱动器。可以通过 SQL/ODBC、DDE/NetDDE、OPC 等，从 TRACE MODE 向任何一个资料库或电子表格输出资料。

五、InTouch 软件

InTouch 软件是 Wonderware 公司开发的人机接口软件。它为工程师提供了一种易用的开发环境和广泛的功能，使工程师能够快速地建立、测试和部署强大的连接和传递实时信息的自动化应用。InTouch 软件是一个开放的、可扩展的人机界面，为定制应用程序设计提供了灵活性，同时为工业中的各种自动化设备提供了连接能力。

InTouch 包含几个组件，它们分别实现可视化、设计和展示、与外部组件/系统的数据访问扩展、历史、事件处理、报警记录、以及报表和分析工具。InTouch 的易开发性可支持用户迅速便捷地创建复杂的、强大的操作员界面显示。其功能和特点如下：

1. 开放易用的开发环境

Wonderware 利用了人们在通信技术中的现有标准，并把它们与微软的未来技术相结合，为应用开发人员提供了一个更加开放和易用的开发环境。InTouch 支持所有最新的工具，包括 ActiveX、OPC、Wonderware 的 SuiteLink 以及标准的 DDE。

InTouch 是一个 ActiveX 容器，允许 InTouch 用户安装第三方 ActiveX 控件，并且只需经过简单的单击配置就可以在任何应用窗口中使用这些控件，根本不需要编程。如果想方便地使用已经安装的 ActiveX 控件，操作人员可以把它们加入到自己的 WindowMaker 中。用户可以使用 ActiveX 控件处理控件事件，调用控件方法，以及设置和获取控件属性等，而这些操作都可在 InTouch QuickScripts 中完成。用户还可以把 ActiveX 控件直接与 InTouch 标记名称相关联。

2. 设备集成（I/O）

Wonderware 公司和100多家第三方开发公司合作，提供了各种32位 I/O Server，这些开发公司包括 Allen – Bradley、Siemens、Modicon、Opto 22、Square D 等。所有 Wonderware Server 都提供了微软 DDE 通信功能，以及可以用来与任何 Windows 应用程序通信的 Wonderware 的 SuiteLink 协议。FactorySuite 工具箱还允许用户开发新的、私有的 I/O 或 SuiteLink 服务器。Wonderware 支持进程控制规范的 OLE。InTouch 和所有其他的 FactorySuite 组件都是一种 OPC 客户机，因而可以与任何 OPC Server 一起使用。Wonderware 的新通信协议 SuiteLink 支持在客户机和 I/O Server 之间传递应用级命令（读、写和更新）和相关的数据。

3. 体系结构

（1）自动备份应用程序　当需要为新版的 InTouch 转换现有应用程序时，这种备份特性可以保护运行在以前版本软件系统上的旧应用程序，防止它们被覆盖。如有必要，用户可以从备份的数据中恢复为原来的系统。

（2）动态网络应用开发　NAD 允许在中央网络服务器上保存 InTouch 应用程序的一个主副本。每个视图节点都可以从该服务器上装载网络应用程序。系统将把这种应用程序复制到视图节点上，并从一个用户定义的位置上运行该应用程序。如果主节点发生故障，WindowViewer 节点可以使用存储的应用程序继续工作。在主节点恢复后，系统可以无缝透明地重新连接它。用户可以配置 NAD，使其允许在线更改。此时，只有改变的窗口需要重新编译。

（3）标记名称浏览器　标记名称浏览器允许用户从任何 FactorySuite 应用中选择标记名称和标记名称域，例如另一个 InTouch 节点、InControl、InBatch、Industrial SQL Server、或者支持 InTouch 标记名称字典的任何其他标记名称源。

（4）应用资源管理器　应用资源管理器可以为所有脚本加入直接访问功能，这种特性使访问脚本功能变得更加便捷。在应用资源管理器中，所定义的所有脚本功能都会显示在各自类别的"脚本"子树下。

六、"组态王"软件

"组态王"软件作为微机上建立工业控制对象的人机接口的一种智能软件包，它以 Windows 中文操作系统为其操作平台，充分利用了 Windows 的图形功能完备、界面一致性好、易学易用的特点，使采用微机开发的系统工程比以往的使用专用机开发的工业控制系统更有通用性，大大地减少了工控软件开发者的重复性工作，并可运用微机丰富的软件资源进行开发。其主要功能如下：

1. 功能完善、结构组织灵活

该软件采用全新中文 Explorer 界面并拥有丰富的绘图工具、庞大的图形库（包括大量工业标准元件）、支持多媒体、支持 ODBC 数据库、提供功能强大的控件和控制语言、操作导向，使用灵活、方便，尤其提供给用户以方便的集成开发环境，它可使开发者快速构造应用系统，通过工程浏览器查看工程的各个部分，完全能满足用户所需的测控要求。

2. 强大的通信能力和良好地开放性

"组态王"可以与一些常用 I/O 设备直接进行通信，I/O 设备包括可编程序控制器（PLC）、智能模块、板卡、智能仪表等。"组态王"的驱动程序采用 ActiveX 技术，使通信程序和"组态王"构成一个完整的系统，保证运行系统的高效率。为了方便用户使用，"组态王"中增加了设备配置向导，用户只需要按照配置向导的提示就可以完成 I/O 设备的配置工作。在系统运行的过程中，"组态王"通过内嵌的设备管理程序负责与 I/O 设备的实时数据交换。已配置的 I/O 设备在工程浏览器的设备节点中分类列出，用户可以随时查询和修改。

"组态王"与 I/O 设备之间的数据交换采用以下 5 种方式：串行通信方式、DDE 方式、板卡方式、网络节点方式和人机接口卡方式。

3. 丰富的画面显示和组态功能

"组态王"提供给用户丰富、方便的作图工具，提供了大量常用的工业设备图符和仪表图符等，有十几个图库多达几百种组件，大大方便了用户开发工程界面。利用图库的开放性，工程人员可以生成自己的图库元素，它还提供了实时和历史趋势曲线与报警窗口等。

4. 多任务的软件运行环境

"组态王"软件是真正的 32 位程序，支持多任务、多线程，运行于 Windows 98/Windows NT 4.0 之后的 32 位平台，充分利用面向对象的技术和控件动态连接技术，如棒图控件、温度曲线控件、窗口类控件、多媒体控件等。它提供良好的显示画面和编程环境，从而方便灵活地实现多任务操作。

5. 网络功能

"组态王"可运行在基于 Ethernet 网络结构和 TCP/IP 网络协议网上，在此网络中，直接参与现场控制的 PC 作为网络服务器，其他站点作为网络客户机，它可共享服务器中的数据。

"组态王"通用版 6.5，新增主要功能：支持大画面和导航图功能；采用高速历史库；提供专用拨号网络功能；采用分组式发布和浏览；独立的安全管理；支持 IE 端的报表查询和打印；支持 IE 端的数据下载。

七、力控组态软件

力控组态软件是一个面向方案的 HMI/SCADA 平台软件，它基于流行的 32 位 Windows 平台，丰富的 I/O 驱动能够连接到各种现场设备；分布式实时数据库系统，可提供访问工厂和企业系统数据的一个公共入口；内置 TCP/IP 的网络服务程序，可以充分利用 Intranet 或 Internet 的网络资源。

1. 面向 Internet/Intranet

增强的 Web 功能和 Internet/Intranet 浏览器技术，直接支持多文档。

2. 数据库管理器

重新设计的实时数据库管理器，全屏浏览编辑，组态过程更加方便、灵活、高效。

3. 报表

自由式万能报表功能，可以创建出任意类型的报表，并在报表上显示、打印任意点的实时数据及任意时刻的历史数据，具有电子表格般的强大魅力。

4. 内置数据表

新增内置数据表，具备标准关系数据库所具有的基本特征和功能，免去在向管理信息系统延伸时必须捆绑各种关系数据库所带来的烦恼。

5. 图形

改进的渐进色、立体风格；重新设计的图库，任意拖拽不变形，使工程画面精益求精。

6. 冗余

完整的系统冗余解决方案，保障用户的投资，提高生产回报率。支持报警、历史数据和时钟的同步。主从热备系统中，从机不仅可以监视，还能够进行控制。

7. I/O

丰富的 I/O 设备驱动支持，能够连接到各种现场设备。增强的 I/O 框架，增加了 I/O 冗余，更好的开放性和灵活性，同时提供开放式的 I/O 开发 SDK 及源码。

8. 脚本

类 BASIC 脚本语言，支持分支、循环、多分支等程序结构，具有数据改变、条件、鼠标/键盘、进入/退出、计时/定时等多样的程序触发方式，提供 SQL 查询、设备操作、数学运算、系统信息、配方管理、字符串操作、Windows 控件、内置数据表等丰富的脚本函数。

9. 通信

全面支持 OLE、ActiveX、DDE，完整的 OPC Client，标准的 SQL/ODBC API 接口；精确的内部时钟系统，调度周期可精确至 1ms；更快的网络通信速度，以满足构建大型、复杂 SCADA 系统的需求。力控提供多种通信方法，除 TCP/IP 网络通信组件外，使用力控远程拨号通信组件，可以实现对远程现场生产过程的实时监控，本组件不仅支持模拟通信方式，还支持 ISDN 数字通信方式，以满足高速远程通信的需求。力控串行通信组件可以实现两台计算机之间的低成本通信。采用 RS-232C/422/485 接口，可实现一对一（1:1 方式）的通信；如果使用 RS-485 总线，还可实现一对多台计算机（1:N 方式）的通信，轻松组建 RS-485 工业总线网。

思考题与习题

5-1 监控组态软件有哪些特点？主要解决哪些问题？

5-2 监控组态软件的系统结构主要包括哪几部分？

5-3 监控组态软件 WinCC 的性能特点是什么？

5-4 说明监控组态软件 WinCC 的系统结构。

5-5 熟悉监控组态软件 WinCC 的使用方法和操作步骤。

5-6 说明监控组态软件 WinCC 的和 STEP7 软件的关系。

5-7 了解其他几种监控组态软件的基本情况。

第六章　基于 PC 的自动化系统及其软件

本章介绍了基于 PC 的控制技术及其发展，将基于 PC 的 PLC 与传统 PLC 进行对比，通过实例详细说明了 SIMATIC WinAC 软件的组成、功能及使用方法，最后简要介绍 TwinCAT、VLC 和 KingACT 等几种基于 PC 的控制软件。

第一节　基于 PC 的自动化系统

在技术和经济全球化的时代，提高产品技术含量、减少资金投入、缩短工程处理时间等成为用户不断追求的目标，对于系统处理速度、开放性等方面的要求也越来越高。而要实现这些目标，就需要采用新的技术，不断改进软件和硬件，如采用基于 PC 的控制，将 PC 的高速处理性能和良好的开放性引入控制领域。

自 20 世纪 70 年代以来，PLC 逐步替代原有的继电器控制系统，广泛应用于各种控制领域。自从 PC 被引入控制系统，其功能不断发生变化，由初期的人机界面功能逐步增加报警、报表、数据库、网络等功能。现在许多应用场合，PC 实现 PLC 的控制功能，即基于 PC 的控制。同时，由于传统的 PLC 在功能方面的改进较之 PC 的发展而言是难以比拟的，传统的 PLC 控制系统难以实现或无法实现的功能，采用基于 PC 的控制将变得非常容易，如复杂算法控制以及管控一体化等。

一、基于 PC 的控制及其发展

（一）基于 PC 的 PLC 的含义

以 PC 为平台的 PLC 称之为基于 PC 的 PLC，就是将 PC 的软、硬件与控制软件集成在一起，既具有传统 PLC 的功能，又具有 PC 的操作监视和管理功能。

基于 PC 的 PLC 综合了计算机和 PLC 的优点，将控制器、通信、人机界面以及其他各种特殊功能集为一体，不仅简化了自动化系统的体系结构，而且可以最大限度地利用 PC 日新月异的软、硬件发展成果，其发展前景是很吸引人的。但这并不意味着 PC 控制将取代 PLC 控制，PC 控制只是提高了 PLC 的控制水平和操作水平，而不是替代 I/O 模块。I/O 模块仍然是 PLC 的基础，可以将第三方的 I/O 模块或 I/O 设备通过现场总线或传统控制网络与 PC 集为一体，构成开放式的控制系统。

（二）基于 PC 的 PLC 与传统 PLC 的对比

由于 PLC 是一种通用的控制器，作为就地控制装置有其局限性，需做许多硬件和软件上的改进工作；而基于 PC 的 PLC 的开放性无疑是新一代控制系统的重要特征，并且比硬件 PLC 兼容性更好。与传统的 PLC 相对比，其主要优势在于：

1）将自动化的传统工艺与 IT 新技术有机结合，用户可以不断提高控制水平、提高生产率、降低成本。

2）集成统一的数据库、统一的编程工具、统一的通信网络，为用户提供基于 PC 平台的一体化的解决方案。

3）简化了系统的网络体系结构和设备设计，提高了系统的通信效率，降低了硬件和备件投资，易于调试和维护。

4）其一体化设计大大提高了控制器、人机界面和网络部件的数据交换速度。

5）有高度兼容性，便于工程师针对不同用户需求和应用场合灵活选择 PLC 或 PC 的解决方案，无需对程序进行任何修改。

6）易学易用，熟悉的 PC 和操作系统，简单的系统和网络结构，方便的编程和组态软件，用户可在最短的时间内轻松掌握。

7）有明显的性价比优势，其集成简单和开放的特点使用户的工程、维护、培训和备件的费用大大降低。

（三）基于 PC 的自动化系统的发展趋势

采用 PC 作为工业控制器所带来的高性能、开放性、易于学习和维护的特点可满足用户不断增长的提高生产率、降低成本和企业电子商务发展的需求。

从控制需求角度来看，越来越多的大量和快速数据处理的功能加入到单纯的控制任务中。基于 PC 的自动化系统充分利用 PC 中 CPU 的超强功能，在数据处理、用户算法和多回路调节的控制任务中以一当十，大大提高了控制器、人机界面和网络部件的数据交换速度。

从投资角度来看，迫切需要提高系统集成度以降低硬件投资和维护费用。与传统的 PLC 解决方案相比，基于 PC 的自动化系统有明显的性价比优势。PC 的开放性保证了不同硬件和软件产品可以非常方便地集成于一个解决方案中。人们可以自由选择更多、更好的产品来提高控制系统性能。

从企业信息化的需求来看，基于 PC 的自动化系统实现了控制领域和办公领域的结合，采用已有的操作和通信标准便可方便地建立控制与管理之间的桥梁，可非常方便地集成 MES、ERP 等系统。

随着基于 Windows NT/2000 的实时扩展内核技术的成熟，解决了软 PLC 的"硬实时""抗死机"等关键性问题；插槽型控制器通过 ISA 或 PCI 接口连接 PC，选用独立电源模板，无需额外扩展插槽，可在 PC 断电后保持正常运行，帮用户彻底解决了后顾之忧。

目前，基于 PC 的自动化系统与 PLC 的应用范围是一个相互交叉的集合。在操作安全性非常重要的场合，PLC 仍扮演非常重要的角色；在逻辑控制与运动控制、视频处理和快速 I/O 板卡的信号处理相集成的应用场合，基于 PC 的自动化系统是不可替代的；在大量数据处理和复杂算法、控制集成人机界面和管理系统等 PC 的优势强项领域，在今后，传统的 PLC 解决方案将会更多地被基于 PC 的解决方案所代替。基于 PC 的自动化系统将占据整个控制器市场的更多份额。

二、基于 PC 的自动化系统产品——SIMATIC WinAC

SIMATIC WinAC 是 Siemens Automatic Windows Automation Center 的缩写，在功能和产品系列方面与其他基于 PC 的控制产品均有所区别。WinAC 不是简单地将 PLC 替换为 PC，而是将 PLC 和 PC 的功能相结合，包括控制功能、通信功能、可视化功能、网络功能以及工艺技术功能等。这种结合突破了传统 PLC 开放性差、硬件昂贵、开发周期长、升级困难等诸多束缚。该系列产品包括 WinAC 基本型、WinAC 插槽型、WinAC 实时型和 WinAC 嵌入型等。

（一）WinAC 的功能

1. 控制功能

WinAC 控制功能是指用户使用普通 PC 或工业 PC 完成 PLC 的控制功能。

WinAC 基本型和 WinAC 实时型提供软件 PLC，采用 PC 的资源（如 CPU、内存、硬盘等）来实现控制要求；WinAC 插槽型提供硬件 PCI 插卡型 PLC，控制性能与 S7-400 系列 PLC 中的 412-2DP/416-2DP 相同。

2. 计算功能

WinAC 提供标准 ActiveX 控件作为标准化的软件包（如 MS Visual Basic 或 Office）对过程数据进行实时存取。控件包括按钮、数值显示、诊断、数据链接等，用户对过程创建显示和控制，只需自行设定参数，而无需编程。同时，WinAC 内置 Software Container（ActiveX 容器）用于集成自带的和第三方的 ActiveX 控件，可以完成简单的过程显示和操作功能，无需任何编程。

3. 可视化功能

WinAC 提供两种与监控组态软件相连接的方式：通过 SIMATIC 软件之间的内部集成，WinCC 和 ProTool/Pro 是 WinAC 最优化的数据存取和可视化工具；使用 WinAC 内置的 OPC（用于过程控制的 OLE）服务器与任何第三方监控组态软件软件集成。

4. 网络功能

WinAC 提供连接 PROFIBUS-DP 通信板卡的驱动程序，用于连接远程 I/O 或远程编程调试装置，同时可以应用现成的 PC 技术实现与办公网络的连接。

5. 工艺技术功能

对于用户的特殊工艺要求，可配合相应的功能模块来实现，或使用 VB、VC、JAVA 等高级语言编程，由 WinAC ODK（开放的开发工具）进行集成。

（二）WinAC 的特点

1. 提高处理性能

众所周知，PC 与 PLC 相比，在 CPU、内存等方面具有明显优势，当进行数据处理时，尤其在模拟量运算以及用户控制算法方面上，PC 的运算性能通常可以达到 PLC 的 10 倍或更高。WinAC 基本型和 WinAC 实时型利用 PC 资源进行控制和运算，用户在编程时具有更多的灵活性，而不用担心程序超出内存容量等问题。例如编制多回路控制系统时，PLC 由于受到内存和运算速度等方面的限制，PID 回路数通常有严格限制，如 16 路或 32 路，控制性能也不是非常理想；而基于 PC 的控制可以在一台 PC 上实现超过 50 个 PID 回路的控制。

2. 满足实时性能

传统的 PLC 具有硬实时特性，可以保证 I/O 扫描周期及中断的响应；而 PC 采用的 Windows NT/2000 操作系统，并不是实时系统，中断的响应时间或任务的执行周期具有不确定性。但是随着技术的发展，PC 已具有比 PLC 更好的硬实时特性。PLC 中每个扫描周期是固定的，包括 I/O 映像区刷新、程序从开始到结束每个梯级的扫描（类似于硬件接线方式）等，同时扫描周期要至少 10 倍于最快的事件处理时间要求。在 PC 中，如果采用功能块或流程图编程时（WinAC 支持上述编程方式），程序的执行是基于中断或 I/O 的变化，而不用执行所有的程序，这样就大大节省了扫描周期。另外许多实时操作系统（RTOS）也保证了系统的精确性，Window CE 3.0 的出现使基于 PC 的控制在实时性方面更进一步，经测试，Windows CE 3.0 在实时性方面比任何 PLC 都强，可保证读写周期和程序循环周期更精确。

WinAC 插槽型 PLC 在主板集成了 PLC 的 CPU、通信端口等，所有控制任务均在 WinAC 插槽型 PLC 中运行，与传统 PLC 的实时特性完全一样。

WinAC 实时型（WinAC RTX）采用 VenturCom 公司提供的实时操作系统作为 Windows NT 的扩展，具有"硬实时"的特性。同时 WinAC RTX 3.1 版本采样"等周期"处理方式，如果远程 I/O 采取新的 ET200S 系列产品，I/O 的相应时间可精确到两个 PROFIBUS 循环周期。对于一些高速处理任务，如"飞剪"、包装机械、运动控制、冲压设备来说，是非常合适的解决方案。

WinAC MP 是基于 Windows CE 3.0 操作系统的软件型 PLC，在 MP370 上（预装 Windows CE 3.0，ProTool）运行，可保证系统对于实时性、精确性的要求。

3. 简化通信接口，降低网络负担

现在控制系统普遍要求网络通信功能或连接以太网，这促使许多 PLC 厂商添加类似 PC 的通信功能来保持竞争力，如以太网通信模板或端口。而 PLC 连接以太网时通常会造成系统造价升高，在技术方面也受到限制，如实现设备层与管理层数据通信时会造成瓶颈现象。相比之下，PC 在网络通信方面具有成本低、连接方便、技术开放等特点。WinAC 在一台 PC 中实现 PROFIBUS 和以太网的数据交换，应用程序与 PLC 的数据交换通过 PCI 背板总线（WinAC 插槽型）或内部软件接口（WinAC 基本型/实时型），不占用总线资源，消除瓶颈现象。

4. 易于集成用户控制要求

在许多控制系统中，如果采用 VB、VC、JAVA 等高级语言进行编程会非常简单。WinAC ODK 可以将用户编制的程序作为功能块嵌入到 PLC 程序扫描中，满足特殊控制场合的要求，例如快速 I/O、PID 算法、张力控制等。

5. 编程调试简单方便

WinAC 具有在线调试功能，编程人员无需连接 PLC 即可在本机实现 STEP7 程序、监控组态程序、通信程序的在线调试，极大地方便用户编制程序，缩短现场调试时间。同时，WinAC 具有文件归档功能，可将 PLC 程序、硬件配置等保存为 *.wlc 类型文件，系统重新安装时，PC 中无需用 STEP7 编程软件，只需简单的文件恢复即可。对于系统结构相同的 OEM 客户来说，该特性尤其重要。

6. 节约投资成本

在 PC 行业存在著名的摩尔定律：每 12 个月左右，PC 的性能将提高一倍，同时其价格降低一半。采用基于 PC 的控制时，硬件系统可以与最先进的技术保持同步。PLC 产品在开发完成以后，通常会多年保持性能不变，与 PC + PLC 系统相比，基于 PC 的控制可节省 PLC 的 CPU、电源、框架、控制柜以及接线等方面的投资，在价格上有一定的优势。除此之外，更明显的优势在于软件编程等方面，由于 WinAC 产品包括了 OPC 服务器、用于连接 PC 应用程序的 ActiveX 控件、通信卡的驱动程序等，用户可以非常方便地编制上位机程序、实现以太网通信，大大节省了编程、调试、系统维护等方面的费用。

7. 节省安装空间

基于 PC 的自动化系统节省现场的 PLC、电源、框架等设备，对于控制距离较长（如汽车生产线）或单机设备（如注塑机）等情况，采用 WinAC + 远程 I/O 结构，可以大大节省安装空间。

第二节　WinAC 软件的使用方法

一、WinAC 的组成

WinAC 是西门子公司基于 PC 的自动化解决方案，主要产品包括 WinAC 基本型、WinAC 插槽型和 WinAC 实时型。WinAC 基本型（WinAC Basis）属于基于 Windows NT 的纯软件 PLC 解决方案，用于常规 PLC 控制系统且需要处理大量数据的场合；WinAC 实时型（WinAC RTX）为带实时扩展的软件 PLC，用于实时性、确定性要求非常高的控制场合，如运动控制、快速控制等；WinAC 插槽型（WinAC Slot 412/416）是基于 PC 的插槽型硬件 PLC，可以独立于 Windows 操作系统及 PC（带电源扩展板），在功能上与 S7-400 的 CPU412/416 相同，稳定性强，适用于实时性、安全性、可靠性要求均较高的场合。

以下按照 WinAC 基本型、WinAC 插槽型和 WinAC 实时型分别介绍其软、硬件组成。

（一）WinAC 基本型（WinAC Basis）的组成

WinAC Basis 软件主要由以下三部分组成：

1. 视窗逻辑控制器（Windows Logic Controller，WinLC）

用户使用普通 PC 或工业 PC 通过视窗逻辑控制器（WinLC）完成 PLC 的控制功能。

WinLC 是 S7 控制器家族中基于 PC 的逻辑控制器，它与 SIMATIC 系列产品的自动化工具完全兼容，如编程软件 STEP7、监控组态软件 WinCC ProTool/Pro 等。

2. SIMATIC Computing 软件

SIMATIC Computing 软件提供 Active X 控件，用于对过程的监视、创建显示画面等。通过 Computing 软件，用户将 S7 控制器和第三方的 Active X 控件连接起来，不仅可以用于监视，还可用于修改或处理过程数据。

3. 变量标签文件组态器（Tag File Configurator）

变量标签文件组态器用于建立变量标签文件，用户使用符号存取控制引擎内存中的数据和变量，可以同时存取多个控制引擎中的数据。

除了以上组成部分外，WinAC 还提供了组态工具、进行快速语言切换、支持旧版本应用程序、建立 OPC 通信等功能，通过工具管理器在 WinAC 使用时启动其他应用软件的快捷方式。

（二）WinAC 实时型（WinAC RTX）的组成

WinAC RTX（Windows Automation Center Real-time）包括下列几个部分：

1. 实时型视窗逻辑控制器（Windows Logic Controller Real-time，WinLC RTX）

实时型视窗逻辑控制器就像 PLC 一样去控制生产过程，其 PC 操作系统使用 Windows NT 4.0。WinLC 在实时子系统中执行用户程序，它与 NT 产生的故障相隔离，并对其性能进行了确实的改进。

WinLC RTX 是以 S7 家族控制器中的 PLC 为基础，与 SIMATIC 系列产品提供的自动化工具完全兼容，例如 STEP7 可编程软件以及 Windows Control Center（WinCC）软件等。

2. SIMATIC Computing 软件

SIMATIC Computing 软件提供 Active X 控件，用这些控件为生产过程创建一个完美的画面。Computing 软件可以使用 S7 的任何组合部件，以及第三方的 Active X 控件，不但可以显示画面，还可以对生产过程数据进行修改。

3. 变量标签文件组态器（Tag File Configurator）

Tag File 组态器生成标签文件，在访问的控制引擎存储区域内使用这些符号。标签文件还可以在同一时刻访问几个不同控制引擎中的数据。

除了以上组成部分外，WinAC 还提供一个组态工具，它可以快速地改变语言形式，并支持传统应用，建立 OPC 通信等。使用 WinAC 时，工具管理器（Tool manager）提供快速访问应用软件的功能。

（三）**WinAC 插槽型**（WinAC Slot 412/416）的组成

WinAC Slot 41x 由以下组件组成：

（1）Slot PLC "CPU 412-2 PCI" 或 "CPU 416-2 PCI"　两种 CPU 来自基于 PC 应用的 S7-400 产品系列。

（2）可选的 PS 扩展电路板（PS 即电源）　提供独立于 PC 的电源。

（3）控制面板　在屏幕上显示 CPU 41x-2 PCI 控件。

（4）路由器　通过 SIMATIC NET CP（工业以太网或 PROFIBUS）或网卡与 CPU 41x-2 PCI 进行通信。

（5）时间同步　通过 SIMATIC NET CP（工业以太网或 PROFIBUS）与 CPU 41x-2 PCI 同步。

（6）SIMATIC Computing 软件　提供专门用于过程的可视化的 Active X 控件。在 SIMATIC Computing 中，用户可以将第三方控件加入到 S7 控件的行列中监视和修改过程数据。其中包括一个 OPC 服务器，其他 OPC 应用可以用此来访问控制设备中的数据。

（7）WinAC 工具管理器　这是一个工具条，用户可以将准备用于处理过程数据的应用加入其中。

从上文介绍可以看出，三种主要产品的组成部分比较相似，其功能以及使用方法也类似，下面以 WinAC 插槽型产品为例，介绍 SIMATIC WinAC 软件的功能和使用方法。

二、WinAC 的功能

WinAC 插槽型产品主要包含以下功能：

1. 带有 CPU 41x-2 PCI 的 WinAC Controlling 实现基于 PC 的控制

WinAC Controlling 是 WinAC Slot 412/WinAC Slot 416 的控制组件，集成在 PC 中执行传统的可编程序控制器的任务（见图6-1）。

WinAC Controlling 由 CPU 412-2 PCI 或 CPU 416-2 PCI 组成。

（1）CPU 41x-2 PCI 具有 PLC 的典型特征

1）按照命令热启动或完全重启动（利用 PS 电源扩展板）。

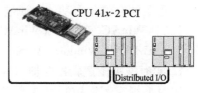

图6-1　插槽型 WinAC 中的 CPU 41x-2 PCI

2）具有实时响应时间的关键动作。

3）实时时钟。

4）利用后备电池进行数据备份（利用 PS 电源扩展板）。

5）独立于 PC 硬盘保存 PLC 程序的外部装入存储器。

6）集成 MPI 连接程序员进行技术服务，或用于编程、与其他站点联网。

7）集成的 PROFIBUS-DP 接口用于连接 I/O。

此外，还有连接 PC 应用的接口。

（2）插槽型 WinAC 的操作——控制面板 CPU 41x-2 PCI 的控制面板显示在 PC 屏幕上，该面板是 S7 CPU 的前面板模型，操作控制面板，完成 CPU 的实际功能（见图 6-2）。

从控制面板访问 PLC 具有口令保护功能，这样确保只有授权人员才能修改设置。

（3）编程 CPU 41x-2 PCI 的组态和编程方式与带有 STEP7 的 SIMATIC S7 相似，编程语言包括 LAD、CSF、STL、S7-SCL 和所有的图形编程语言 S7-GRAPH、S7-HiGRAPH 和 CFC 等。

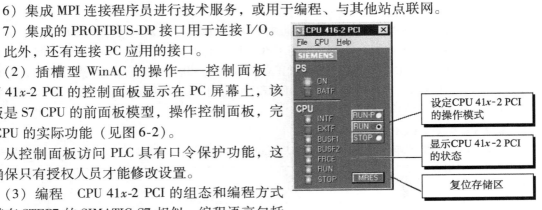

图 6-2　控制面板

2. 电源（PS）扩展板独立于 PC

如图 6-3 所示，PS 扩展电路板独立于 PC 电源，可以单独为 CPU 41x-2 PCI 提供电压，这样即使 PC 掉电也可以继续操作 CPU 41x-2 PCI。通过连接后备电池，可以对 CPU 41x-2 PCI 进行重启动和完全重启动。另外，用户还可以利用 PS 扩展电路板操作电扇。

3. CPU 41x-2 PCI 的通信选件

如图 6-4 所示，CPU 41x-2 PCI 可以选用如下通信选件：CPU 41x-2 PCI 带有一个 PROFIBUS-DP 接口和一个 MPI/PROFIBUS-DP 接口。

图 6-3　PS 扩展电路板

如果希望通过工业以太网或 PROFIBUS 子网进行通信，必须在 PC 上另外安装通信处理器（CP）。其他节点的通信选件如下：

1）通过集成接口与 PROFIBUS-DP 连接。

2）通过第二个集成接口与 MPI 或 PROFIBUS-DP 连接。

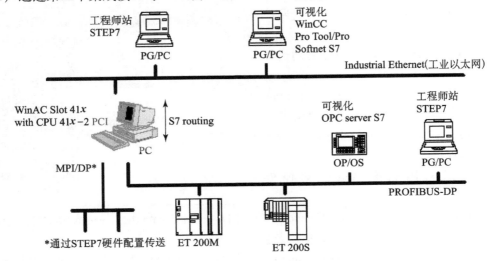

图 6-4　CPU 41x-2 PCI 的通信选件

3）通过 PCI 接口与 PC 连接。

4）通过通信处理器（CP）与另一个网络相连，例如工业以太网/PROFIBUS。

如果 SIMATIC Manager（STEP7）与 CPU 41x-2 PCI 安装在同一台 PC 上，需要注意的是，不能同时操作 CPU 41x-2 PCI 和通过工业以太网或 PROFIBUS 子网连接的 CPU，必须利用"设置 PG/PC 接口"为相应的 S7ONLINE 存取点的参数赋值（详见后文中"STEP7 与 CPU 41x-2 PCI 的在线连接"）。

4. CPU 41x-2 PCI 的时间同步

CPU 41x-2 PCI 利用中央日-时传输器与其他节点（例如 S7 组件）实现同步（见图 6-5）。

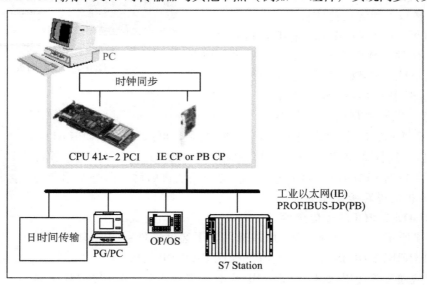

图 6-5　时间同步

PC 中的时间同步服务装置定时为 CPU 提供当前的日期和时间，日-时传输器在工业以太网或 PROFIBUS（IE/PB）上周期性地传输对时信号。

5. 用 SIMATIC Computing 创建对过程数据的存取

图 6-6 所示为利用 SIMATIC Computing 软件访问 CPU 41x-2 PCI，对过程数据进行监视和修改。SIMATIC Computing 提供多种方法存取过程数据：

1）可以利用标准 Active X 控件（OCX）存取过程数据。

2）利用 DCOM（Distribured Component Object Model）通过网络集成分布式应用装置。

3）利用 OPC（OLE for Process Control）服务器，其他 OPC 客户机可存取所控制的设备中的数据。

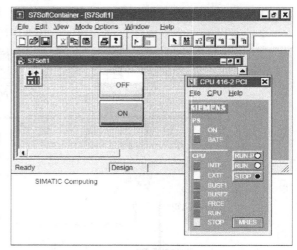

图 6-6　利用 SIMATIC Computing 访问过程数据

6. 用户通过标签文件使用过程数据符号

用标签文件（Tag File）组态器创建的标签文件，为存储器位置和控制引擎提供符号信息源，然后标签文件就可以在未安装 STEP7 的计算机上使用。

如图 6-7 所示，标签文件在 SIMATIC Computing 中给标签赋值后，便可用符号名代替绝对地址，利用 STEP7 符号存取控制引擎中的数据。

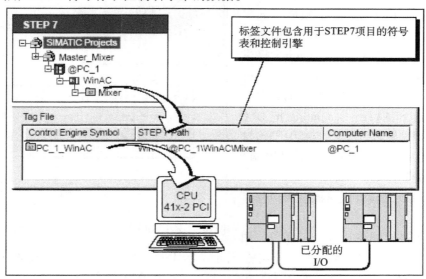

图 6-7　利用 STEP7 符号存取控制引擎中的数据

7. 用户通过标签文件访问多个控制引擎

多个 STEP7 程序可以映射到一个标签文件中，每个程序可以访问不同的计算机和控制引擎，这样 SIMATIC Computing 可以同时存取来自不同计算机和控制引擎的数据。

如图 6-8 所示，将用户程序连接到多台不同计算机上的控制引擎，利用 Tag File Configurator（标签文件组态器）将多个控制引擎插入到一个标签文件中。

8. 在 DCOM 网络中使用 SIMATIC Computing

微软的分布式组件对象模型（DCOM）是一组程序接口，客户机程序对象通过这些接口向网络上的其他计算机的服务器对象请求服务。

在 WinAC 中，用户利用 DCOM 网络与分布式应用装置进行连接（见图 6-9），这些装置控制多个过程，或者由不同计算机

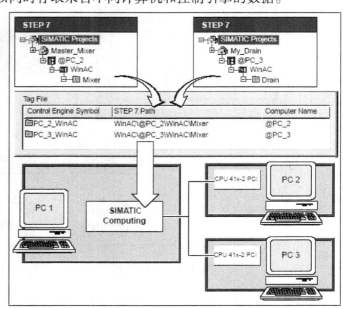

图 6-8　利用标签文件存取来自多个控制引擎中的数据

组成，协同完成共同的任务。

9. 利用 OPC 将第三方应用连接到 SIMATIC Computing

OPC 是用于过程控制的 OLE，基于微软的 OLE/COM 技术，为与众多的数据源通信提供了标准机制。如图 6-10 所示，用户利用与 SIMATIC Computing 软件一起提供的 OPC 服务器与控制引擎通信并对过程数据进行存取。SIMATIC Computing 提供的 OPC 服务器（OPC Server WinAC）允许任何 OPC 客户机存取控制引擎中的数据。

用户通过 SIMATIC Computing 把 OPC 与单独的控制引擎或者多个控制引擎连接在一起，也可以通过网络（例如局域网）连接到控制引擎。

10. WinAC 工具管理器提供用户程序快捷键

WinAC 工具管理器是一个工具条，用

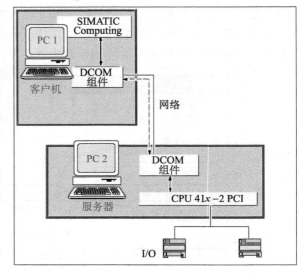

图 6-9　通过 DCOM 网络连接多台计算机上的 WinAC

户把准备用于处理过程数据的所有应用程序合并于其中。例如，如果用户想把 Visual Basic 与 WinAC Slot $41x$ 一起使用，或者要将 Microsoft Excel 电子表格插入过程数据，就可以把这些应用程序的快捷图标插入 WinAC 工具管理器中。

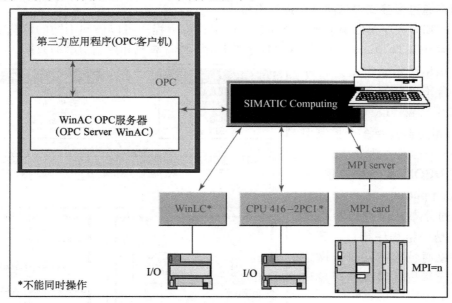

图 6-10　利用 OPC 将第三方应用装置连接到 SIMATIC

图 6-11 所示为 WinAC 工具管理器及其快捷图标，用户在 WinAC 工具管理器的空白区域插入任意用户程序的快捷图标，然后即可利用 WinAC 工具管理器启动这些程序。

三、WinAC 的使用方法

下面举例说明如何使用 WinAC Slot $41x$，内容包括：通过 CP1613 实现 CPU 416-2 PCI 与 S7-400 的通信、启动 WinAC Slot $41x$ 的控制面板、STEP7 与 CPU $41x$-2 PCI 的在线连接、用 SIMATIC Computing Soft Container 创建过程表单以及为过程表单建立连接等。

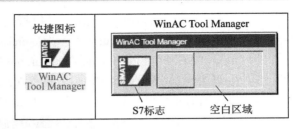

图 6-11　WinAC 工具管理器和快捷图标

（一）通过 CP1613 完成 CPU 416-2 PCI 与 S7-400 的通信

在下例中，通过工业以太网（IE）将 PC 站连接到 CPU 416-2 PCI 和 SIMATIC S7-400 站（见图 6-12）。

1. 安装 WinAC Slot $41x$-2 组件

WinAC Slot $41x$-2 软件包括所有 CPU 类型的安装特性，可以自动完成安装。按照图 6-13 所示的对话框选择安装的组件。

启动安装程序，在 Setup. exe 程序引导下逐步完成安装过程。在每个位置都可以切换到下一步或上一步。步骤如下：

1）在 CD-ROM 驱动器中插入 WinAC Slot $41x$-2 软件 CD。

2）双击"Setup. exe"文件启动。

3）按照安装程序显示的指令，逐个完成。

安装顺利完成后，屏幕上显示相关信息。

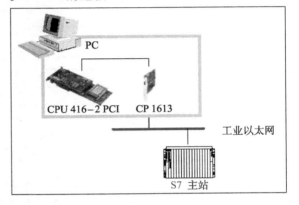

图 6-12　通过 CP1613 与 S7 站点通信

2. 元件组态器：分配站名

元件组态器的功能是设置 PC 的站名、CPU $41x$-2 PCI 的型号及名称。这里需要注意：元件组态器的设置必须与第四章中"STEP7/Configure Hardware"的组态内容相一致，如站名、型号、插槽号及名称等，CPU $41x$-2 PCI 自动分配在机架的第三个插槽中。

如图 6-14 所示，确定 PC 的名称步骤如下：

1）单击任务栏上的▣按钮，打开元件组态器。

2）单击"Station name"。

3）称该站为"Box PC 620"，然后单击"OK"，退出元件组态器。

3. 执行向导：设置通信处理器 CP1613

执行向导的任务是为 PC 配置通信处理器 CP，操作步骤如下：

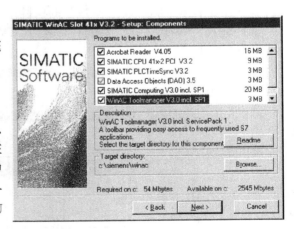

图 6-13　安装 WinAC Slot $41x$ 组件

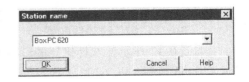

图 6-14　元件组态器：分配站名

1）打开"Commissioning Wizard"（执行向导），在菜单上选择"Start"→"SIMATIC"→"SIMATIC NET"→"Settings"→"Commissioning Wizard"。

2）单击"Next"，"PC Station Configuration"窗口打开。

3）按照图 6-15 所示填写 CP1613 的设置，然后单击"Next"。

4）输入所有重要的设置之后，单击"Next"或"Finish"，退出执行向导。

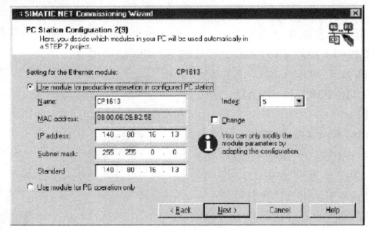

图 6-15　执行向导：设置 CP1613

4. 在 SIMATIC Manager（管理器）中创建项目

如图 6-16 所示，按以下步骤创建项目：

1）创建名为"START _ SLOT"的项目。

2）进入"Insert"→"Station"→"SIMATIC PC Station"，插入 Box PC 620 并调用 PC 站 Box PC 620。

3）进入"Insert"→"Station"→"SIMATIC 400 Station"，插入 S7-400 站并调用 SI-MATIC S7-400 站 S7-400。

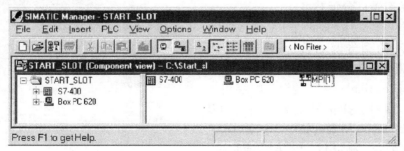

图 6-16　创建项目

5. Box PC 620 的硬件配置

如图 6-17 所示，选择机架的步骤如下：

1）选择 Box PC 620。

2）双击"Configuration"，打开"HW Config"。

3）打开目录并进入"SIMATIC PC Station"→"Controller"。

4）将"CPU 416-2 PCI"拖放到插槽 3，结果"Properties-PROFIBUS Interfaces DP Master"

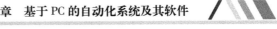

（PROFIBUS 接口 DP 主站属性）窗口打开。

5）不要为 DP 主站连接子网。

6）单击"OK"。

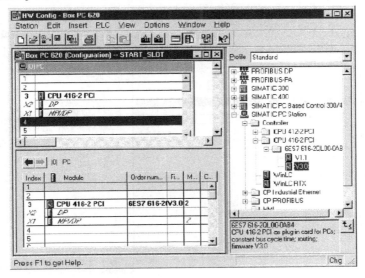

图 6-17 选择一个安装机架

如图 6-18 所示，分配 CP（通信处理器）：

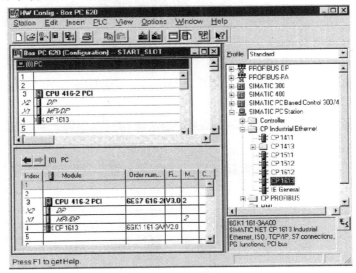

图 6-18 分配 CP

1）进入"SIMATIC PC Station"→"CP Industrial Ethernet"。

2）将 CP 1613 拖放到插槽 4，结果"Properties-Ethernet Interface CP 1613"（以太网接口 CP 1613 属性）对话框打开。

3）单击"OK"。

4）单击"Save and Compile"（保存和编译）关闭。

6. S7-400 站的硬件配置

1）如图 6-19 所示，选择机架、电源、CPU 416-1 和 CPU 443-1 等组件。

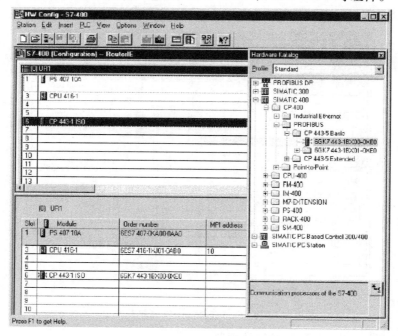

图 6-19　S7-400 站的硬件配置

2）不要为 CP 443-1 连接子网。

3）单击"Save and Compile"（保存和编译）关闭。

7. 配置网络

单击"Configure Network"按钮，打开 NETPro，"NETPro-［START _ SLOT]"窗口打开，如图 6-20 所示。

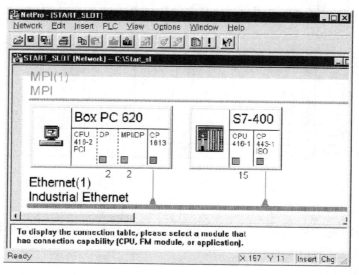

图 6-20　配置网络

8. 配置连接

"连接"（Connection）决定两个站点的通信关系，包含下面几个参数：

1）两个通信站点。

2）连接类型（本例中为 S7 连接）。

3）按照连接类型确定特性（例如是否保持连续打开或者在用户程序中动态地建立和清除）。

按照下列步骤输入一个连接：

1）选择"CPU 416-2 PCI"模块，显示连接表。

2）双击连接表中的空白行，或者在菜单中选择"Insert"→"New Connection"，"New Connection"对话框弹出，如图 6-21 所示。

3）在"Station"和"Module"库中选择连接用的编程模块。

4）在"Type"库中选择连接类型（只有 S7 连接）。

5）选择"Open Properties Dialog Box"（打开属性对话框）。

6）单击"Apply"进行确认，"Properties-S7 Connection"对话框打开，如图 6-22 所示。

7）检查图 6-22 中的设置（接口和类型）。

8）确认后单击"OK"，于是连接创建完毕。

9）单击"Save and Compile"（保存和编译）关闭。

10）将这些数据载入相关站点。

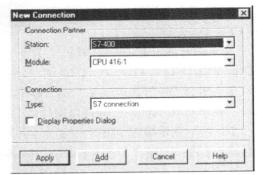

图 6-21　创建连接

图 6-22　连接特性

（二）启动 WinAC Slot 41*x*-2 控制面板

选择"Start"→"SIMATIC"→"PC Based Control"→"CPU 41*x*-2 PCI"或者使用元件配置器中给 CPU 41*x*-2 PCI 分配的 CPU 符号名来调用 WinAC Slot。

如图 6-23 所示，CPU 41*x*-2 PCI 的控制面板打开，用来控制和操作。

（三）STEP7 与 CPU 41*x*-2 PCI 的在线连接

1. 在同一台计算机上连接 STEP7 和 CPU 41*x*-2 PCI

按下列步骤在同一台计算机上为 STEP7 设置与 CPU 41*x*-2 PCI 的通信：

1）用命令"CPU"→"Set PG/PC Interface"在 WinAC Slot 中打开接口操作。

2）按下列步骤把 STEP7 设置为本地存取点（见图 6-24）：①在"Access point of the application"中选择"S7ONLINE（STEP7）"；②在"Used parameter set"中选择"PC Internal（Local）作为接口参数"。

STEP7 软件为同在一台计算机上的 CPU 41*x*-2 PCI 进行通信配置。

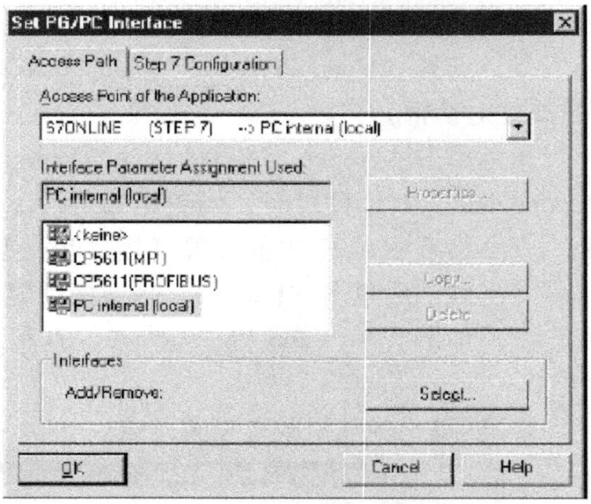

2. 在不同的计算机上连接 STEP7 和 CPU 41*x*-2 PCI

如图 6-25 所示，可以在远程计算机中设置 CPU 41*x*-2 PCI 的 PG/PC 接口，完成 STEP7 与另一台计算机上的 CPU 41*x*-2 PCI 的连接。

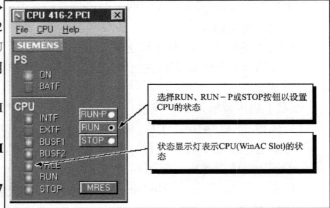

图 6-23　调用 WinAC Slot 控制器

图 6-24　为本地 PC 设置 PG/PC 接口

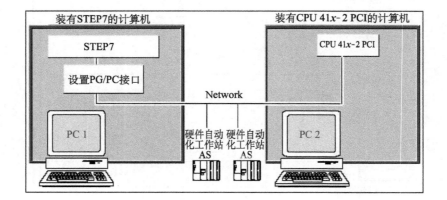

图 6-25　通过网络连接 STEP7 与 WinAC Slot

远程计算机必须装有 STEP7 软件，CPU 41x-2 PCI 板安装在即将建立通信连接的计算机上。

按照下述步骤设置 STEP7，即可完成与远程计算机上的 WinAC Slot 之间的通信：

1）使用命令"CPU"→"Set PG/PC Interface"在 CPU 41x-2 PCI 的控制面板上调用接口配置（见图 6-26）。

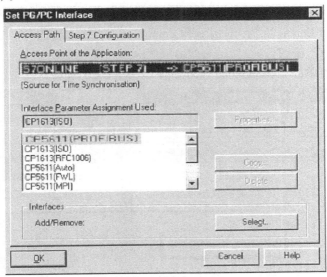

图 6-26　设置 PG/PC 接口

2）在"Access point of the application"中选择"S7ONLINE（STEP7）"。

3）在 MPI 通信上，选择 MPI 类型接口，如 CP5611（MPI）。

4）在 PROFIBUS-DP 通信上，选择 PROFIBUS-DP 接口，如 CP5611（PROFIBUS）。

PROFIBUS-DP 网络上（S7ONLINE（STEP7）--
"→"< name of card > Profibus）的其他可编程装置
（PG）出现 CPU 41x-2 PCI 之前，其 CPU 41x-2 PCI
的 PROFIBUS 连接必须保证"Set PG/PC Interface"
接口已经设置完毕。选择"Properties"按钮，在
"PROFIBUS"表中选择检查组件"PG/PC is sole
master on bus"。

图 6-27　为 SIMATIC Computing 设置存取点

（四）用 SIMATIC Computing SoftContainer
（软件容器）创建 Process Form（过程表单）

1. 为 SIMATIC Computing 设置存取点

使用 SIMATIC Computing 之前必须设置接口的存
取点，操作过程如下（见图 6-27）：

1）在 CPU 41x-2 PCI 的控制板上进入"CPU"→"Set PC/PG Interface"。

2）把接口的存取点设置为"COMPUTING"→"PC internal"。

3）单击"OK"确认。

2. SIMATIC Computing 的 SoftContainer（软件容器）

SIMATIC Computing 的 SoftContainer（软件容器）是用于 ActiveX 控件的 OLE 容器，用该

容器创建过程表单以便存取控制引擎，例如 CPU 41x-2 PCI。

SIMATIC Computing 软件包含 SoftContainer 工具条中的 SIMATIC 控件按钮，这些按钮可以在过程表单中作为插入控件使用，过程表单还包括其他 ActiveX 控件。

3. 创建过程表单

在 Windows 启动菜单中选择命令"Start" → "Simatic" → "PC Based Control" → "SIMATIC Computing SoftContainer"，调用 SoftContainer 和空白过程表单；也可以用鼠标双击"SIMATIC Computing"按钮。

带有空白过程表单的 SoftContainer（S7Soft1）如图 6-28 所示。

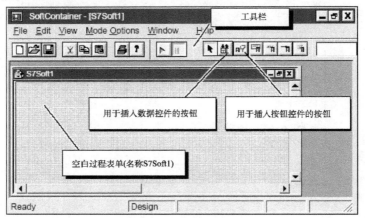

图 6-28　含有空白过程表单的 SoftContainer

在菜单中选择命令"File" → "Save As..."，打开"Save As"对话框，为过程表单命名"START_SLOT"，然后保存该表单。

例如在表单中插入数据控件（见图 6-29），步骤如下：

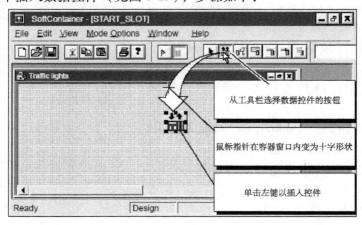

图 6-29　从工具条中插入 SIMATIC 数据控件

1）单击数据控件按钮。

2）光标移至过程表单。

3）单击左键在过程表单中插入数据控件。

（五）为过程表单建立连接

按照下列步骤在 SIMATIC 控件的对话框中设置控件的属性，本例中控制引擎为 CPU 41*x*-2 PCI。

1. 打开数据控件的"Properties"对话框

1）首先选择数据控件（例如 S7Data1）。

2）如图 6-30 所示，双击数据控件（或者单击鼠标右键，从快捷菜单中选择命令 "S7Data1 Properties"），显示数据控件的"Properties"对话框。

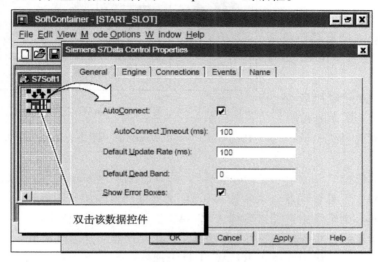

图 6-30　打开数据控件的"Properties"（属性）对话框

2. 连接数据控件和 CPU 41x-2 PCI

按照下列步骤把 CPU 41*x*-2 PCI 设置为控制引擎：

1）在数据控件的"Properties"（属性）对话框中，打开"Engine"（引擎）条目，显示控制引擎的选项（见图 6-31）。

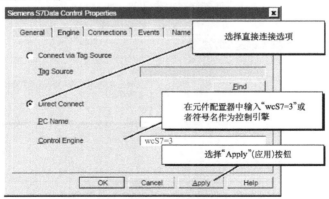

图 6-31　连接数据控件和 CPU 41x-2 PCI

2）选择"Direct Connect"选项。

3）在"Control Engine"（控制引擎）对话框中输入"wcS7 = 3"或者输入元件配置器确定的符号名。

4）选择"Apply"（应用）按钮，数据控件与 CPU 41*x*-2 PCI 连接起来。

四、使用工具管理器

图 6-32 为 WinAC 工具管理器及其快捷图标，下面介绍如何通过工具条对用户程序进行快捷访问、无鼠标时如何使用工具管理器以及改变菜单和对话框使用的语言。

（一）将图标插入 WinAC 工具管理器

将快捷图标插入 WinAC 工具管理器有以下两种方法：

1. 在 Windows 浏览器中将程序或快捷图标拖放到 WinAC 工具管理器中

按照以下步骤把应用程序图标拖放到 WinAC 工具管理器：

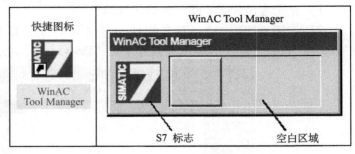

图 6-32　WinAC 工具管理器

1）从菜单中选择"Start"→"Program"→"Windows NT Explorer"，打开 Windows 浏览器。

2）从菜单中选择"Start"→"Programs"→"PC Based Control"→"WinAC Tool Manager"，打开 WinAC 工具管理器（或双击 WinAC 工具管理器的快捷图标）。

3）在 Windows 浏览器中选择准备插入 WinAC 工具管理器的程序图标。

4）按下鼠标左键，将程序图标拖到 WinAC 工具管理器的空白区域。

5）释放鼠标左键，将图标放入 WinAC 工具管理器。

2. 在 WinAC 工具管理器的菜单中选择 Insert（插入）

按照以下步骤将应用程序图标插入 WinAC 工具管理器（见图 6-33）。

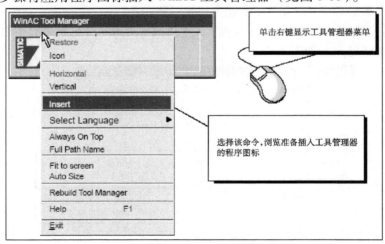

图 6-33　将图标插入 WinAC 工具管理器

1）从菜单中选择"Start"→"SIMATIC"→"PC Based Control"→"WinAC Tool Manager"，打开 WinAC 工具管理器。

2）单击鼠标右键打开 WinAC 工具管理器菜单。

3）选择"Insert"菜单命令显示对所选程序图标的浏览。

4）从浏览器中选择程序图标并确认。

5）为 WinAC 工具管理器设定显示选项。

另外，用户可以用鼠标重新设定 WinAC 工具管理器的大小，也可以利用菜单命令（见图 6-33）定制 WinAC 工具管理器。

选择"Horizontal"（水平）或"Vertical"（垂直）菜单命令为 WinAC 工具管理器设定显示方向。选择"Always On Top"菜单命令，使 WinAC 工具管理器总是位于应用窗口之上，而不会隐藏在打开的应用窗口之下。选择"Auto Size"菜单命令将 WinAC 工具管理器自动设定为屏幕的宽度（或高度）。选择"Full Path Name"菜单命令显示快捷图标的路径名。选择"Rebuild Tool Manager"菜单命令为现有程序更新图标或者为已移去或删除的程序移去图标。按 F1 键或选择"Help"菜单命令显示 WinAC 工具管理器的在线帮助信息。

（二）无鼠标时使用 WinAC 工具管理器

表 6-1 列出了特殊的键盘操作，利用不同的键组合进行 WinAC 工具管理器的操作，即用键盘可以访问 WinAC 工具管理器的所有功能。

表 6-1　WinAC 工具管理器的键盘操作

键　组　合	说　　明
Tab	显示 Windows 任务栏：用 Tab 键切换到 S7 标识，将目标确定在 WinAC 工具管理器
Alt + Tab	在 S7 标识和选择的快捷图标之间转换目标
当目标位于 S7 标识时	
Page Up 或 Page Down	以水平或垂直方向显示 WinAC 工具管理器
左箭头或右箭头	当 WinAC 工具管理器为垂直方向时，显示应用菜单
Shift + （左或右箭头）	将 WinAC 工具管理器左移或移
Ctrl + （左或右箭头）	将 WinAC 工具管理器移至屏幕左或右边缘
Alt + （左或右箭头）	当 WinAC 工具管理器为垂直方向时，将其放大或缩小（不可用于 AutoSize 模式）
上箭头或下箭头	当 WinAC 工具管理器为水平方向时，显示应用菜单
Shift + （上或下箭头）	将 WinAC 工具管理器上移或下移
Ctrl + （上或下箭头）	将 WinAC 工具管理器移至屏幕上或下边缘
Alt + （上或下箭头）	当 WinAC 工具管理器为水平方向时，将其放大或缩小（不可用于 AutoSize 模式）
当目标位于快捷图标时	
Home 或 End	将目标定位于第一个或最后一个快捷图标
Enter	运行目标所在图标代表的程序
Delete	删除目标所在的快捷图标
左箭头或右箭头	WinAC 工具管理器为水平方向时：将光标左移或右移 WinAC 工具管理器为垂直方向时：显示菜单
上箭头或下箭头	WinAC 工具管理器为水平方向时：显示菜单 WinAC 工具管理器为垂直方向时：将光标左移或右移

按 F1 键显示 WinAC 工具管理器在线帮助；按 Tab 键在 S7 标识和快捷图标之间改变目标；如果 WinAC 工具管理器正在运行，按下组合键 < Alt + Tab > 显示 WinAC 工具管理器；当目标确定在快捷图标上时，按 Return 键启动程序。

（三）改变语言

WinAC 工具管理器为所有 WinAC 组件提供改变语言设置的菜单命令，用户可以为 WinAC Slot 41*x*-2 软件的菜单和对话框选择英语、法语和德语，其前提是在安装 WinAC Slot 41*x* 时选中了所有语言。

按照以下步骤改变语言设置：

1）从菜单中选择"Start"→"SIMATIC"→"PC Based Control"→"WinAC Tool Manager"，打开 WinAC 工具管理器（或双击 WinAC 工具管理器的快捷图标）。

2）在 WinAC 工具管理器中单击鼠标右键打开菜单（见图6-34）。

3）选择"Select Language"菜单选项打开菜单（见图6-34）。

4）为 WinAC 选择语言。

5）重新启动，WinAC 软件的菜单和对话框变成另一种语言。

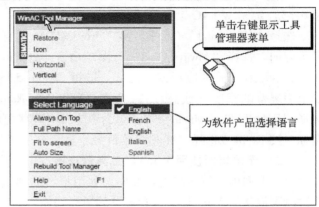

图 6-34　为 WinAC 改变语言

第三节　其他几种基于 PC 的控制软件介绍

一、TwinCAT 软件

TwinCAT 软件由 Beckhoff 公司开发，是基于 PC 的 PLC 和 NC 的控制技术，该软件有如下特点：

1. 窗口控制和自动化技术

Beckhoff 的 TwinCAT 软件系统是将与其兼容的 PC 转换成具有多 PLC 系统、NC 轴控制、编程环境和操作站的一个实时控制器。TwinCAT 取代了传统的 PLC 和 NC 控制器以及操作设备，并具备开放式的、兼容的 PC 硬件。

在 Windows NT/2000/XP，嵌入式 NT/XP 、CE 中，内嵌了 IEC 61131-3 软 PLC 和软 NC 编程和实时运行系统，可以在一台 PC 上或分开进行。

可连接所有的公共现场总线，用于 I/O 信号的 PC 接口卡，带有数据通信的用户接口，使用微软开放式标准程序（OPC、OCX、DLL 等）。

2. PC 控制技术（PC 中的 PLC 和 NC）

Beckhoff 已经实现了用于 PLC 和 NC 轴功能的 PC 控制技术，通过将 PLC/NC 软件和现场总线无关的 I/O 接口集成到 Windows NT/2000/XP/CE 中，TwinCAT 可构成完全开放的和通用的自动化系统。

3. 用于 PLC/NC 任务的带协处理器板的工业 PC

普通的 PC 不直接分配处理任务，由附加的处理器完成。而基于纯软件的解决方案是一种新方法，即在单处理器方式下由一个处理器完成所有的自动化任务。使用具有 PLC/NC 处理器系统属性的 TwinCAT，取代了由 PC 软件处理的 PLC 和 NC 任务。

4. 其自动化系统仅由 4 个组件构成

1）工业 PC。

2）一个用于 I/O 接口的开放式现场总线系统。

3）一个用于用户接口（HMI）的标准操作系统（Windows NT/2000/XP）。

4）TwinCAT 控制软件：IEC 61131-3 PLC 和 NC。

5. 该种方案的优越性

1）程序和数据的存储几乎没有限制。

2）对自动化任务的性能可连续开发。

3）可全部集成到操作系统中。

4）需要的组件少。

5）系统的可靠性高。

6. 单处理器的解决方案

软件 PLC 解决方案的性能大大好于硬件 PLC，并且随着新的 PC 处理器的出现，其性能还会进一步提高。

二、VLC 软件

VLC 软件是 STEEPLECHASE SOFTWARE INC（SSI）公司开发的基于 PC 的 PLC 的系列软件。利用 Windows NT 的高可靠性和 Hard real-time 新技术，VLC 控制软件提供的速度比现在使用的任何 PLC 都快，结合 Windows NT 的高可靠性和安全性，VLC 提供了高效的、基于 PC 的自动化控制解决方案，软件系统主要特点如下：

1. 采用 IEC 61131-3 标准降低开发时间和培训费用

VLC 以 IEC 61131-3 为基础，提供三种图形化程序设计语言：流程图（Flow Chart）、梯形图（Ladder）和功能块图（FBD）编程。用户可以根据实际系统的要求和习惯选择相应的设计语言，几种语言可以混合使用。另外，标准的编程环境可降低编程人员的训练时间和减少编程费用。

2. 故障诊断功能降低故障停机和恢复时间

VLC 提供诊断管理器，自动生成故障诊断，利用全厂范围的联网减少维修人员检修机器故障的停机时间。它把流程图链接在 HTML 浏览器上显示图形故障、恢复及维修指令，工程师可指挥操作人员阅读 HTML 文件。该文件详细指导用户排除故障，恢复执行。

3. 自动生成各种用户文档的功能

1）网络编程和远程编程。

2）实时仿真。

3）例外情况处理。

4）单一公共数据库。

5）DDE 和 OPC 服务器。

6）企业级的数据连接。

7）具有 C 语言、PID 及运动控制选项。

4. 应用领域

成功应用于汽车、包装、半导体、物料管理、电子、装配等领域。

三、KingACT 软件

KingACT 是亚控科技公司开发的基于 PC 的实时控制软件，具有控制功能丰富，系统组成灵活，扩展方便的优点。

1. 采用 IEC 61131-3 国际标准，降低开发时间及学习费用

传统的硬件 PLC 厂商大多选择他们各自的编程语言，工程人员选择不同的 PLC 产品时需要学习不同的编程语言。KingACT 的编程语言完全符合 IEC 61131-3 标准，降低了编程人员的训练时间，减少编程费用。扩展的 LD 编程，提供丰富的运算、控制功能，轻松解决复杂的过程控制要求，编程环境功能强大、直观、易于使用，有效地缩短工程开发周期。

2. 模块丰富，用户可以灵活配置

KingACT 内嵌 80 多个标准模块，包括经典 PID 在内的各种标准操作符、控制功能块和标准函数，让用户灵活使用。

3. 仿真调试运行，在进入现场前调试控制程序

KingACT 提供仿真调试功能，可以进行断点设置、单步执行。工程人员很容易地调试程序、查找错误。KingACT 的仿真功能，在连接 I/O 设备之前测试并修改程序。

4. 在线功能给工程人员增添耳目

KingACT 1.1 在线提供下载、运行系统操作、变量操作（强制、赋值、观测），支持 TCP/IP 进行远程下载、远程监控操作、远程的变量操作，可以在本地完成对远程系统进行在线监控、诊断和远程操作，免除奔劳之苦。

5. 丰富的 I/O 接口可以随意选择外围设备

可视化 I/O 设置，轻松配置 I/O 设备。KingACT 支持几乎包括国内所有常见的板卡，让用户自由选择硬件设施。

6. OPC、COM 技术提供稳定开放的控制系统

OPC、COM 的应用，使 KingACT 产品具有可靠的安全稳定性、持续的扩展能力，并使得与第三方程序、系统、设备轻松沟通。

7. 多平台应用，满足多方需求

KingACT 已经应用于 Windows NT/CE/2000，并提供了多家应用厂商、控制系统的 OEM 版和组态王等其他组件紧密集成，直接交换数据，从而构成一个完整的系统。

8. 提供更加丰富的控制算法

包括多种 PID 及其他专用模块、自定义功能块、自定义功能块开发工具等，提供开放的算法接口，可以嵌入用户自己的控制程序。用户编写的功能块可以在不同工程中重复使用，可以采用 FBD 编程和直观的流程图设计。

思考题与习题

6-1　基于 PC 的 PLC 与硬件 PLC 相对比有哪些优势？

6-2　基于 PC 的 PLC 与传统 PLC 有何区别？

6-3　SIMATIC WinAC 软件主要有哪些功能？

6-4　基于 PC 的自动化的特点是什么？

6-5　SIMATIC WinAC 软件主要有哪几部分组成？

6-6　熟悉 SIMATIC WinAC 软件的使用方法和操作步骤。

6-7　了解其他几种基于 PC 的控制软件的基本特点。

第七章 SIMATIC S7-300/400 PLC 的设计应用实例

本章以实验装置为被控对象，以 3 个实际控制系统为例，说明 PROFIBUS 控制系统的组成和基本应用：包括硬件结构，组态编程软件 STEP7、监控软件 WinCC 的使用；基于 PC 的 PLC 控制系统软件 WinAC 的使用；基于 PROFIBUS 的现场总线控制系统组成。

第一节 PROFIBUS 现场总线控制网络

一、实验室控制网络组成

如图 7-1 所示，实验室控制网络以工业以太网为界分为两层，即监控层和控制层。监控层主要包括工程师站（工业 PC）、监控站和服务器等二类主站；控制层包括一类主站（3 台 S7-400，2 台 S7-300）、各个从站（分布式 I/O ET200M、变频器等）和现场设备等，它们之间构成了现场总线控制系统。通过以太网，S7-300、S7-400 等一类主站与监控站、工程师站及服务器等二类主站连接。

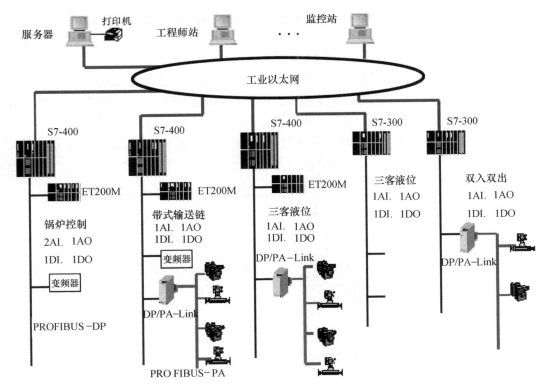

图 7-1 现场总线控制网络组成

二、系统硬件组成

1. 一类主站

选用西门子公司生产的 SIMATIC S7-300/400 PLC。SIMATIC S7-300/400 PLC 采用模块化设计，在一块机架底板上可安装电源、CPU、各种信号模板、通信处理器等模块，其中 CPU 上有一个标准化 MPI 接口，它既是编程接口，又是数据通信接口，使用 S7 协议，通过此接口，PLC 之间或者与上位机之间都可以进行通信，从而组成多点 MPI 接口网络。S7-300/400 PLC 通过 I/O 模块采集相关数据和发出控制信号，I/O 模块与 S7-300/400 PLC 之间通过 PROFIBUS 现场总线通信。

2. 二类主站

PC 或工控机都可以作为二类主站。二类主站主要用于控制系统程序的编写和系统运行过程中的实时监控，如工程师站和监控站等。通常工程师站装有 SIMATIC STEP7 组态编程软件和 SIMATIC WinCC 监控组态软件。

3. 从站

系统从站包括分布式 I/O ET200M，变频器和通过 DP/PA-LINK 连接的智能从站等。

4. 被控对象

主要有三容水箱液位控制实验装置，双输入、双输出电加热炉温度控制实验装置，模拟锅炉过程控制实验装置和带式链条输送机等。

第二节　基于 PROFIBUS 的三容水箱液位控制系统设计

一、QXLTT 三容水箱实验装置介绍

QXLTT 三容水箱液位控制实验装置是一台具有多个输入和多个输出的非线性耦合被控物理模型，它的主体是用透明的有机玻璃制成的三个圆形容器罐和一个蓄水池，并配以相应的执行机构和传感器组成的。如图 7-2 所示，有 2 个水泵 P1、P2；6 个手动阀 V1 ~ V6，2 个 PWM（脉宽调制）型线性比例调节阀 V7、V8；3 个反压式液位传感器 LT1、LT2 和 LT3（在容器 T1 ~ T3 中）以及 2 个旁路阀 V9、V10。

a)

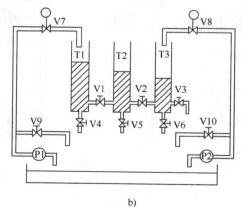
b)

图 7-2　三容水箱实验装置

a）容器罐和蓄水池实物图　b）组成结构示意图

3 个圆柱形容器为串联连接，蓄水池中的液体由泵 P1 和 P2 抽出注入容器 T1、T3 以改变 T1 和 T3 的液位，液体经手动阀 V3 再流向蓄水池形成循环。改变手动阀 V1 和 V2 的开度，便可改变 3 个容器 T1、T2 和 T3 液位的关联关系（即改变 3 个容器中液位的耦合程度）。而调节手动阀 V4～V6 则可模拟系统的扰动，改变系统的传递函数。系统输入参数有 3 个，分别是 3 个容器的液位值；系统的输出参数有两个，是两个电磁阀的开度。

设计一个双容器液位控制系统，即蓄水池中的液体由泵 P1 抽出注入容器 T1，液体经手动阀 V1 流到容器 T2，再经过手动阀 V5 流向蓄水池形成循环，受控的是容器 T2 的液位。

二、双容水箱液位控制系统的组成及原理

该系统中用到的 S7-300 PLC 由 CPU 模块（集成有输入、输出模块）、机架和 CP 模块组成。S7-300 PLC 的 CPU 集成有 24 点 DI（数字量输入）、16 点 DO（数字量输出）、5 路 AI（模拟量输入）和 2 路 AO（模拟量输出）。

图 7-3 所示为液位控制系统的原理。

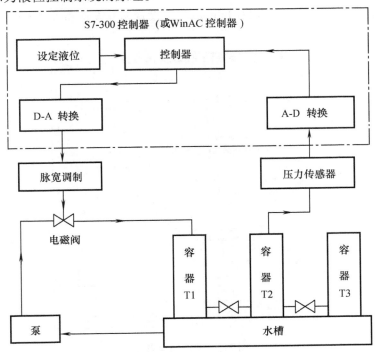

图 7-3　液位控制系统原理图

1. 信号采集

将 3 支反压式液位传感器的变送信号接至 AI 模块的模拟输入通道 1～3，在 AI 内部经 A-D 转换成一定范围的十进制数据，如 4～20 mA 电流输入在标称范围内对应的转换结果是 0～27648，用户程序可以根据输入通道对应的端口地址获取转换结果。

2. 信号处理

在控制器模块中对实际采样信号进行量程转换，根据该液位值和设定液位值，应用某种控制算法得到控制量，并进行相应的反量程转换后输出。

3. 控制信号输出

AO 模块可以输出电压和电流两种类型的信号，在本例中选用输出电流信号。AO 模块

的模拟量输出通道 1 和通道 2 接至线性比例电磁式调节阀，使阀门随输出的控制量连续变化，最终实现液位的闭环控制。

图 7-4 为液位单回路控制系统框图，被控量为 2#容器 T2 的液位 T_2。控制量是 1 通道的电磁阀的开度。控制器采用 PID 算法实现。

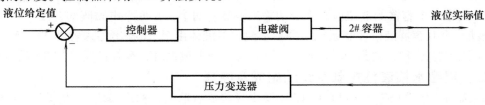

图 7-4　液位单回路控制系统框图

三、系统网络及硬件组态

1. 通信端口设置

打开控制面板，双击"Set PG/PC Interface"，设置编程设备和控制器的通信接口，如图 7-5 所示。

图 7-5　通信端口设置

在控制面板中进行如下设置：在" Set PG/PC Interface"中选中"S7 Online（STEP7）"→"ISO and Ethernet"。这样，工程师站和 S7-300 间就可以通过工业以太网进行通信连接了。

2. 网络及硬件组态

（1）创建项目　进入 STEP7，弹出创建向导，创建一个项目并命名为"液位控制"。然后插入一个 S7-300 站，如图 7-6 所示，并进入硬件组态"HW Config"界面。

图 7-6　创建项目

（2）配置机架　点开右侧的硬件资源，从"RACK-300"中选择机架（Rail），如图 7-7 所示。

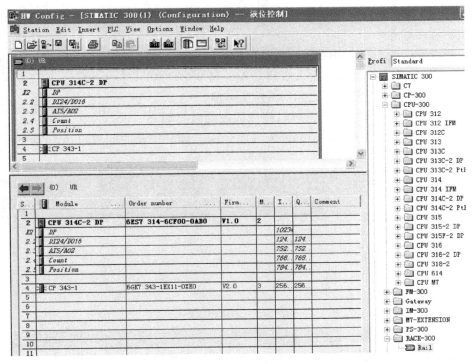

图 7-7　硬件组态

（3）配置模块　分别从 SIMATIC 300 的 CPU 和通信信号（CP）模块中选择相应的模块插入机架的相应槽中。各模块型号如下：

1）CPU 314C-2 DP：指令号为 6ES7 314-6CF00-0AB0，集成有 DI 8 × DC24V，AI5/AO2 × 12Bit，DI16/DO16 × DC24V。

地址如下：DI　　I124.0 ~ 126.7；

DO　　Q124.0 ~ 125.7；

AI　　PIW752 ~ 761；

AO　　PQW752 ~ 755；

设置 AI、AO 模块特性为电流 4 ~ 20mA。

2）CP 343：指令号为 6ES7 343-1EX11-0XE0，设置 MAC 地址（按标签上的物理地址）为 08-00-06-71-49-25，如图 7-8 所示。

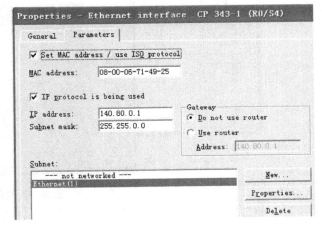

图 7-8　设置 MAC 地址

（4）保存硬件配置　单击保存并编译。配置好的网络如图 7-9 所示。

（5）下载硬件配置到 PLC　单击下载到 S7-300 CPU，观察机柜上各个模块的指示灯是否显示正确。如果被组态的模块的绿色指示灯点亮，证明组态配置正确；如果被组态的模块的红色指示灯点亮，证明组态存在错误，请检查模块型号、指令号、主站和从站的地址等是否选择和设置正确。

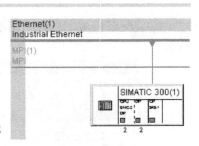

图 7-9　网络组态结果

四、实现 S7-300 的液位控制功能

1. 控制程序组态

（1）建立程序块 FC1、OB35、FC2（见图 7-10）。

1）FC1 块实现液位信号的输入量程转换，将 0～27648 之间的数字量转换为 0～500mm 之间的液位实际值。

2）OB35 为循环中断组织块，可以按照固定的时间间隔循环调用 PID 程序块，本例采样时间间隔为 100 ms。循环中断时间可以在 CPU 的特性里进行设定，如图 7-11 所示。

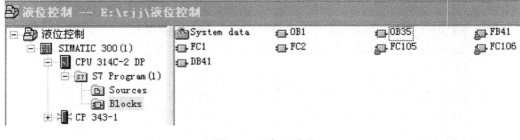

图 7-10　添加程序块

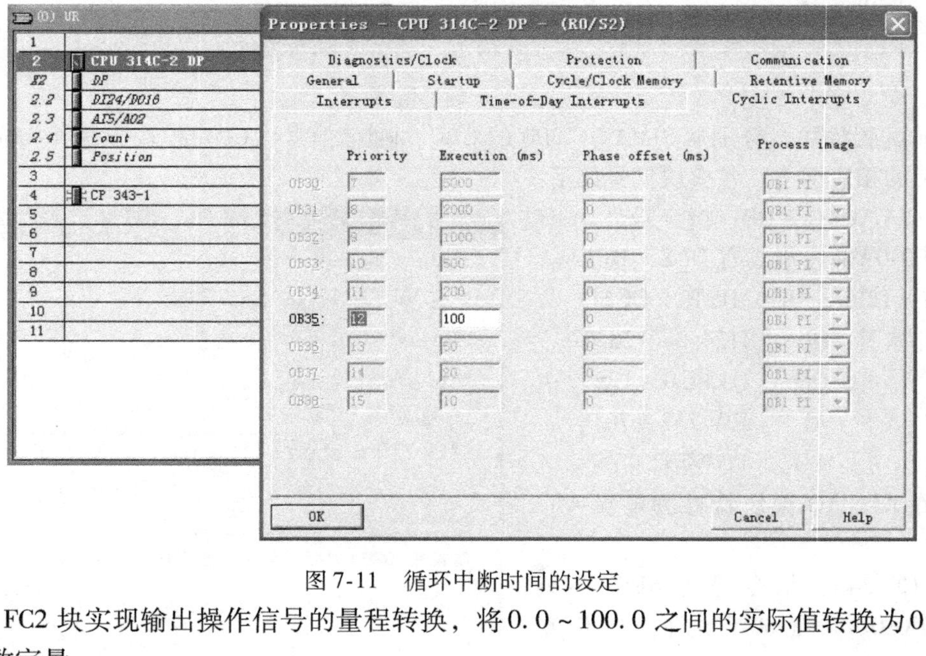

图 7-11　循环中断时间的设定

3）FC2 块实现输出操作信号的量程转换，将 0.0～100.0 之间的实际值转换为 0～27648 之间的数字量。

（2）编辑 FC1

1）打开 FC1，进入程序编辑状态。

2）选定 FC105 块：在"Insert"菜单中选中"Program Elements"→"Libraries"→"Standard Libraries"→"T1-S7Converting Blocks"→"FC105 SCALE"。

3）编辑块：如图 7-12 所示，其中，输入（IN）端 PIW752、PIW754、PIW756 存储着 3 路液位信号 A-D 转换后的数字量；HI _ LIM 为液位上限；LO _ LIM 为液位下限；BIPOLAR 表示极性，本例为单极性；RET _ VAL 为功能块执行状态字；输出（OUT）端 MD30、MD34、MD38 分别为量程转换后的液位实际值。

（3）编辑 OB35（2#容器液位 PID 控制）

1）打开 OB35，进入程序编辑状态。

2）选定 FB41 块：在"Insert"菜单中选中"Program Elements"→"Libraries"→"Standard Libraries"→"PID Control Blocks"→"FB41 CONT-C"。

3）编辑块：FB41 需要一个背景块 DB41，如图 7-13 所示。

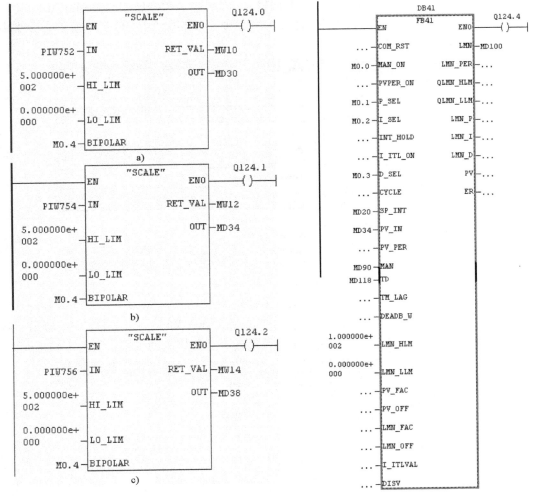

图 7-12　FC1 块编辑（液位输入处理——量程转换）
a）1#容器　b）2#容器　c）3#容器

图 7-13　OB35 块编辑

（4）编辑 FC2

1）打开 FC2，进入程序编辑状态。

2）选定 FC106 块：在"Insert"菜单中选中"Program Elements"→"Libraries"→

"Standard Libraries" → "T1-S7Converting Blocks" → "FC106 UNSCALE"。

3）编辑块：如图 7-14 所示，其中，输入（IN）端 MD100 是 PID 输出的控制量；HI_LIM 为电磁阀开度上限；LO_LIM 为电磁阀开度下限；BIPOLAR 表示极性；RET_VAL 为功能块执行状态字；OUT（输出端）PQW752 为量程转换后的对应电磁阀开度的数字量。

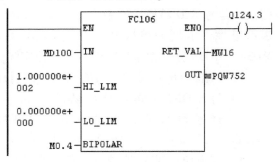

图 7-14　FC2 块编辑

（5）编辑 OB1

OB1 是系统的主程序，因此要把以上编辑的各个子程序在主程序中进行调用。打开 OB1，弹出"LAD/STL/FBD"窗口，分别调用 FC1、FC2 模块，如图 7-15 所示。

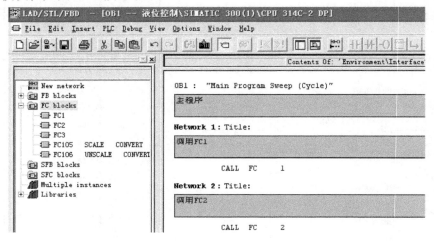

图 7-15　OB1 块编辑

（6）建立变量表　在"Blocks"中添加变量表（如 VAT_1），如图 7-16 所示。双击 VAT_1，进入变量表编辑窗口，依次添加需要监视和在线修改的变量，如图 7-17 所示。

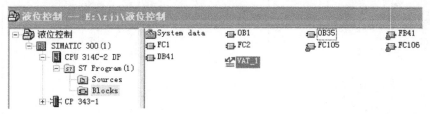

图 7-16　添加变量表

2. 程序调试

第一步：在下载之前，先打开主站的硬件（Hardware），弹出"HW Config"窗口，根据实际情况，将 CUP 中的 AI5/AO2 中的 Inputs 和 Outputs 量程进行相应设置（如电流 4～20 mA），如图 7-18 所示。

第二步：选中"Blocks"中的程序块 OB1、OB35、FB41、FC1、FC2、FC105、FC106、

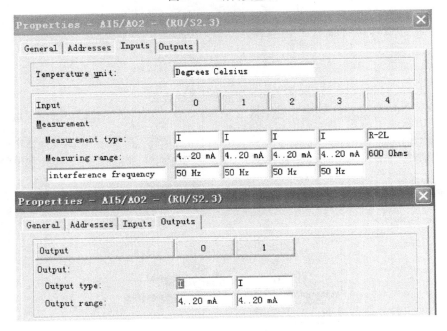

图 7-17　编辑变量表

图 7-18　Inputs 和 Outputs 量程设置

DB41，单击下载，全部下载到 S7-300 中，如图 7-19 所示。

　　第三步：点开变量表可以观察相应变量的变化，也可以修改液位设定值、PID 参数等变量，如图 7-20 所示；也可以直接监视程序的运行，即点开 FC1，可以看到 1~3#圆柱形容器液位的变化，如图 7-21 所示。

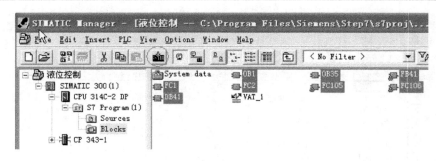

图 7-19　下载程序

	Address	Symbol	Display format	Status value	Modify value
1	PIW 752		DEC	11096	
2	MD 30		FLOATING_POINT	200.6655	
3	PIW 754		DEC	8336	
4	MD 34		FLOATING_POINT	150.7523	
5	PIW 756		DEC	5888	
6	MD 38		FLOATING_POINT	106.4815	
7	M 0.0		BOOL	false	false
8	M 0.1		BOOL	true	true
9	M 0.2		BOOL	true	true
10	M 0.3		BOOL	true	true
11	MD 20		FLOATING_POINT	150.0	150.0
12	MD 110		FLOATING_POINT	10.0	10.0
13	MD 114		TIME	T#1s	T#10ms
14	MD 118		TIME	T#1ms	T#1ms
15	MD 100		FLOATING_POINT	0.0	
16	PQW 752		DEC		
17	MD 90		FLOATING_POINT	0.0	
18	M 0.4		BOOL	false	false

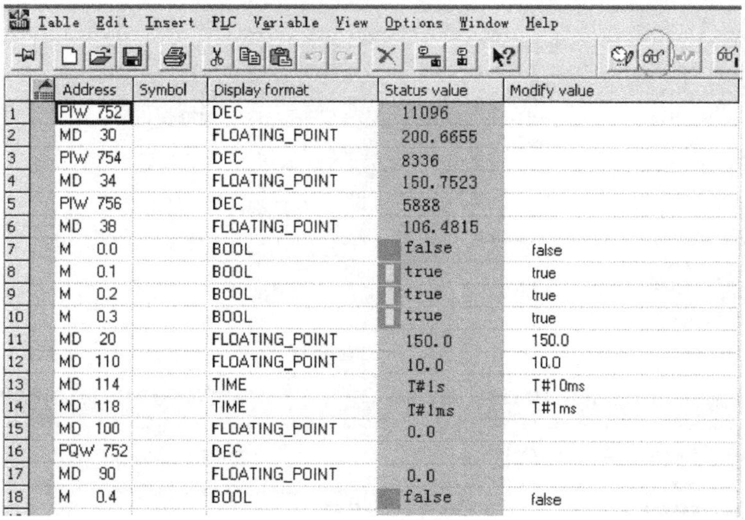

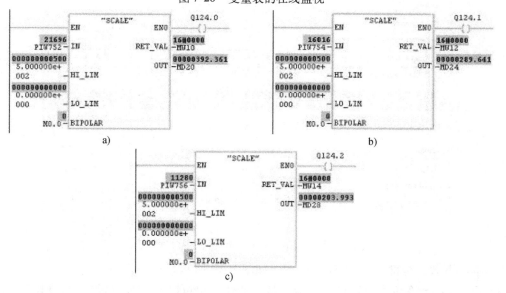

图 7-20　变量表的在线监视

图 7-21　程序的在线监视

a）1#容器液位变化　b）2#容器液位变化　c）3#容器液位变化

五、实现液位监控功能

1. 创建项目

打开 WinCC 软件，新建一个项目，取一个名字，如"s7300 水箱监控界面"，如图 7-22 所示。

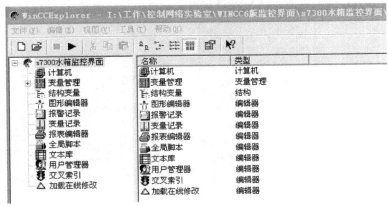

图 7-22　创建 WinCC 项目

2. 建立 WinCC 与 PLC 的通信连接

WinCC 与自动化系统之间的通信通过逻辑连接来实现。通信驱动程序位于最高等级，也称作通道，本设计中通道选择"SIMATIC S7 PROTOCOL SUITE"中的"Industrial Ethernet"。该通道单元和协议用来访问工业以太网，通信驱动程序通道如图 7-23 所示。在通道单元"Industrial Ethernet"下建立到 S7-300 控制系统的逻辑连接，如 s7300plc，连接属性和参数设置如图 7-24 和图 7-25 所示。

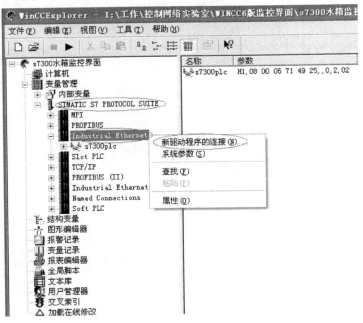

图 7-23　通信驱动程序通道

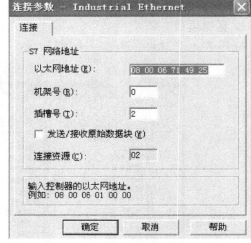

图 7-24　连接属性对话框

图 7-25　连接参数设置

3. 创建变量

WinCC 与 S7-300 PLC 实现数据交换是通过变量实现的，WinCC 中建立的变量地址要对应 PLC 中的变量地址。点中 "s7300 plc" 单击右键 "新建变量"，如图 7-26 所示。

系统实现三容器液位的实时监控、参数设置和修改，需要建立一些过程变量，如比例增益，积分时间常数，微分时间常数，液位1、液位2、液位3的采样值和设定值，手动值阀门开度等。以变量 "1#液位实际值" 的建立为例，说明变量的建立过程：单击 "新建变量"，修改变量属性，在名称栏输入 "1#液位实际值"，在数据类型栏中选择 "浮点数 32 位 IEEE754"，单击 "选择" 进入 "地址属性"，把在 S7-300 PLC 中存储 1#液位实际值的 MD30 输入进去，变量属性对话框如图 7-27 所示。

图 7-26　新建变量

图 7-27　设置变量属性

其他需要设置的变量如上所述依次建好，系统的变量表如图 7-28 所示。

图 7-28 系统的变量表

4. 监控界面设计

（1）监控画面的创建和编辑

图形系统用于创建并显示过程画面，主要是通过"图形编辑器"进行界面编辑，如图 7-29 所示。本系统创建了启动界面、主监控界面、PID 参数设置界面等，分别如图 7-30 ~ 图 7-32 所示。

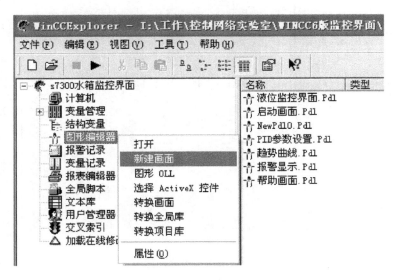

图 7-29 创建界面

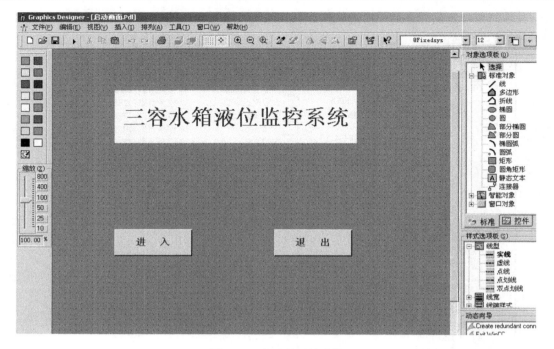

图 7-30　启动界面的编辑

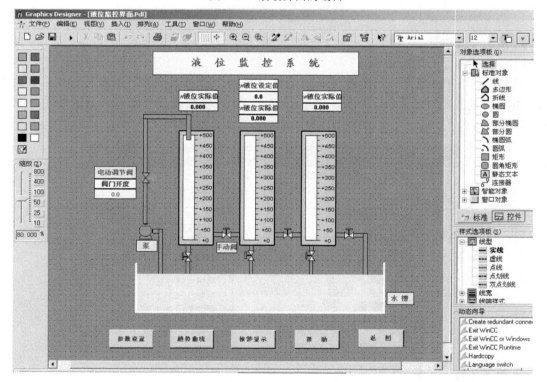

图 7-31　液位监控界面的编辑

在界面的编辑中，还要将图形或输入/输出域与相应的变量进行连接。图 7-33 为输入/

输出域的变量连接，图 7-34 为输入/输出域的属性设置。

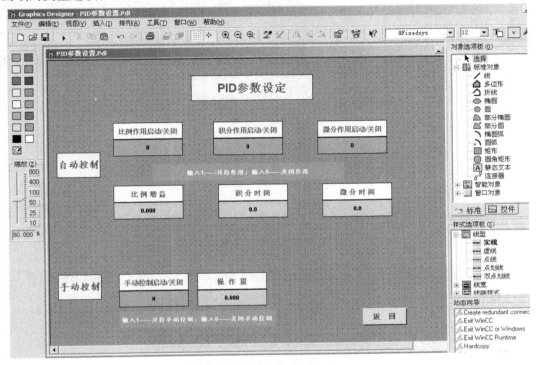

图 7-32 PID 参数设置界面的编辑

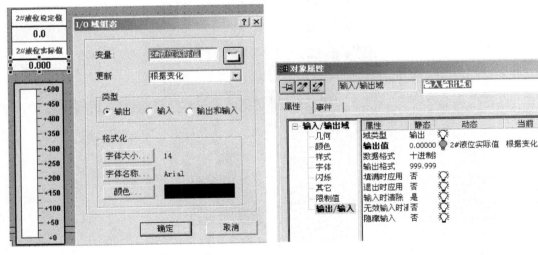

图 7-33 输入/输出域的变量连接   图 7-34 输入/输出域的属性设置

（2）在线趋势曲线界面的设计

1）过程值归档：双击"变量记录"，进入变量记录窗口，如图 7-35 所示。在变量记录窗口中右键单击"归档"，选择"归档向导"设置归档名称并选择变量，如图 7-36 所示。建好归档后，还可以修改归档属性及过程变量属性，如图 7-37 和图 7-38 所示。

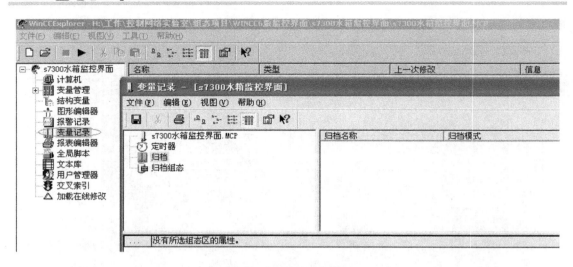

图 7-35　变量记录窗口

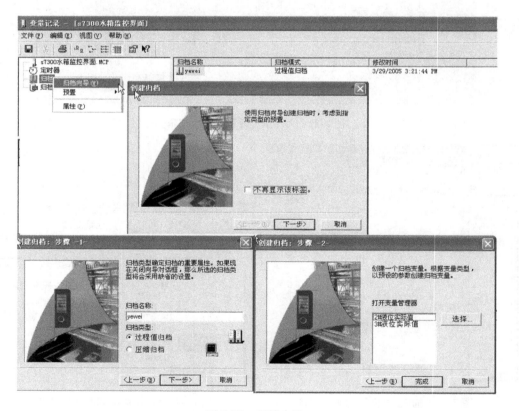

图 7-36　归档向导

2）趋势曲线界面设计：首先进入趋势曲线界面编辑窗口，添加 WinCC 在线趋势控件，如图 7-39 所示。双击该对象，进行属性设置，并进行变量的连接，如图 7-40 所示。

（3）各界面的链接

利用按钮的属性配置可以实现各界面的跳转和返回。

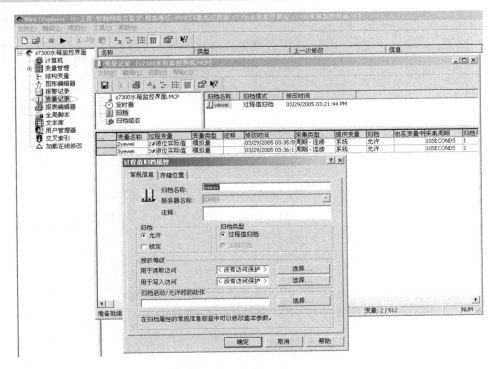

图 7-37　归档属性设置

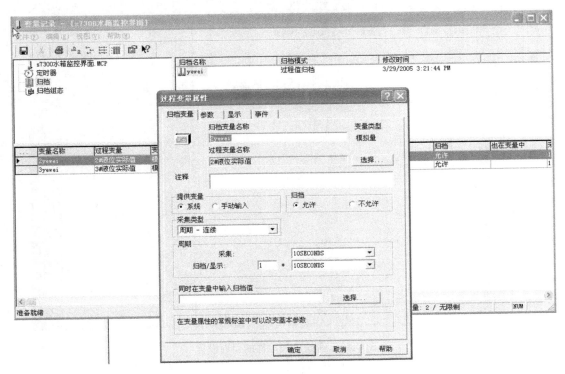

图 7-38　过程变量属性设置

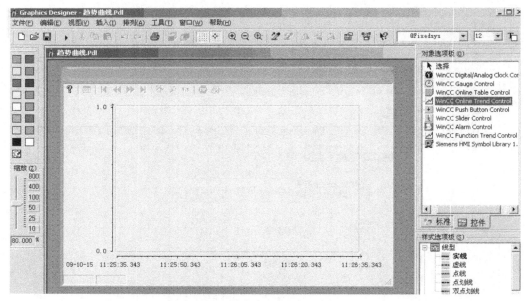

图7-39　添加WinCC在线趋势控件

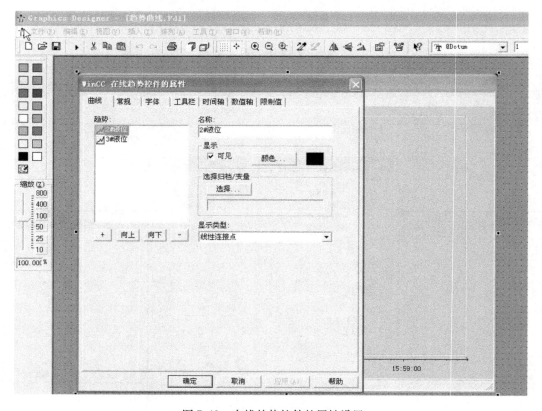

图7-40　在线趋势控件的属性设置

5. 调试

首先进入计算机属性对话框，选择"启动"选项卡，将"文本库运行系统""变量记录运行系统""图形运行系统"选中并确定，如图 7-41 所示。单击激活图标运行系统，如图 7-42 所示。各界面在线运行状态如图 7-43 ~ 图 7-46 所示。

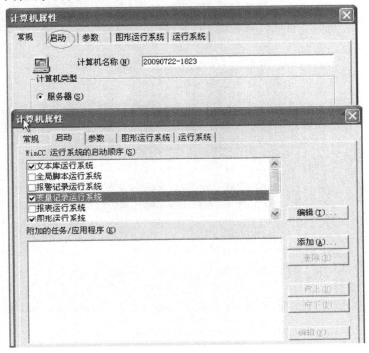

图 7-41 设置 WinCC 启动顺序

图 7-42 激活运行系统

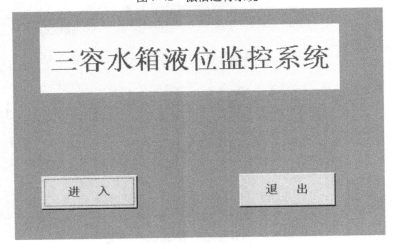

图 7-43 启动界面运行状态

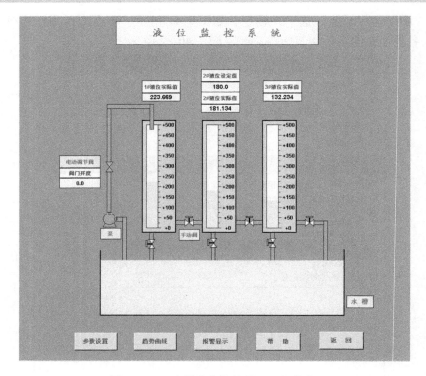

图 7-44　三容器液位监控界面运行状态

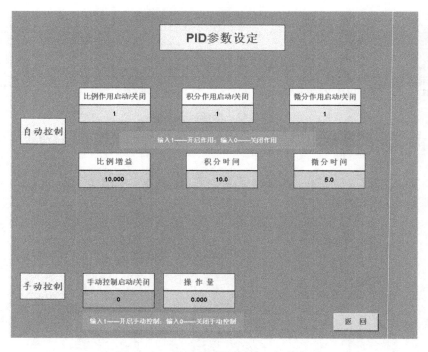

图 7-45　PID 参数设置界面运行状态

本设计是一个三容系统，被控参数是 2#容器液位值。在线趋势界面运行结果如图 7-46

所示，此时 2#容器液位设定值为 150mm。

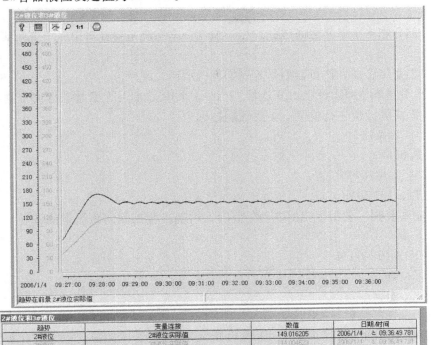

图 7-46 趋势运行曲线

第三节 基于 PROFIBUS 的模拟锅炉液位控制系统设计

一、系统分析

系统的硬件部分包括被控对象（实验室模拟锅炉系统）、S7-400 PLC 和 PC；系统采用模糊控制算法，应用 STEP7 软件和 WinCC 软件编写控制和监控程序。基于 PROFIBUS 的模拟锅炉控制系统设计的主要目的是控制锅筒的液位，使之稳定在某一给定值上并具有较小的余差。

1. 被控对象

如图 7-47 所示，模拟锅炉系统主要由 3 个部分构成：

1）变频水泵、高位恒压水塔和储水池构成的供、排水系统。

2）由分布在 3 个不同层面上的 4 个单元所组成的被控系统。这 4 个单元分别是：①带有冷却水夹套的锅筒单元；②流量检测与调节执行组合单元；③回路的压力检测单元；④并联双容单元。

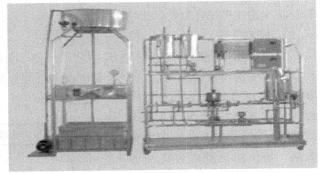

图 7-47 实验室模拟锅炉系统

3）各种过程控制器，例如常规控制仪表、可编程控制仪表等，以及工作电源和过程控制实验操作台等。

这3个部分和4个单元之间彼此均相对独立，本系统主要针对第一个单元实现锅筒的液位控制。

装置的主要传感器和执行器型号分别如下所示：

1）液位变送器（HM型压力变送器）：LT-3采用工业用的扩散硅压力变送器。压力传感器用来对锅筒的液位进行检测。主要性能指标为：

型号：PK2AAAA

量程：5.88kPa

输出信号：DC 4～20mA

电源电压：DC 24V

2）电动调节阀：采用智能型电动调节阀，用来进行控制回路流量的调节。主要技术指标为：

型号：2DY-10P-63/4

口径：G3/4mm

压力：1.6MPa

电源电压：DC 24V

输入信号：4～20mA

阀门控制精度：0.1%～3%可调

2. 控制系统结构

系统的网络结构与本章第一节中的图7-1相同，一级主站S7-400 PLC与二级主站PC之间通过工业以太网通信，PC主要有两种用途：

1）系统监控：运行WinCC监控软件用于实时监控现场情况。

2）作为工程师站运行STEP7软件和WinCC软件，进行系统硬件、软件、通信组态和监控界面、趋势、报警曲线的组态。

S7-400 PLC与分布式I/O ET200之间通过PROFIBUS总线协议连接，实时采集现场信号并发出控制指令。

系统硬件采用S7-400 PLC，其各有一块16通道的DI/DO模块、两块8通道的AI模块和一块4通道的AO模块。

3. 控制算法

系统采用模糊控制算法，用S7-400 PLC的STEP7软件设计一个两维模糊控制器，将控制器的模糊输出反模糊化后，化为实际输出而控制调节阀的开度，使锅筒液位达到给定值。通过在WinCC中的参数连接与设置，实现液位运行界面的实时监测，从而获得良好的控制效果。液位单回路控制系统框图如图7-48所示。

4. 预期控制目标

锅筒的液位变化范围是0～

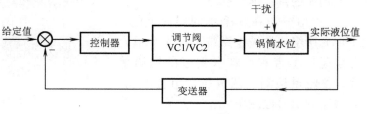

图7-48　液位单回路控制系统框图

500mm，设计合适的控制器，使系统具有快速、稳定的响应曲线，超调量应该小于 20%，系统的调节时间为 5s 左右。当系统发生扰动时，被控液位能快速恢复到原来所给定的液位值。

二、系统网络及硬件组态

STEP7 软件可以在 Windows95/98/2000 或 WindowsNT 环境下运行。现在 STEP7 V5.3 软件可以在 Windows XP 环境下运行。STEP7 软件是 SIMATIC S7-300/400 站创建可编程逻辑控制程序的标准软件，应用 STEP7 软件可以方便地构造和组态 PROFIBUS-DP 网络。

系统控制器 S7-400 站的硬件构成见表 7-1。

表 7-1　S7-400 站的硬件构成

硬件名称	订货号	说明
RACK-400	1P 6ES7400-1JA01-0AA0	S7-400 机架
PS 407 10A	407-0KA01-0AA0	电源模块
CPU 414-3	414-3XJ00-0AB0 V3.0	CPU 模块
CP 443-1	443-1EX11-0XE0 V2.3 MAC:08-00-06-6F-37-D1	通信模块
CP 443-5EXT	443-5DX03-0XE0 V4.0	通信扩展模块
SIMATIC ET200M	153-1AA03-0XB0	分布式 I/O 从站
SM321 DI 16XDC24V	321-1BH02-0AA0	数字量输入模块
SM322 DO 16XDC24V/0.5A	322-1BH01-0AA0	数字量输出模块
SM331 AI 8X12BIT	331-7KF02-0AB0	模拟量输入模块
SM331 AI 8X12BIT	331-7KF02-0AB0	模拟量输入模块
SM332 AO 4X12BIT	332-5HD01-0AB0	模拟量输出模块

1. 设置 PG/PC 接口

在 SIMATIC Manager 主界面，单击"选项"菜单，在下拉文本框中选择"设置 PG/PC接口"，如图 7-49 所示，在弹出的对话框中，选择参数为"ISO Ind. Ethernet"→"Realtek RTL8139（A）PCI Fast Ethernet Adapter"。

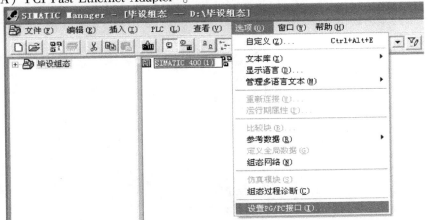

图 7-49　设置 PG/PC 接口

2. 硬件组态

在 STEP7 组态界面"HW Config"中顺序插入"机架"→"电源模块"→"CPU 模块"→"以太网通信模块"→"设置 MAC 地址"→"数字量、模拟量输入/输出模块"→"修改模拟量输入/输出模块属性"→"存盘编译"→"下载"。组态的系统硬件如图 7-50 所示，网络总览图如图 7-51 所示。

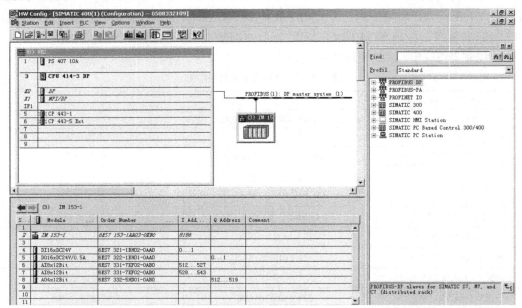

图 7-50　硬件组态图

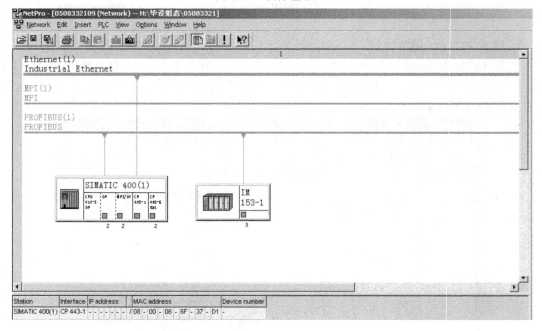

图 7-51　网络总览图

三、系统控制软件组态

1. 建立变量表和符号表

表 7-2 是系统用到的 I/O 分配和变量表。

表 7-2 I/O 分配和变量使用

地 址	说 明	数据类型	地 址	说 明	数据类型
M0.1	进水电磁阀动作 VD1	BOOL	PIW524	出水流量数字量	INT
M0.2	出水电磁阀动作 VD2	BOOL	PQW512	进水阀输出	INT
M0.3	停止电磁阀 VD-STOP	BOOL	PQW514	出水阀输出	INT
M0.4	手自动开关	BOOL	MD20	锅筒液位实际值	REAL
M0.5	置 1，自动调节	BOOL	MD94	进水流量实际值	REAL
M0.6	上限报警	BOOL	MD124	出水流量实际值	REAL
M0.7	下限报警	BOOL	MD78	进水阀开度	REAL
Q0.0	进水电磁阀	BOOL	MD86	出水阀开度	REAL
Q0.1	出水电磁阀	BOOL	MD82	出水阀门操作量	REAL
PIW516	锅筒液位数字量	INT	MD90	进水阀门操作量	REAL
PIW522	进水流量数字量	INT			

图 7-52 和图 7-53 分别是软件组态时所设置的符号表和变量表。

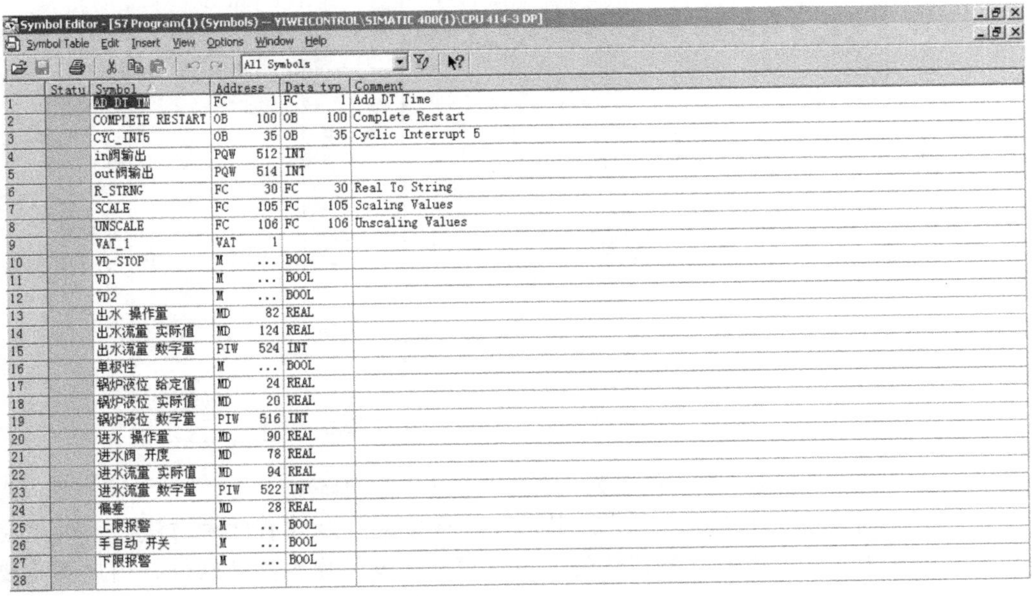
Symbol Editor - [S7 Program(1) (Symbols) -- YIWEICONTROL\SIMATIC 400(1)\CPU 414-3 DP]

Symbol Table Edit Insert View Options Window Help

All Symbols

	Status	Symbol	Address		Data type	Comment
1		AD_DT_TM	FC	1	FC 1	Add DT Time
2		COMPLETE RESTART	OB	100	OB 100	Complete Restart
3		CYC_INT5	OB	35	OB 35	Cyclic Interrupt 5
4		in阀输出	PQW	512	INT	
5		out阀输出	PQW	514	INT	
6		R_STRNG	FC	30	FC 30	Real To String
7		SCALE	FC	105	FC 105	Scaling Values
8		UNSCALE	FC	106	FC 106	Unscaling Values
9		VAT_1	VAT	1		
10		VD-STOP	M	...	BOOL	
11		VD1	M	...	BOOL	
12		VD2	M	...	BOOL	
13		出水 操作量	MD	82	REAL	
14		出水流量 实际值	MD	124	REAL	
15		出水流量 数字量	PIW	524	INT	
16		单极性	M	...	BOOL	
17		锅炉液位 给定值	MD	24	REAL	
18		锅炉液位 实际值	MD	20	REAL	
19		锅炉液位 数字量	PIW	516	INT	
20		进水 操作量	MD	90	REAL	
21		进水阀 开度	MD	78	REAL	
22		进水流量 实际值	MD	94	REAL	
23		进水流量 数字量	PIW	522	INT	
24		偏差	MD	28	REAL	
25		上限报警	M	...	BOOL	
26		手自动 开关	M	...	BOOL	
27		下限报警	M	...	BOOL	
28						

图 7-52 符号表

2. 控制算法的实现

（1）主程序 在 OB1 里，主要实现了锅筒液位输入信号、进水流量信号的量程转换，如图 7-54 所示；进水阀门输出信号的量程转换，如图 7-55 所示；阀门的手自动切换程序，上限报警程序等，如图 7-56、图 7-57 所示。

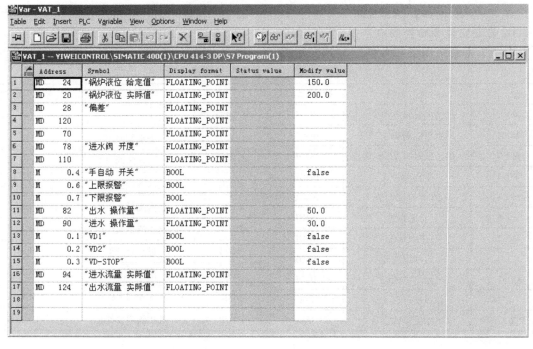

图 7-53　变量表

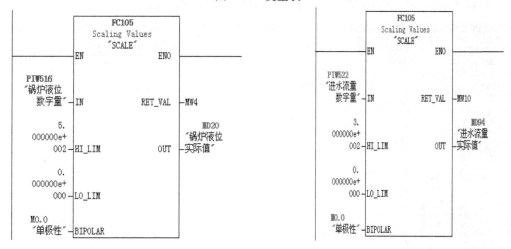

图 7-54　锅筒液位和进水流量信号的量程转换

（2）模糊控制编程　在实际应用中，用 PLC 构成模糊控制器有两种方法。一种是使用专用的 PLC 控制单元，用户可以在 PLC 的上位计算机上安装模糊支持软件，用户不需要专门的编程工具就能对模糊单元编程、建立知识库，并且还可以在线监视模糊单元的运行状况。显然，采用了这种专门的模糊单元方便了用户。模糊控制器的另一种组成方式是采用与数字控制器相同的硬件结构，用 PLC 等来组成硬件部分，而在软件上用模糊算法取代原来数字控制器的数字控制算法，这样就组成了一个 PLC 的模糊控制系统。由此可见，这种模糊控制器在本质上只是一种模糊算法而已。显然，采用这种方法，模糊控制器组成简单、开销少、灵活性高、应用范围广。采用专用的硬件模糊控制器是用硬件来直接实现模糊推理，优点是推理速度快、控制精度高；但与使用软件方法相比，PLC 模糊控制模块成本高，使用的范围受到限制。本系统采用第二种方法。

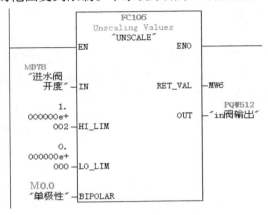

图 7-55　进水阀输出

图 7-56　进水调节阀手自动切换

OB35 为中断服务程序，实现模糊化处理和模糊控制量表查询部分，同时此部分又为整个程序设计的关键。在前期的计算中，已经将模糊控制的总查询表离线计算出，见表 7-3。其中，SP 为设定值，E 为系统设定值与实际值偏差，U 为输出量。因此只需编程实现查询功能和模糊化处理及解模糊过程。

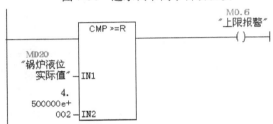

图 7-57　上限报警

表 7-3　模糊控制表

U \ SP	-2	-1	0	1	2
E					
-2	-2	-2	-2	0	0
-1	-2	-1	-1	-1	0
0	-2	-1	0	0	0
1	0	0	1	1	1
2	0	1	2	2	2

以下给出部分主要程序：

1）求出偏差，如图 7-58 所示。

2）偏差模糊化，如图 7-59 所示。

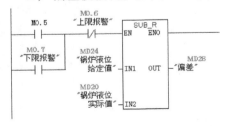

图 7-58　求出偏差

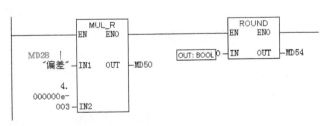

图 7-59　偏差模糊化

偏差模糊化 $y = [(n-m)/(b-a)][x-(a+b)/2] = [2-(-2)]/[500-(-500)](x-0) = 0.004x$

3）数据类型转换，将输出取整，如图7-60所示。

取整输出类型：DINT，需转成REAL类型。

4）本系统中偏差的实际变化范围为 $[-500,500]$，需要转换到 $[-2,2]$ 这个区间。用下面的例子说明如何调用模糊规则。如图7-61和图7-62所示，判断模糊化偏差与设定值处于论域 $[-2,2]$ 中的某个等级，则调用相应的模糊规则，如图7-63所示。

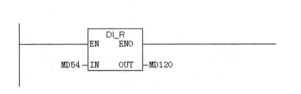

图7-60　偏差模糊化取整数出

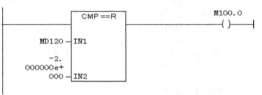

图7-61　E 是否等于 -2

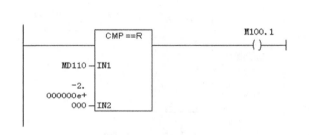

图7-62　SP 是否等于 -2

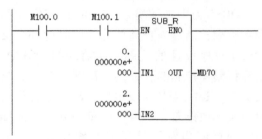

图7-63　$E = -2$，$SP = -2$，确定 U

5）反模糊化：确定模糊规则后，将模糊化控制量转换为实际控制量，如图7-64所示。

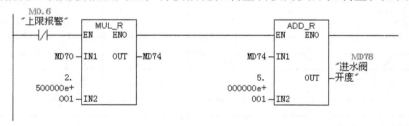

图7-64　反模糊化，输出阀门开度

解模糊 $y = [(n-m)/(b-a)][x-(a+b)/2] = [2-(-2)]/(100-0)(x-50)$

$\qquad x = 25y + 50$

四、监控系统组态

1. 启动 WinCC

2. 创建新项目

3. 添加 PLC 驱动程序

以上步骤与本章第二节的创建过程相同，不再详述。

建立与S7-400 PLC程序相对应的变量表，如图7-65所示。

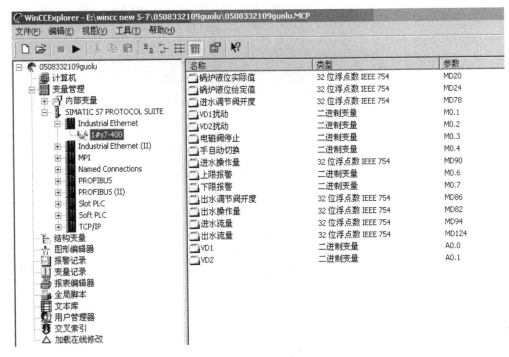

图 7-65　建立后的变量表

4. 创建 WinCC 画面

创建的 WinCC 画面如图 7-66 所示。

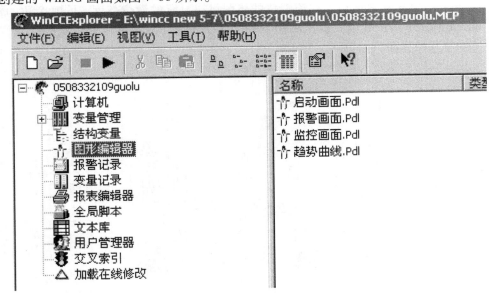

图 7-66　创建的 WinCC 画面

（1）启动画面设计　根据需要加入相应的文本框和按钮，建立"进入监控"按钮和"退出运行"按钮的链接。运行被激活后，此画面为初始的画面；单击画面上的"进入监控"，可以进入锅炉液位监视画面；单击"退出运行"按钮，系统取消激活，退出运行状态，如图 7-67 所示。

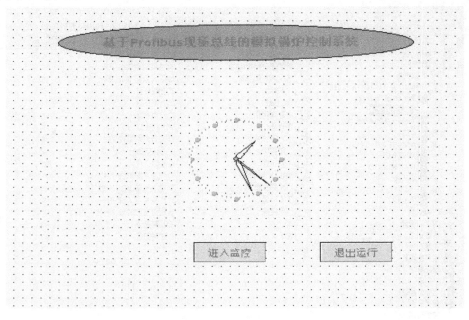

图 7-67　启动界面

（2）监控画面设计　从图库中选择需要插入的图形 Pipe、Valve，并建立对应的输入/输出域及设置相关按钮，进行在线控制。同时建立趋势曲线、报警、返回初始画面、退出运行 4 个按钮的链接。系统被激活后，锅筒液位的棒图可以显示的液位高度，同时旁边的输入/输出域可以实时显示液位数值。单击画面下侧的各个按钮，可以进入到不同的画面。图 7-68 为设计的主监控界面。

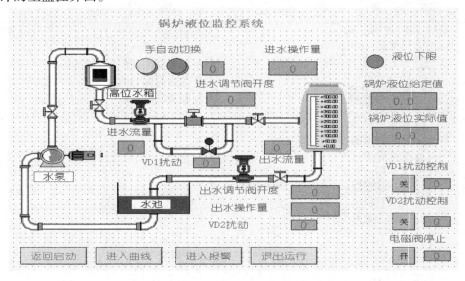

图 7-68　监控画面

（3）趋势曲线画面设计　系统被激活后，此画面可以显示出锅炉液位给定值、实际值以及阀门开度的实时趋势曲线。

　　要建立 WinCC Online Trend，首先要建立变量记录。图 7-69 是设置的变量记录。在趋势曲线画面中，建立了锅筒液位趋势曲线和阀门开度趋势曲线。同时，对这 3 个变量建立了 WinCC Online Table。图 7-70 为趋势曲线画面。

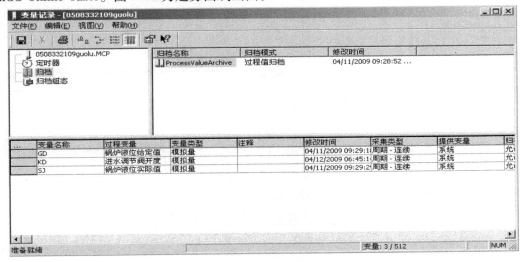

图 7-69　变量记录

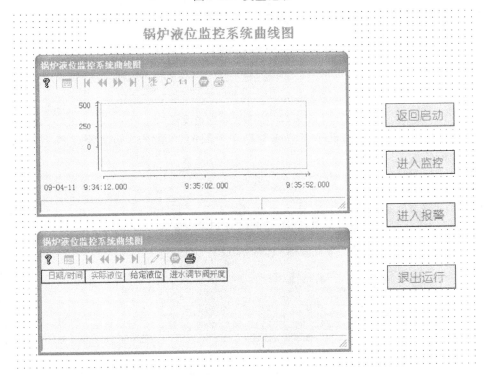

图 7-70　趋势曲线画面

　　(4) 报警画面设计　因为液位值是模拟量，所以要对锅炉液位建立报警，首先要组态模拟量报警。设立的报警下限值应略大于实际液位下限值，报警上限值应略小于实际液位上限值。因为锅炉液位下、上限值为 0 和 500，所以设立的报警下、上限值分别为 50 和 450，如图 7-71 所示。

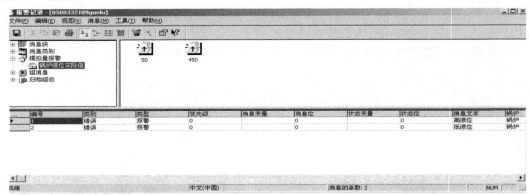

图 7-71　报警设置

设置报警文本时，需要注意文本信息颜色的选择，如图 7-72 所示。

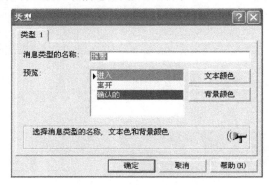

图 7-72　报警文本颜色设置

系统被激活后，当液位值低于下限或者高于上限时，系统自动报警。图 7-73 是组态后的液位报警画面。

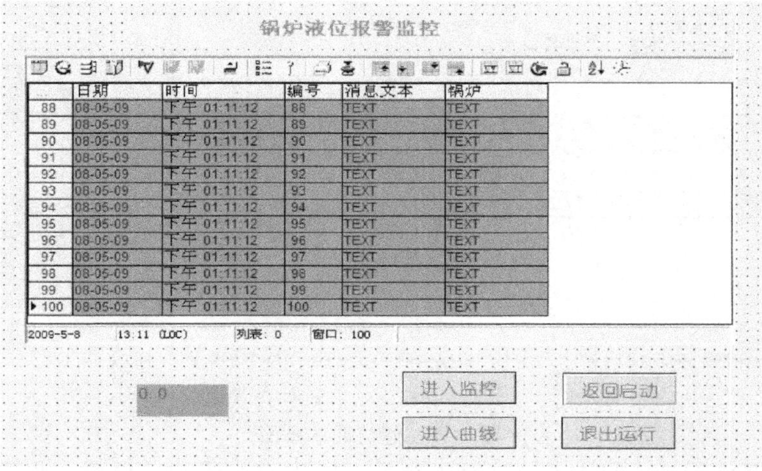

图 7-73　报警画面

五、系统运行

1. 系统开始运行

初始运行画面为"启动画面"，如图 7-74 所示。

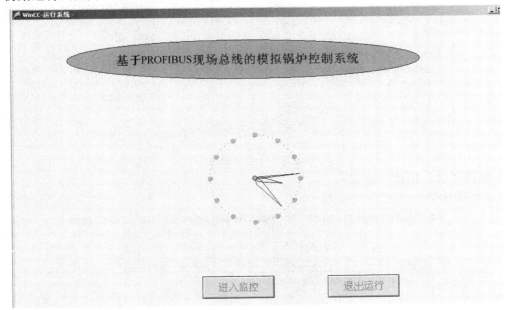

图 7-74　启动画面

2. 单击"进入监控"按钮

进入锅炉液位监控画面，如图 7-75 所示。

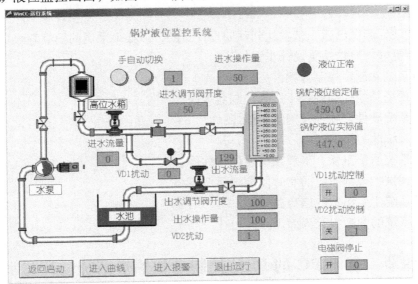

图 7-75　实时监控界面

3. 单击"进入曲线"按钮

进入趋势曲线画面，根据设定的参数，得到相应的趋势曲线，如图 7-76 所示。

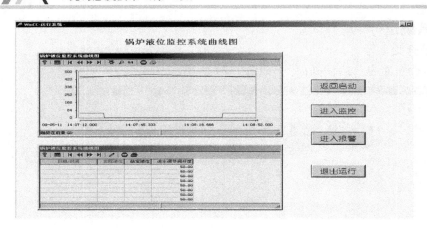

图 7-76　趋势曲线

4. 单击"进入报警"按钮

进入报警画面，如图 7-77 所示。

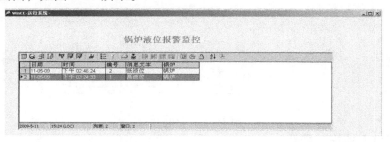

图 7-77　报警记录

六、小结

系统的软硬件调试已通，基本达到预期设计目的，但如果采用的模糊等级更多些，系统的控制效果会更好。总结系统设计步骤如下：

1）分析系统并制定控制方案。
2）设计现场总线控制系统，选择控制器等硬件装置。
3）组态系统硬件、软件及网络通信。
4）组态系统监控界面。
5）检查系统通信正常，下载系统硬件、软件。
6）系统调试，得到系统的实时监控画面。
7）显示系统主要参数的趋势曲线。
8）显示系统的参数报警界面。

第四节　基于 PC 的 PLC 控制电加热炉系统设计与实现

一、系统的网络结构、硬件结构及软件关系

1. 系统的网络结构

如图 7-78 所示，本实验系统的网络由两个层次构成，即现场级和控制级。现场级由远

程 I/O ET200S 作为 PROFIBUS-DP 从站，控制级为基于 PC 的 PLC——西门子 WinAC Slot 型
控制器，属于 PROFIBUS-DP 主站。

2. 系统的硬件结构

图 7-79 所示为电加热炉单回路控制系
统的结构框图。

系统的被控对象是实验用的电加热炉，
用来模拟工业上的加热钢样的加热炉，其外
观图如图 7-80 所示。

电加热炉的内部结构如图 7-81 所示，
其中瓷套管的上部和下部各绕一组 750W 的
电热丝，为对象的"双输入"，加热对象为

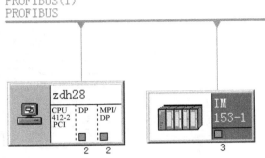

图 7-78　实验系统的网络层次图

钢试样及其夹头，试样中部相距 2.5~5cm 处有两根测温热电偶，为对象的"双输出"。本
控制系统只对该电加热炉的其中一组电加热丝进行加热，组成单回路控制系统。

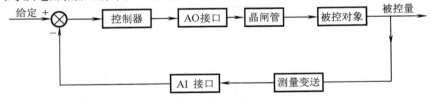

图 7-79　控制系统框图

图 7-80　电加热炉及 LTF-2A 型
温度场控制装置外观图

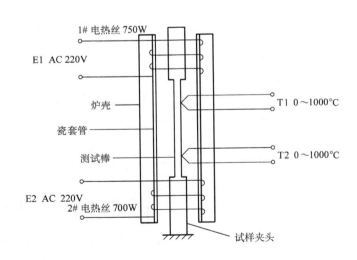

图 7-81　电加热炉结构图

由基于 PC 的 PLC——西门子 WinAC Slot 作为系统的控制器，其插板安装在工控机内；
在电加热炉现场配有 LTF-2A 型温度场控制装置，如图 7-80 所示，内部有仪表控制和工控机
控制两种类型控制方案的切换按钮，系统的详细接线图如图 7-82 所示。

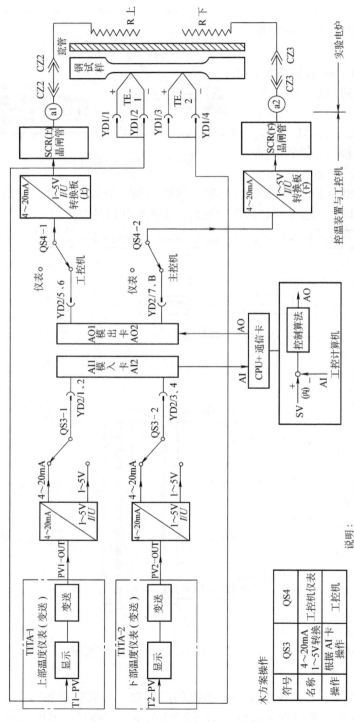

图 7-82 电加热炉控制系统的详细接线图

说明：
1. 其他通用操作方法为：在控温装置和实验电炉两边的上、下加热供电插座之间连接好电源线；热电偶的 4 芯航空插连到 YD1；在总电源插座上插上电源。
2. 将与工控机(PLC DCS)I/O 卡连接的 AI、AO 和控制算法，与航空基与控制箱的 YD2 接好，先接通总电源开关，工控机自动切断电源（KM1 接触器），请勿擅自修改 ALI；调试工控计算机的 AI、AO 和控制算法，使两只电源表有输出，工控机自动切断电源使开关了。出厂时，仪表内设置了报警值 AL1=910°C，炉温＞910°C 全部不起作用，请在工控软件中将最大输出限制在 80%，以延长电热丝的寿命。
3. 原仪表设置的输出限制 OUTL 已不起作用，请在工控软件中将最大输出限制在 80%，以延长电热丝的寿命。
4. 原仪表设置的输出限制 OUTL 已不起作用，请在工控软件中将最大输出限制在 80%，以延长电热丝的寿命。

本方案操作

符号	QS3	QS4
名称	4~20mA 1~5V转换 卡	工控机仪表 工控机
操作	根据 AI 卡 操作	

系统的远程 I/O 装置选用西门子公司的 SIMATIC ET200S 系列分布式 I/O 模块，作为 PROFIBUS-DP 从站。ET200S 采用离散式模块化设计，在 PROFIBUS-DP 接口模块 IM151 之后可以插入最多 64 个任意组合的 I/O 模块，本系统选用了开关量输入模块、开关量输出模块、模拟量输入模块、模拟量输出模块。ET200S 背板总线采用了先进的传输技术，确保 PROFIBUS-DP 达到 12Mbit/s 的传输速率。ET200S 的外观图如图 7-83 所示。

由于工业现场有许多外部设备，如大功率直流电动机、接触器等，在启动或开关过程中会产生很强的电磁干扰信号，如不加以隔离，可能会使微型计算机控制系统造成误动作乃至损坏。因此，本系统在输入、输出环节接口中接入光耦合器，其外观如图 7-84 所示。光耦合器，简称光耦，是一种以光为耦合媒介，通过光信号的传递来实现输入与输出间电隔离的器件，可以在电路或系统之间传输电信号，同时确保这些电路或系统彼此间的电绝缘。本系统采用了 M5VS-AA-R 型有源光耦合器。

图 7-83　ET200S 外观图

图 7-84　光耦合器

电加热炉内部钢样的温度由传感器测得，并转换为电信号输入到 LTF-2A 型温度场控制装置内，再经过变送器件成为标准的 4 ~ 20mA 电流信号和 0 ~ 5V 电压信号，输出给现场的远程 I/O 模块；系统的执行器是晶闸管器件，也安装于 LTF-2A 型温度场控制装置内。

3. 系统使用的软件

本系统使用西门子的 STEP7 软件完成硬件组态和控制程序的编写；用西门子的 WinAC 软件的 Computing 子软件实现对控制过程的监控和操作。这两个软件均安装在工控机中，它们之间的关系图如图 7-85 所示。由上面说明可知，本系统采用基于 PC 的 PLC，西门子的 WinAC Slot 板卡插于该工控机的 PCI 插槽中，因此，此工控机既作为控制器使用，同时又作为操作员站使用，WinAC Slot 板卡的安放以及与远程 I/O 的连接在图 7-85 中也有显示。

二、实验实施步骤

1. 硬件组态

（1）创建工程，插入站点　双

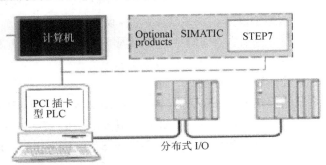

图 7-85　控制系统软件关系图

击进入"SIMATIC Manager"（项目管
理器）开始创建一个新的 STEP7 项目。
打开管理器后通过新建项目向导的方
式来完成项目的创建。输入项目名称
"libaozheng"。在此项目上单击鼠标右
键，插入基于 PC 的 PLC 站点"SI-
MATIC PC Station"，如图 7-86 所示。

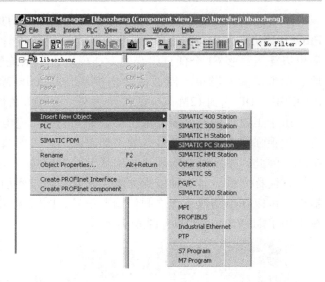

为下面通信方便，将默认名"SI-
MATIC PC Station（1）"改成本机名
"zdh28"（使用的工控机名称）。在
"SIMATIC Manager"左边浏览窗口中
选择站点，双击右边数据窗口的
"Configuration"，打开硬件组态编辑器。

（2）主站和从站的组态 在硬件
组态窗口中选择右边的硬件目录，并

图 7-86 插入 SIMATIC PC 站

从中选择 CPU 412-2 PCI V2.1 并把它拖放到机架的第 3 个插槽上，如图 7-87 所示，即 CPU
412-2 PCI 型的 WinAC Slot 作为控制系统的主站。

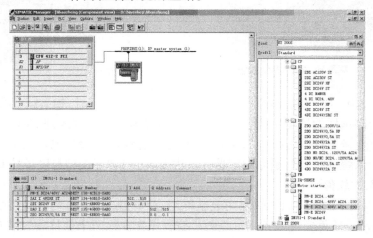

图 7-87 硬件组态图

选择 PROFIBUS（1）总线，并设置总线参数。选择远程 I/O 模块 ET200S 作为 DP 从
站。其通信模块为 IM151-1，按照现场使用的 IM151-1 和 I/O 模块的订货号在元件库中进行
选择，各器件的型号和订货号如下：

通信模块 IM151：

电源模块 PE：PM-E DC24/48V/AC24V   6ES7-138-4CB10-0AB0

模拟量输入模块 AI：2AI I 4WIPE ST   6ES7-134-4GB10-0AB0

数字量输入模块 DI：2DI DC24V ST   6ES7-1318-4BB00-0AA0

模拟量输出模块 AO：2AO I ST   6ES7-135-4GB00-0AB0

数字量输出模块 DO：2DO DC24V/0.5A   ST   6ES7-132-4BB00-0AA0

将各个模块拖入相应的机架插槽，检查无误后，单击硬件组态窗口中的按钮 （或选择菜单"Station"→"Save and Compile"）保存并编译组态信息。

（3）组态信息下载　在硬件组态信息下载之前，必须按要求设置通信通道。在 SIMATIC Manager 程序中，选择菜单"Options"→"Set PG/PC interface"，打开"Set PG/PC interface"对话框，将"S7 ONLINE（STEP7）"的访问点设置成"PC internal（local）"，如图7-88 所示，单击"确定"关闭此对话框。

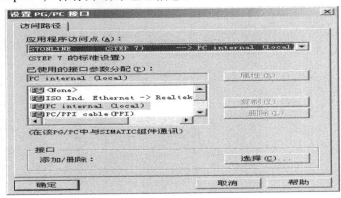

图 7-88　设置通信通道

双击桌面上的"Station Configurator"图标，将"Station name"改为硬件组态中站点的名称，即"zdh28"，如图7-89 所示。

上述步骤确认后，项目管理器的项目图标将会出现黄色箭头，如图7-90 所示，这表示通信通道已经设置成功。此时单击硬件组态程序工具栏上的按钮""便可以将硬件组态信息下载到 WinAC Slot。这里注意下载目标只选择"CPU 412-2 PCI"即可。

图 7-89　修改站点名

图 7-90　通信通道设置成功后的项目管理器图

至此完成了硬件组态和硬件信息下载。

2. 用户程序编写

系统采用 STEP7 软件编写控制程序，编程语言主要有梯形图、语句表和功能块图等类型。用户程序一般由组织块（OB）、功能块（FB）、功能（FC）和数据块（DB）等构成。OB1 作为主程序循环块是必需的，将所有的程序放入 OB1 中进行编程。编程时地址的设置方式有绝对地址法和符号地址法两种，本系统同时采用了这两种方法。使用符号地址一方面寻找变量比较方便、直观，另一方面便于在实现 Computing 软件与控制引擎进行变量的连接。根据过程控制的复杂程度，编程方式分为线性化编程、模块化编程和结构化编程，本系统采用比较简单的线性化编程方式。

（1）建立符号表　首先为系统中的各个变量建立符号表，分配地址。在"Getting Started"项目窗口查找到 S7 程序，然后双击打开符号组件。在符号表中，为所有要在程序中寻址的绝对地址分配符号名和数据类型，各个变量分别设置符号地址和绝对地址，如图 7-91 所示。

	Statu	Symbol	Address		Data typ	Comment
1		DB41–D_SEL	M	...	BOOL	
2		DB41–ER	MD		Sort table ascending/descending according
3		DB41–GAIN	MD	25	DWORD	
4		DB41–I_SEL	M	...	BOOL	
5		DB41–LMN	MD	40	DWORD	
6		DB41–MAN_ON	M	...	BOOL	
7		DB41–P_SEL	M	...	BOOL	
8		DB41–SP_INT	MD	20	DWORD	
9		DB41–TD	MD	35	DWORD	
10		DB41–TI	MD	30	DWORD	
11		FC105––OUT	MD	15	DWORD	
12		FC105––RET	MW	10	WORD	
13		FC105–BIPOLAR	M	...	BOOL	
14		FC105–IN	PIW	512	WORD	
15		FC106–OUT	PQW	512	WORD	
16		FC106–RET	MW	50	WORD	
17						

图 7-91　符号表

（2）编写用户程序　本系统对电加热炉实施单回路控制，采用 PID 控制算法，由于控制算法比较简单，用户程序设计使用梯形图编程语言、线性化编程方式。在组织块 OB1 中先后调用 FC105、FB41 和 FC106，FC105 是"SCALE"模块，将来自 AO 模块的整型值转换为工程中的实型温度值，输入给 PID 运算模块 FB41；FC106 是"UNSCALE"模块，将 FB41 模块的输出值再转换成整型值，输送给 AO 模块。用户程序梯形图如图 7-92 所示。

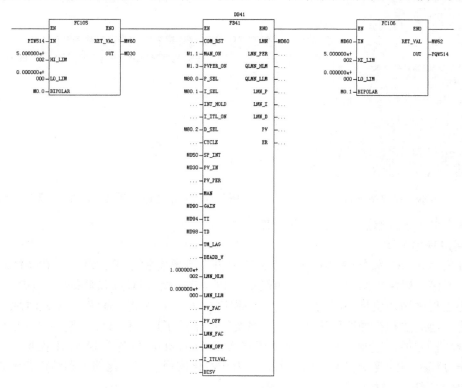

图 7-92　用户程序梯形图

（3）用户程序下载到 WinAC Slot 分别将硬件组态与软件组态下载。在离线窗口中选择"Blocks"文件夹，然后用菜单命令"PLC"→"下载"，将程序下载到 CPU，即 WinAC Slot。完成下载后，按照图 7-93 所示的 WinAC 控制面板路径打开 Win AC Slot 控制面板，将操作开关转到 RUN-P 位置，"RUN"点亮，"STOP"熄灭，CPU 处于试运行工作状态。

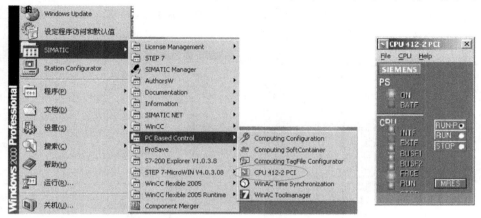

图 7-93 启动控制面板的路径及控制面板图

（4）使用变量表进行控制程序的初步调试 通过监视和修改各个程序的变量来对它们进行测试。在打开的 SIMATIC 管理器以及"Getting Started 离线"项目窗口，找到"Blocks"文件夹，鼠标右键单击工具栏中的窗口右半边。使用鼠标右键的弹出菜单插入一个变量表 VAT1。关闭"属性"对话框，接受默认设置。双击打开 VAT1，输入需要监控变量的绝对地址、数据类型及设定初始值等，如图 7-94 所示。单击图标，将变量表切换到在线方式建立与已组态的 CPU 之间的连接；单击图标，对变量进行监视；单击图标在线修改变量设定值。

	Address	Display format	Status value	Modify value
1	PIW 512	DEC	592	
2	M 0.0	BOOL	false	false
3	M 0.1	BOOL	false	false
4	M 0.2	BOOL	true	true
5	M 0.3	BOOL	false	false
6	M 0.4	BOOL	false	false
7	MW 10	HEX	W#16#0000	
8	MW 55	HEX	W#16#0000	
9	MD 10	FLOATING_POINT	0.0	
10	MD 15	FLOATING_POINT	21.26736	
11	MD 20	FLOATING_POINT	50.0	50.0
12	MD 25	FLOATING_POINT	10.0	10.0
13	MD 30	TIME	T#0ms	
14	MD 35	TIME	T#0ms	
15	MD 40	FLOATING_POINT	100.0	
16	MD 45	FLOATING_POINT	28.73264	
17	MD 50	FLOATING_POINT	0.0	
18	PQW 512	HEX		
19				

图 7-94 用变量表测试程序

3. 系统监控功能的实现

（1）设置 Computing 的访问接口 在使用 WinAC Computing 完成系统监控功能之前，应对 Computing 的访问点进行设置。启动 SIMATIC NET 下的设置程序"Configuration Console"，选择"Access point"，双击右边数据窗口的"Computing"行，从打开的对话框中选择"PC internal（local）"，单击"确定"关闭对话框，结果如图 7-95 所示。

基于 PC 的 PLC 控制器（即 WinAC Slot）和 WinAC Computing 可以安装在不同的 PC 上，

以支持远程访问 WinAC Slot 的数据。无论 WinAC Slot 与 WinAC Computing 是否安装在同一 PC 上，都要将 Computing 的访问接口设成"PC internal（local）"。

（2）"Computing Configuration"设置 使用 WinAC Computing OPC Server 前应设置 OPC 服务器。选择"Start"→"SIMATIC"→"PC Based Control"→"Computing Configuration"，打开"Computing"设置程序，在"OPC"选项卡上有一连接选择项，选择是通过变量文件连接还是直接连接，如图 7-96 所示。

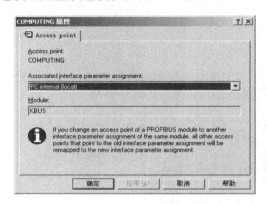

图 7-95　设置 WinAC Computing 的访问站点

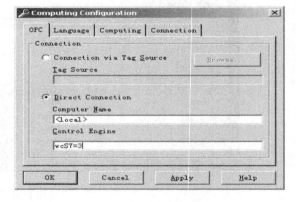

图 7-96　"Computing Configuration"设置

如果采用直接连接，则有两项内容需要输入：

Computer name："< local >"。

Control Engine：WinAC 控制器的类型，WinAC Slot 则输入"wcS7 = 3"。

（3）建立标签文件 如果选择通过变量文件连接，则需要使用标签文件，标签文件不但可以采用符号的方式访问 WinAC 控制器中的数据，还可以使用 OPC 客户端程序访问多个 WinAC Slot 中的数据。先前在 STEP7 中已经定义了符号表，现在可在 WinAC 中组态标签。单击"PC Based Control"下的"Computing TagFile Configurator"，打开 WinAC 的符号表编辑器，程序自动新建一个标签文件。右键单击此标签文件视图窗口的左边，从弹出菜单中选择"Insert Program"，打开选择 STEP7 源程序的对话框，从中选择要进行 WinAC 符号标定的程序，单击按钮--≥将文件选入右边窗口。结果如图 7-97 所示，从中可以看到 STEP7 符号表中

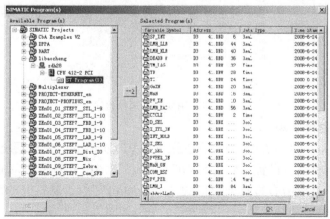

图 7-97　选择 STEP7 源程序

的变量已包含其中。右键单击窗口左边的文件"zdh28"→"CPU_412_2 PCI"，从菜单中选择"Edit"，打开"Control Engine Configuration"对话框，设置如图 7-98 中所示。

在同一标签文件下添加新的文件并进行设置，完成后存盘退出。标签文件的扩展名为".tsd"。标签文件创建后便可与标签源文件连接，之后可以通过符号的方式访问 WinAC Slot 控制器中的数据。

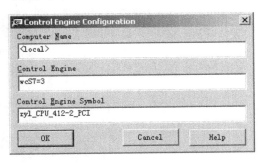

（4）在软容器 Computing SoftContainer 插入需要监控的变量　Computing SoftContainer 是一个 OLE 容器，在它的窗体上可以放置 WinAC Computing 提供的 ActiveX 控件。使用 Computing SoftContainer 可以生成简单实用的 HMI 界面窗口。

图 7-98　控制引擎设置

运行程序组"PC Based Control"下的程序 Computing SoftContainer。在 Computing Soft-Container 的工具栏上除了常规的按钮以外，还有 WinAC Computing 所带的 ActiveX 控件图标，这些 ActiveX 控件还可用在可作为 OLE 容器的程序上。

首先在窗体上添加 Data 和相应控件，在工具栏中单击各控件图标，分别放到适当位置，如图 7-99 所示。各个控件的功能和含义如下：

1）数据（Data）控件：提供与控制引擎（WinAC-Slot）的连接。

2）按钮（Button）控件：连接控制引擎的位地址，实现读、写两种方式，这里用于显示 P、I、D 的状态，绿色代表 1（功能加入），红色代表 0（功能取消）。

3）编辑（Edit）控件：与控制引擎的存储器相连，可以读、写字和双字变量，既可以反映控制的变量，又可以修改控制器的变量；既可以反映过程值，又可以反映给定值。这里插入 4 个编辑

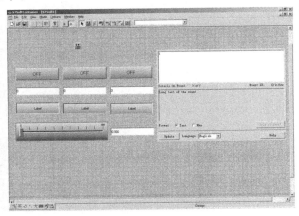

图 7-99　软容器中插入的相应控件

控件，其中 1 个用于显示过程反馈信号，另外 3 个用于显示和修改 P、I、D 状态值。

4）标签（Label）控件：与控制引擎相连，仅能用于显示，把任何过程值转换成字符串并显示出来，这里用于显示 P、I、D 的状态。

5）滑块（Slider）控件：可以读、写控制引擎存储器字和双字变量，可以平滑连续地调节，这里用于调节给定值。

6）S7 诊断缓冲（DBuffer）控件：用以显示控制器 WinAC-Slot 的诊断缓冲器中的内容，DBuffer 控件直接连到控制器，而不像上述几个控件那样使用数据控件做连接。

双击窗体上的 Data 对象，从弹出的窗口中选择"Engine"选项卡，选择通过标签文件进行连接，选择上节保存的文件名作为标签文件，如图 7-100 所示。

选中 Connections 选项卡，用 Browse 查找标签文件，分别设置对象的 value 属性值，如图 7-101 所示，单击"OK"退出设置窗口。

 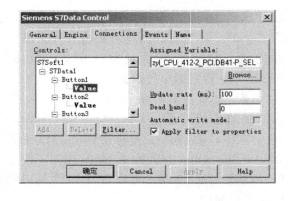

图 7-100　选择连接方式为标签连接　　　　　图 7-101　设置对象的 value 属性值

单击工具栏上的运行按钮▶，使软容器平台运行，结果如图 7-102 所示，这就是一个简单系统监控画面。从图中可以看出，由滑块设定的温度给定值是 60，现场温度反馈值为 62.066，由按钮控件和编辑控件同时设定并现实的 P、I、D 状态为纯比例控制，由标签控件也显示出了 P、I、D 的状态。

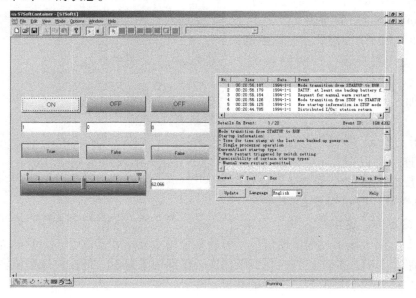

图 7-102　Computing SoftContainer 的运行效果

本系统采用基于 PC 的 PLC——WinAC-Slot，把控制功能、监控功能、数据处理、通信等功能集成在一台工业 PC 中，具有与传统 PC 完全一样的实时特性，集成了 PLC 和 PC 的优点，提高了与 PLC 的通信速度，具有高可靠性、易维护、可扩展和易操作等特点。西门子的 WinAC 软件不仅可以完成控制功能，而且可以用它的 SIMATIC Computing 子软件实现人机交互功能，完成对过程变量的监控及在线修改控制参数等。如果结合 VB 软件、ACCESS 数据库，还可以在人机界面上完成系统的实时响应曲线，更好地反映系统的运行情况。

思考题与习题

7-1　说明图 7-1 所示现场总线控制网络的层次结构及各层设备的功能。

7-2　总结说明基于 PROFIBUS 的三容水箱液位控制系统网络及硬件组态过程以及系统控制功能的实现过程。

7-3　如何建立 WinCC 与 PLC 的通信连接？

7-4　说明第四节基于 PC 的 PLC 电加热炉控制系统的网络结构、硬件结构和软件组成。

7-5　根据图 7-82 说明基于 PC 的 PLC 电加热炉闭环控制工作原通信通道 PG/PC 接口设置有哪几种操作方法？

7-6　符号表与变量表有何区别？

7-7　简述西门子 STEP7 软件中的功能 FC106、FC107 以及功能块 FB41 的工作原理。

7-8　WinAC Computing 与 STEP7 软件的连接又哪两种方式？如何设置？

7-9　WinAC Computing 软容器中常用的控件有哪几种？各自如何与变量连接？

第八章　液位控制仿真在 PCS7 平台上的实现

西门子 PCS7（Process Control System7）是一个过程控制系统平台，是完全无缝集成的自动化解决方案，可以应用于工业领域，包括过程工业、制造工业及所涉及的所有制造和过程自动化产品。PCS7 是具有典型的过程组态特征的全集成系统，具有许多自动功能，可以协助用户快捷方便地创建项目。本章在 PCS7 V7.1 SP2 版本下的过程控制系统平台上，针对液位对象装置进行仿真控制，包括项目创建、硬件组态、被控对象封装、连续功能控制、顺序功能控制以及监控功能。通过这一完整的控制仿真掌握 PCS7 平台硬件和软件的使用。

第一节　PCS7 的组成

PCS7 由基于西门子自动化系统（SIMATIC）标准的硬件和软件两大部分组成。

一、PCS7 硬件

PCS7 硬件包括工程师站、操作员站、自动化站、通信总线和远程 I/O 装置等几部分。

1. 工程师站（Engineer Station，ES）

工程师站是指装有用于组态 PCS7 项目的 PCS7 工程软件的 PC，可以利用工程师站组态并下载 PCS7 所有系统组件，包括操作员站、自动化站和分布式 I/O。

2. 操作员站（Operator Station，OS）

操作员站用于在过程模式下操作和监视 PCS7 项目中的 PC，工厂操作员在运行期间从 OS 上监控工厂情况。在 PCS7 中，PC 用于 ES、OS 等，PCS7 将这些站统称为 PC 站。

3. 自动化站（Automation Station，AS）

如图 8-1 所示，AS 是指由电源、CPU 及通信处理器组成的硬件系统，PCS7 的 AS 只能使用 S7-400 系列的 CPU。AS 从与之连接的 I/O（集中式和分布式）中采集和处理过程数据，并向过程对象输出控制信号和设定值；AS 向 OS 提供用于可视化的数据，AS 识别操作员的输入并将其返回到过程对象。

4. 通信结构

PCS7 中，AS、OS 和 ES 组件相互之间通过总线系统（工业以太网）进行通信，在 PCS7 组成的工厂中，总线被分为终端总线（Terminal Bus，T-bus）和工厂总线（Plant Bus，P-bus）两部分。如图 8-2 所示，OS 和 ES、OS 和 OS 之间的通信通过 T-bus 进行，使用通信卡可将 OS 和 ES 连接到 T-bus 上，通信卡使用 PC 的某个插槽，可根据要求使用不同的通信卡。OS 和 AS、AS 和 AS 之间的通信通过 P-bus 进行，使用 CP443-1 通信处理器或者 CPU 的以太网接口，将 AS 连接到 P-bus 上，其中使用的协议主

图 8-1　自动化站

要有 TCP/IP、ISO 等。

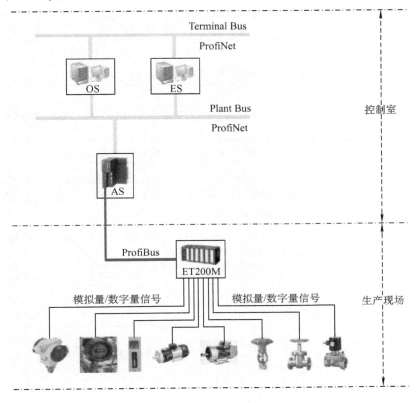

图 8-2 PCS7 系统网络结构

5. ET200M

如图 8-3 所示，ET200M 是一种分布式 I/O 装置，可以在远程位置就地操作，通过高性能、高数据传输率的 PROFIBUS-DP 总线实现在 AS 的 CPU 与其分布式 I/O 装置之间的顺畅通信。

ET200M 由各类不同的 S7-300 系列 I/O 模块组成，IM153 接口用于与 PROFIBUS-DP 现场总线的连接。

6. PROFIBUS-DP 主站和从站

PROFIBUS-DP 是符合国际标准并基于 DP（分布式外设）协议的开放式总线系统，DP 是用于在 CPU 和分布式 I/O 装置之间进

图 8-3 分布式 I/O ET200M

行循环数据交换的高速协议。PROFIBUS-DP 可以由基于屏蔽双绞线的电气网络实现，或者由基于光纤的光学网络实现。DP 主站代表 CPU 和分布式 I/O 之间的连接，它通过 PROFI-BUS-DP 与分布式 I/O 装置交换数据并监视 PROFIBUS-DP 总线。DP 主站集成在相应的设备中，S7-400 系列 CPU 均配有接口。DP 从站是指通过 PROFIBUS-DP 连接到 DP 主站的分布式 I/O 装置，ET200M 即为 DP 从站，它从本地准备数据，并将其通过 PROFIBUS-DP 传送到 CPU，如图 8-3 所示。

二、PCS7 软件

PCS7 软件包含若干应用程序，通过这些应用程序可以组态系统并在运行期间对系统进行操作和监控。所有应用程序都提供了图形用户界面，从而可以方便地操作并且清楚地显示组态数据。具体的软件组成见表 8-1。

表 8-1 PCS7 软件组成

应用程序	简要描述
SIMATIC Manager	中心应用程序，用于管理项目对象，是创建 PCS 7 项目的其他所有应用程序的门户
HWConfig	包含整个硬件系统的组态，例如 CPU、电源、通信处理器
NetPro	用于进行网络组态
CFC（Continuous Function Chart）	连续功能图，用于按照 IEC61131-3 标准对连续自动化功能进行图形化组态，具有测试和调试功能
SFC（Sequential Function Chart）	顺序功能图，用于对顺序生产顺序进行图形化组态（步进顺控程序），具有测试和调试功能
SCL（Structured Control Language）	结构化控制语言，用于按照 IEC61131-3 标准进行用户功能块编程的高级语言
WinCC	可视化和组态软件，包含在单个或多个站操作中快速实现从简单到复杂可视化任务的标准

三、实验环境

实验项目将在有单个 AS 系统和组合的 ES 与 OS 构成的最小系统上实现，OS 设计为单工作站系统，具体的硬件组成见表 8-2。

表 8-2 实验环境硬件配置

设备名称	订货号	重要参数	说　　明
主站			
RACK UR2	6ES7 400-1JA11-0AA0		AS 机架
PS407 10A	6ES7 407-0KR02-0AA0		电源模块
CPU412-5H PN/DP	6ES7 412-3HJ14-0AB0	V4.5	CPU 模块
CP443-1 V3.1	6ES7 443-1EX20-0XE0	00-1B-1B-98-6C-B8	通信模块
从站			
IM153-2	6ES7 IM153-2 153-2BA02-0XB0	DP Address：3	通信模块
AI	8×12BIT　331-7KF02-0AB0	四线电流、4~20mA	模拟量输入
AO	4×12 BIT 332-5HD01-0AB0	四线电流、4~20mA	模拟量输出
DI	16×DC24V 321-1BH02-0AA0		数字量输入
DO	16×DC24V/0.5A 322-1BH01-0AA0		数字量输出

第二节　创建项目、硬件组态与网络组态

下面使用 PCS7 V7.1 进行项目的创建、AS 组态、PC 站组态、网络组态以及相应下载

等。SIMATIC 管理器是 PCS7 内的中心应用程序，也是用于创建 PCS7 项目所需的所有其他应用程序的接口。SIMATIC 管理器和所有其他应用程序链接在一起，在组态时，可以方便地访问在 SIMATIC 管理器中已创建的所有数据及其包括的应用程序。启动 SIMATIC 管理器后，将自动打开上次打开的项目。

一、创建项目

按照图 8-1 所示的主站硬件结构和表 8-2 所示的整个系统硬件组成，创建一个项目。单击桌面图标（SIMATIC Manager），或单击选择"Start"→"Simatic"→"SIMATIC Manager"（SIMATIC 管理器），均可以打开 SIMATIC 管理器。在打开 SIMATIC 管理器的同时，"PCS 7 Wizard：'New Project'"（PCS7 新建工程向导）也将被打开，如图 8-4 所示。在新建工程向导的帮助下，建立一个新的 PCS7 工程。

单击"Next"按钮弹出图 8-5 所示对话框，在"Which CPU are you using in your project?"（在项目中使用的是哪个 CPU？）下拉列表显示的 CPU 套件中选择要在项目中使用的 CPU Bundle，注意尽量与表 8-2 提供的硬件列表一致。一个 CPU 套件中包括机架、电源、CPU 和 CP443-1 通信模块；另外，还可根据实际情况选择 CP443-5 通信模块的数量，本实验中没有 CP443-5 通信模块，所以选 0。

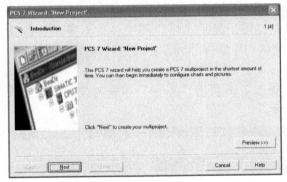

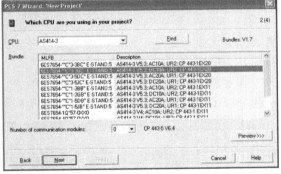

图 8-4　PCS7 向导　　　　　　　　　图 8-5　选择 CPU Bundle

单击"Next"按钮弹出图 8-6 所示对话框，在"Which objects are you still using?"（项目中仍将使用哪些对象？）选项组中选择工厂层级、AS 对象、OS 对象。在工厂的"Number of levels"（层级数）下拉列表框中选择 3，表明项目有 3 个工厂层级；在"AS objects"（AS 对象）下，选中"CFC chart"（CFC 图表）和"SFC chart"（SFC 图表）复选框，项目中将使用 CFC 图表和 SFC 图表进行控制算法和开车流程的编写；选中"OS objects"（OS 对象）下的"PCS7 OS"复选框，表明需要建立 OS，PCS7 将自动选中"Single station system"（单站系统）单选项。

单击"Next"按钮弹出图 8-7 所示对话框，在"Directory name"（项目名）文本框中输入名称"S7Pro_2017"并指定储存位置。单击"Finish"按钮，完成项目创建。PCS7 需要一段时间创建工程并保存先前所做的设置，创建 OS 项目花费的时间较长。

项目创建完成后，将在 SIMATIC 管理器中显示所创建项目的三种视图，分别是组件视图（Component View）、工厂视图（Plant View）和过程对象视图（Process Object View）。这些视图所包含的各个对象实际上只有一个，但却可以在多个视图中显示和编辑。

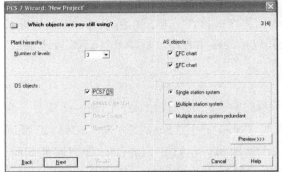
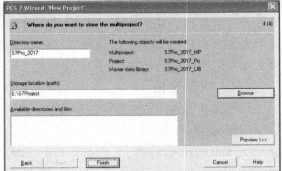

图 8-6　选择工厂层级、AS 对象、OS 对象　　　　图 8-7　分配项目名、存储路径

1）组件视图：表示各个对象（如图表和块）的实际存储位置。在组件视图中，可以直接看到块和图表与现场控制站的所属关系。在组件视图中，可以创建硬件组件以及启动自动化系统、总线组件、过程 I/O 和 PC 站的硬件组态。

2）工厂视图：以工艺视角布置和描述工厂，显示工厂的确切层级结构。可将工厂分为若干单元，并可查看各图表和过程画面与各单元之间的所属关系。在工厂视图中可分级布置自动化、操作员监控功能。

3）过程对象视图：提供了过程对象的完整视图，显示工厂视图中各个对象的详细信息。当为大量对象分配相同的参数值或者要为这些对象添加相同注释或进行相同连接时，此视图尤为适用。

本实验中只需使用组件视图和工厂视图，通过单击菜单 "View" 和纵向排列按钮，使这两个视图同时显示、纵向排列，如图 8-8 所示。

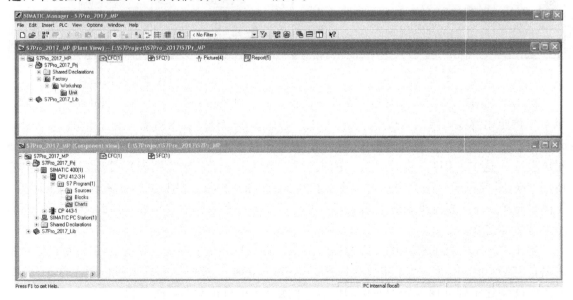

图 8-8　工厂视图和组件视图

激活 Plant View（工厂视图），在 Plant View 左侧树形视图中，按表 8-3 表对原有工厂层级名称进行修改。

表8-3　修改前后的工厂层级名称

Plant View 中原有工厂层级名称	修改后的工厂层级名称
Process cell（1）	Factory
Unit（1）	Workshop
Function（1）	Unit

二、AS 硬件组态

下面进行自动化站的硬件组态，包括主站、从站以及 PROFIBUS-DP 总线，按照步骤进行，并注意每一步的属性、功能的设置，其中硬件型号、订货号等见表8-2。

1. 打开硬件组态编辑器

在 Component View 的左侧树形结构中单击 SIMATIC 400（1）文件夹，在右侧详细视图中双击"Hardware"（硬件）对象，打开"HW Config"（硬件组态）视图，显示系统新建项目向导已经创建的一个虚拟机架，电源、CPU、通信处理器等已安装在该机架上，如图8-9所示。

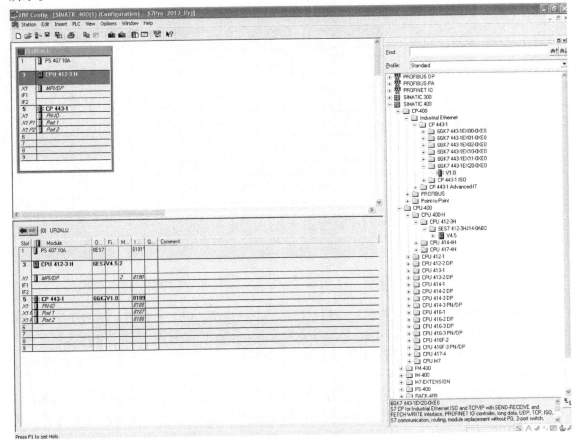

图 8-9　AS 硬件组态编辑器视图

2. 更换 AS 主站的模块

双击图 8-9 中的机架、电源模块、CPU 模块和 CP 模块，会出现各自属性，按照表8-2

中硬件的详细配置，对其进行核对和修改。修改方法有两种：如果目标模块与原模块同在图 8-9 模块库中的同一个文件夹下，单击右键替换即可；如果不是，则先删除，然后在模块库中选择正确的插入原来位置。注意，更换 CPU 模块时一定要保留其中的程序和符号表。

3. 设置 CPU 模块属性

右键单击 CPU 模块，在弹出的对象属性对话框中打开 "Time-of-Day Interrupts Cyclic Interrupts" 选项卡，在此处中断周期选择 1 秒，即使用 OB32 运行后面编写的 CFC 程序，在 OB32 中设置读取过程映像区的位置为 PIP1，如图 8-10 所示。

4. 建立以太网并设置 CP 模块属性

双击 CP443-1 的 PN-IO 端口，选择菜单命令 "Edit" → "Object Properties" （对象属性），打开 "Properties-PN-IO-（R0/S5.1）" 对话框，如图 8-11 所示。在 "General" （通用）选项卡的 "Interface" （接口）选项组中，单击 "Properties" （属性）按钮，打开 "Properties-Ethernet interface PN-IO（R0/S5.1）（以太网接口 PN-IO（R0/S5）属性）对话框。在 "MAC address" （MAC 地址）文本框中输入 MAC 地址：00-1B-1B-98-6C-B8。取消选中 "IP protocol is being used" （IP 协议正在使用）复选框，这将禁用所有相关的文本框，如图 8-12 所示。

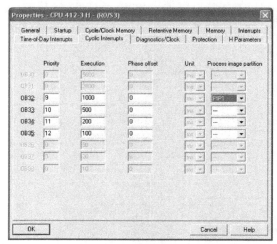

图 8-10　设置 CPU 模块属性

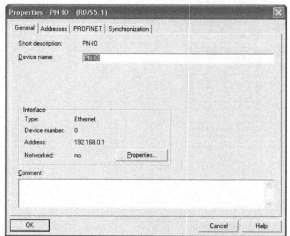

图 8-11　CP 模块属性对话框

单击图 8-12 中 "New" （新建）按钮创建新的网络连接，CPU 将使用此网络连接与 ES/OS 进行通信。打开 "Properties-New Industrial Ethernet Subnet" （属性-新建工业以太网子网）对话框，单击 "OK" 按钮应用所有默认设置。"Ethernet （1）" 条目已在 Subnet （子网）列表中输入并选中，如图 8-13 所示。

单击 "OK" 按钮，随即会应用设置。将打开 "Properties-PN-IO（R0/S5.1）" （PN-IO（R0/S5.1）属性）对话框，如图 8-14 所示，将此图与图 8-11 比较，在是否存在网络和网络地址上都出现了变化。

5. 设置 PROFIBUS DP 总线属性

双击图 8-9 中 CPU 412-3 H 的 DP 总线端口，打开 "Properties-MPI/DP-（R0/S3.2）" （MPI/DP（R0/S3.2）属性）" 对话框，如图 8-15 所示。单击 "General" 选项卡的 "Prop-

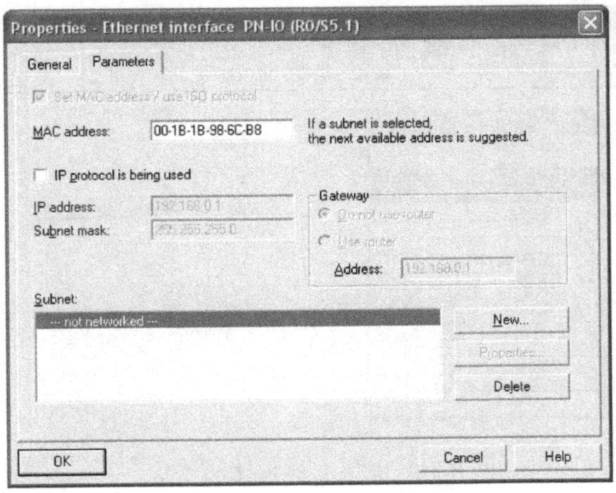

图 8-12 以太网接口"属性"

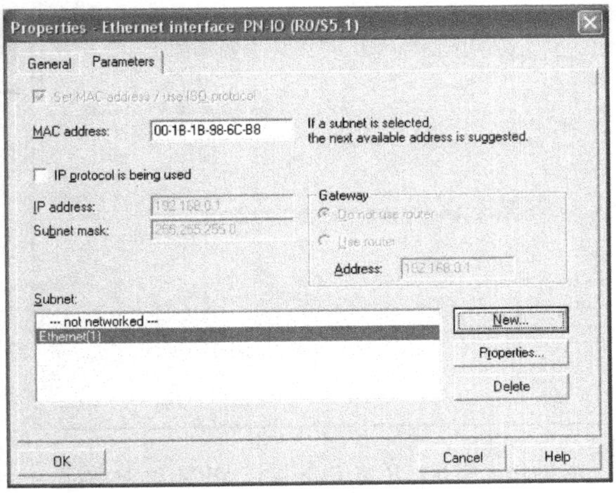

图 8-13 新建以太网

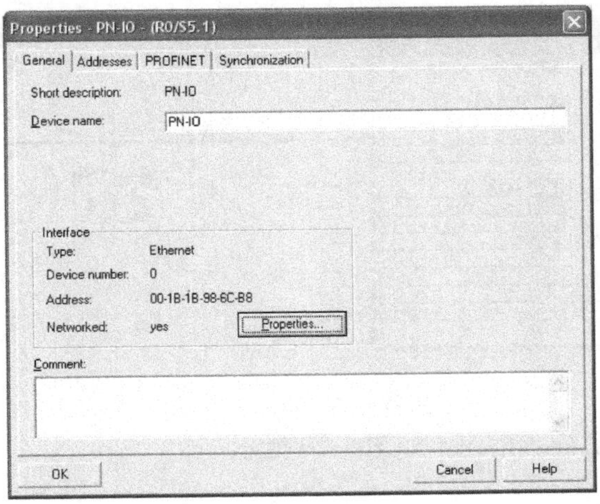

图 8-14 以太网建网、属性设置完成

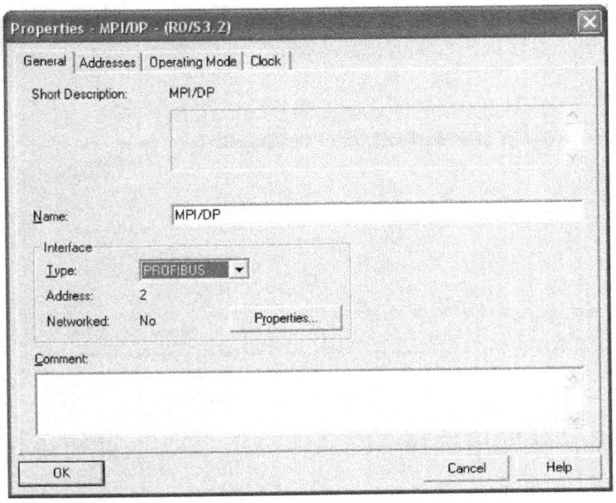

图 8-15 属性 MPI/DP 对话框

erties"按钮，打开"Properties-PROFIBUS interface MPI/DP（R0/S3.2）"（PROFIBUS 接口 MPI/DP 属性）对话框，如图 8-16 所示。主站地址默认为 2，单击"PROFIBUS（1）"，单击"OK"按钮，将应用设置并关闭该对话框。在"HW Config"窗口中，可以看到 CPU 412-3H 的 MPI/DP 端口已经连接了 PROFIBUS 总线"PROFIBUS（1）：DP master system（1）"，如图 8-17 所示。

6. ET200M 的设置

按照表 8-2 所示型号和订货号，从硬件目录中选择"PROFIBUS DP"→"ET 200M"→"IM153-2"，将该模块拖放到"PROFIBUS（1）：DP master system（1）"上，直到出现加号，弹出"Properties-PROFIBUS interface IM 153-2"（PROFIBUS 总线通信模块 IM 153-2 属性）对话框，如图 8-18 所示。按照 ET200M 实际的 DIP 拨码地址，在"Address"下拉框中选择站地址为 3。至此，ET 200M 的接口模块 IM153-2 已经通过 PROFIBUS DP 总线和 CPU 连接，如图 8-19 所示。

单击图 8-19 中的 ET200M 从站，按照表 8-2 中的输入、输出模块型号和订货号以及顺

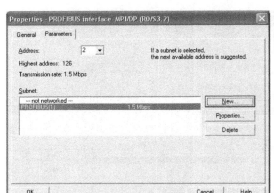

图 8-16　属性-PROFIBUS 接口 MPI/DP 对话框　　　　　图 8-17　带有总线连接的主站

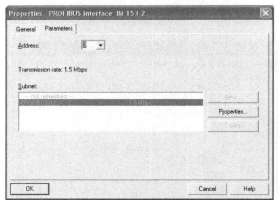

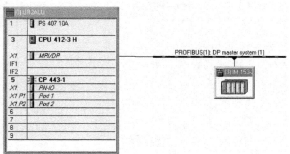

图 8-18　ET200M 从站属性设置　　　　　　　　图 8-19　主站和从站连接

序，从库里选择 AI、AO、DI、DO 四种模块先后插入槽内，如图 8-20 所示。

Slot	Module	Order Number	I Address	Q Address	Comment
1					
2	IM 153-2	6ES7 153-2BA02-0XB0	8184*		
3					
4	AI8x12Bit	6ES7 331-7KF02-0AB0	512..527		
5	AO4x12Bit	6ES7 332-5HD01-0AB0		512..519	
6	DI16xDC24V	6ES7 321-1BH02-0AA0	0..1		
7	DO16xDC24V/0.5A	6ES7 322-1BH01-0AA0		0..1	

图 8-20　AI、AO、DI、DO 模块

　　然后对上述四个模块属性进行设置，右键单击 AI 模块属性，如图 8-21 所示，左图设置过程镜像区 PIP1，与 CPU 相对应，右图设置信号类型，四线制 4-20mA 电流。AO 模块同理，DI、DO 模块只需设置过程镜像区 PIP1。

7. 分配符号地址

　　为了 CFC 程序编写，需要为使用的各个输入/输出通道分配符号地址，见表 8-4。

　　在硬件配置窗口选中 AI 卡件，选择菜单命令 "Edit" → "Symbols"，将打开 "Edit Symbols" 对话框。每个模块的所有绝对地址都在列表中指定，将前两个通道符号地址填入，数据类型改为 INT，如图 8-22 所示，单击 "Apply"，其他三个模块同理。最终形成的符号表可以在组件视图浏览窗口中单击 "Program"，双击显示窗口中的 "Symbol"，如图 8-23 所示。

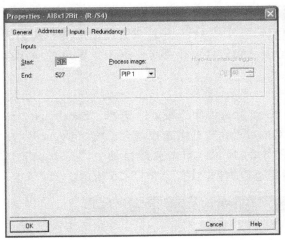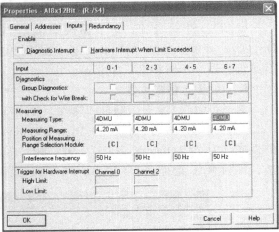

图 8-21 输入、输出模块属性设置

至此，AS 硬件组态完毕，从菜单中选择命令"Station"→"Save and Compile"（保存并编译），将保存整个硬件组态。关闭"HW Config"窗口，硬件组态下载放在 PC 站下载之后。

表 8-4 变量符号地址和绝对地址对应表

类 型	变量名称	绝对地址	符号地址	数据类型
AI	液位 1	IW512	yewei1	INT
AI	液位 2	IW514	yewei2	INT
AO	阀门 1	QW512	famen1	INT
AO	阀门 2	QW514	famen2	INT
DI	开关 1	I0.0	kaiguan1	BOOL
DI	开关 2	I0.1	kaiguan2	BOOL
DO	指示灯 1	Q0.0	deng1	BOOL
DO	指示灯 2	Q0.1	deng2	BOOL

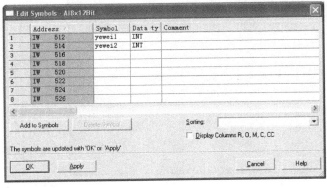

图 8-22 符号地址设置　　　　　　　　图 8-23 符号表

三、OS 硬件组态

OS 组态和 AS 组态一样，就是要在 ES 中组态真实的 OS，并且双方通信成功。真实的 OS，就是未来要当 OS 的那台 PC。组态时包括硬件和软件三个部分：网卡、WinCC 应用以及站组态器。步骤和设置如下：

1. PC 组态模式设置

为了可以对 OS 进行编辑和修改，必须将 PC 设置为可组态模式。选择"Start"→"Simatic"→"SIMATIC NET"→"Configuration Console"，打开组态控制台，将"General"中的模式选为"Configured mode"，并应用，如图 8-24 所示。单击树形目录中"Address"选项，复制 MAC 地址 00-25-11-AD-2C-DD，以备组态以太网之用，如图 8-25 所示。

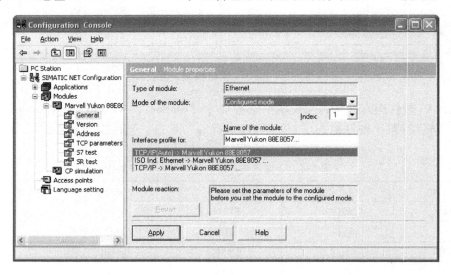

图 8-24　修改 PC 组态模式

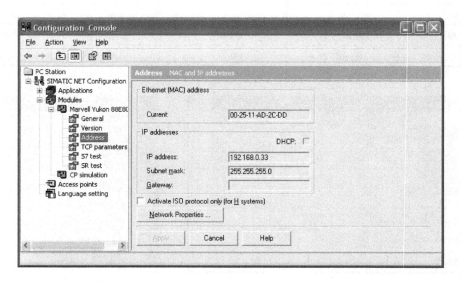

图 8-25　复制 PC 网卡 MAC 地址

2. 修改站名

OS 的各种信息需要向目标 PC 下载，需要保证 PC、站组态器的名字与 PC 的名字一致。在本机属性中复制 PC 名字"ZDH0815-31"，在组件视图中右键单击 PC 站，重命名，如图 8-26 所示，输入本地计算机的名称并按键盘 <Enter> 键，组件视图将用黄色箭头标识 PC 站符号。在桌面双击站组态器，单击站名，修改为本地计算机名，如图 8-27 所示。

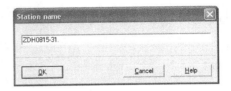

图 8-26　PC 站重命名　　　　　　　　图 8-27　修改站组态器名

3. OS 组态

在 Component View 左侧的树形目录中选择 PC Station 文件夹，在右侧详细视图中双击"Configuration"（组态）对象，"HW Config"视图将会打开并显示系统新建项目向导已经创建的 OS 组件。在新建工程项目时，已经进行了 OS 的基本配置，因此在硬件结构窗口，会出现一个虚拟机架，由 WinCC Application 所代表的操作员站已安装在该机架上。

这里需要组态网卡。从硬件目录中选择以下 CP："SIMATIC PC Station"（SIMATIC PC 站）→ "CP Industrial Ethernet"（CP 工业以太网）→ "IE General"（IE 常规）→ "SW V7.1"，并通过拖放操作将其移动到虚拟机架"（0）PC"的插槽 1 上，如图 8-28 所示。将打开"Properties-Ethernet interface IEGeneral（R0/S1）"（以太网接口 IE 常规（R0/S1）属性）对话框。把从"Configuration Console"中复制的本机 MAC 地址（00-25-11-AD-2C-DC）粘贴到地址栏，此处建网和设置与 CP 模块设置相同。选择菜单命令"Station"→ "Save and Compile"（保存并编译）。关闭"HW Config"窗口。

4. PLC 组态信息传送

为了将 OS 的组态信息向组态器传送，需要进行"PLC 组态"。右键单击组件视图中 PC 站，选择"PLC"→ "Configure"命令，打开对话框，单击"Configure"（在组件视图中进行 PC 站的编译，将原有 PC 站的组态信息传送到站组态器）。组态过程中会更新站组态器信息，单击确定即可，直到出现图 8-29 所示为止，"PLC 组态"成功。

四、组态网络连接

组态完 AS 和 OS，需要考虑两者之间的通信，即建立 AS 和 OS 的连接。在 SIMATIC 管理器工具栏中单击"Netpro"，打开网络组态对话框，如图 8-30 所示。

在图 8-30 中选择 PC 站的"WinCC Application"对象，右键单击，选择菜单命令"Insert"→ "New Connection"（新连接），将打开"Insert New Connection"（插入新连接）对话框。在树形目录中选择项目的"CPU 412-3H"，此 CPU 是 OS 的通信伙伴，单击"OK"按钮得到互联的通信伙伴 S7-connection（S7 连接），如图 8-31 所示。

选择菜单命令"Network"（网络）→ "Save and Compile"（保存并编译），将打开

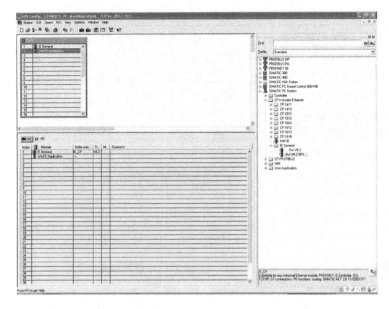

图 8-28　OS 组态　　　　　　　　　　　图 8-29　PC 站的 PLC 组态成功

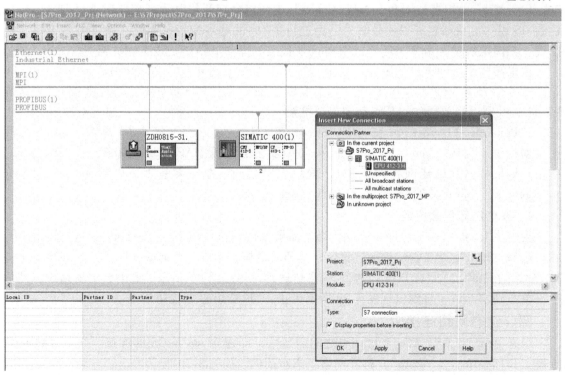

图 8-30　Netpro 网络组态

"Save and Compile"（保存并编译）对话框。激活"Compile and check everything"（编译并检查全部内容）选项并单击"OK"按钮。编译操作完成后，将打开"Outputs for consistency check"（一致性检查的输出）窗口，创建系统数据。如果已经执行编译，并且未发生错误，

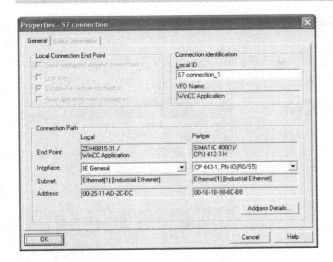

图 8-31　S7 连接属性　　　　　　　　图 8-32　OS 下载设置通信接口

则关闭该窗口。如果显示任何错误，则根据错误消息中的信息更正错误并且重复编译操作。

五、下载 OS、AS 和网络组态

为了保证后面 AS 与 OS 的通信连接准确无误，同时也能更便捷地执行下载操作，这里采用 OS 和 AS 双侧带着连接下载。

1. OS 带着连接下载

首先设置通信通道，在 NetPro 中选择菜单命令 "Options" → "Set PC/PG Interface"（设置 PG/PC 接口），由于 OS 的信息需要下载到本机，PG/PC 接口设为 "PC internal (local)"，如图 8-32 所示。

然后带着连接下载 PC 站，如图 8-33 所示，右键单击 WinCC Application，选择 "Download to current project" → "Selected Station"（下载到当前项目→所选站点），目标模块为 "IE general" 和 "WinCC Application"。

中间会提醒停止目标模块，继续下载，OS 成功下载后，站组态器的状态如图 8-34 所

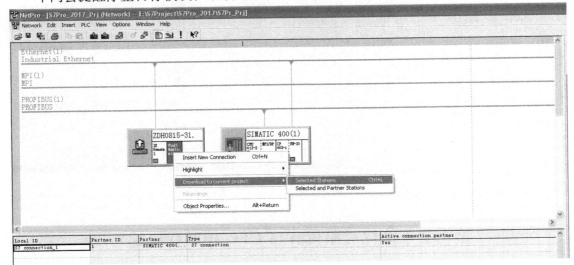

图 8-33　带着连接下载 PC 站

示，黄铅笔表示正常运行状态，插头表示连接正常。

2. AS 带着连接下载

本实验的 PLC 使用 PCS7 软件的仿真器，在 SIMATIC Manager 工具栏中按下"Simulation"按钮，打开 S7-PLC 仿真器，如图 8-35 所示，并将其置于试运行"RUN-P"状态。

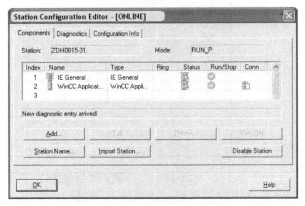

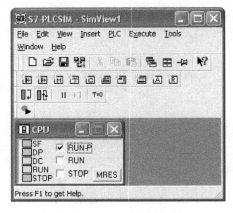

图 8-34 PC 站下载成功后的站组态器   图 8-35 S7-PLC 仿真器

在 NetPro 中选择菜单命令"Options"→"Set PC/PG Interface"（设置 PG/PC 接口），通信通道设置为"PLCSIM（ISO）"，如图 8-36 所示。

然后带着连接下载 AS，如图 8-37 所示，右键单击 CPU412-3H，选择"Download to current project"→"Selected Station"（下载到当前项目→所选站点），AS 硬件组态信息、AS 和 PC 站的连接信息将下载到仿真器里，下载过程中会有 PLC 的停止和重启。

至此硬件下载完毕。

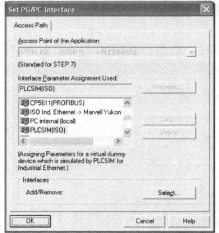

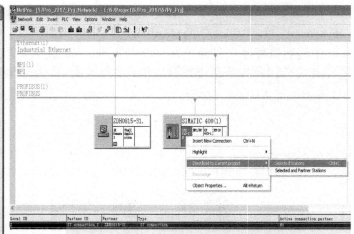

图 8-36 通道设置为 PLCSIM（ISO）   图 8-37 AS 带着连接下载

第三节　液位对象仿真与 CFC 控制程序编写

Continuous Function Chart（CFC，连续功能图表）是一个带有图形用户界面的编辑器，是基于 STEP7 软件包的扩展。在 CFC 编辑器中使用图形工具，可将预组态块从块池里拖放到图表中，该图表类似一种"画板"。可用于创建 CPU 的整个软件结构并使用预组态块，编辑器允许向功能图表中插入块、分配块参数和互连块。本节介绍液位对象的仿真程序编写、开环 CFC 程序编写和闭环 PID 控制算法的实现。

一、开环 CFC 控制程序编写

1. 数字量/模拟量输入/输出 CFC 程序

在本实验中，需要对数字输入信号 I0.0、模拟输入信号 IW512 进行监控，对数字输出信号 Q0.0、模拟输出信号 QW512 进行操作，编写开环的输入/输出 CFC 程序。

在工厂视图浏览窗口中单击第三个工厂层级 Unit，在右面显示窗口中双击 CFC（1）图表对象，打开 CFC 编辑器，在 V7.1 库中选择数字量输入驱动模块 FC277 和数字量输出驱动模块 FC278 拖入 CFC 图表的 sheet1 中，MODE 分别设置为 FFFF 和 FFFE；在标准库中选择标度变换模块 FC105、反标度变换模块 FC106，上、下限分别设为 500 和 100。为了实现上位监控和操作，在 CFC 中插入数字量显示模块 FB61、模拟量显示模块 FB65、模拟量操作模块 FB45 和数字量操作模块 FB48，块与块之间、块与变量之间的连接如图 8-38 所示。

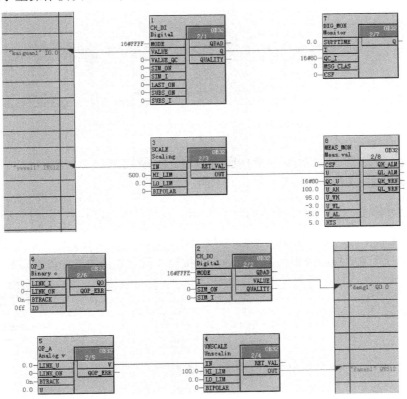

图 8-38　模拟量、数字量的监控和操作的 CFC 程序

2. 数字量/模拟量输入/输出仿真调试

对上述 CFC 程序进行编译，下载到 PLCSIM。在运行的仿真器中添加 DI、DO、AI 和 AO，地址分别为 I0.0、Q0.0、IW512 和 QW512，在仿真器端施加输入信号，在 CFC 中会有显示；在 CFC 中施加操作量，在仿真器上会得到显示，数字量/模拟量输入/输出仿真调试

如图 8-39 所示。

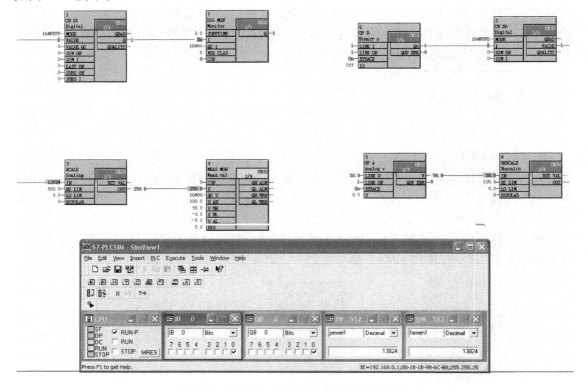

图 8-39　数字量/模拟量输入/输出仿真调试

二、液位对象仿真及闭环 PID 控制 CFC 程序编写

1. 液位对象在 CFC 中的仿真

假设液位对象是一阶惯性带滞后的环节，其传递函数为 $G(s) = \dfrac{1.3e^{-5s}}{10s+1}$。打开 CFC 编辑器的 sheet2，从 CFC 的 V7.1 库中将乘法块 FC360、惯性环节（Lag）块 FB1828、滞后环节（Dead-time）块 FB1807 拖拽进去，各个块的参数按照液位对象传递函数设置，如图 8-40 所示。

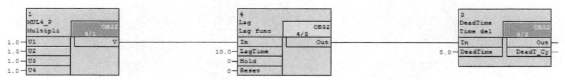

图 8-40　液位对象（一阶惯性带滞后的环节）的 CFC 程序

2. 液位对象飞升曲线

通过下位趋势曲线可以观察液位的飞升曲线。单击 CFC 工具栏中的"View"→"Trend Display"，弹出趋势显示对话框，将液位对象的输入端和输出端拖拽进显示通道，显示上限设为 200，输入信号设为 100，将程序编译下载，CFC 置于测试状态，得到液位的飞升曲线，如图 8-41 所示。

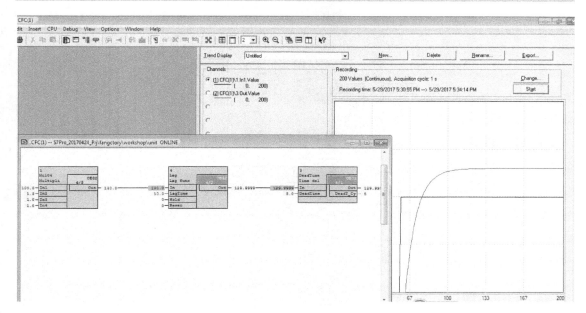

图 8-41　液位的飞升曲线和对象程序运行

3. 液位对象的封装

为了更为真实地模拟液位对象，需要对其进行"封装"，以便后边设计 PID 控制器时连接标度变换和反标度变换模块。在乘法块左边界标度变化模块 FC105 输入端接 QW514，表示来自阀门输出，上限设为 100，表示开度上限；在滞后块的输出接反标度变换块 FC106，其输出端接 IW514，表示输出液位值，上限为 500。完整的液位对象的 CFC 程序封装如图 8-42 所示。

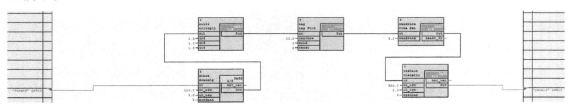

图 8-42　液位对象的 CFC 程序封装

4. 液位对象的 PID 控制

液位对象的 CFC 程序封装完毕后，编写 PID 控制算法程序对其进行闭环控制。PID 控制算法块使用标准库里的 FB41，其工作原理如图 8-43 所示。

由于篇幅关系，本章节所有的 PCS7 软件中的 FB/FC 块都不做详细解释，使用时参考帮助即可。如图 8-43 所示，如果实验所需的液位反馈数据由 PV _ IN 取，则 PVPER _ ON 应置 0，MAN _ ON 置 0；实现完整的 PID 控制，P _ SEL、I _ SEL、D _ SEL 均置 1。从标准库中选择 FC105、FC106、FB41 块插入 sheet3 中，由于 FB41 块自身不带面板，为了在 WinCC 上操作和监测方便，给定端 SP _ INT 接操作块 FB45，FC105 的输出接显示块 FB65，FB41 的输出端 LMN 接显示块 FB65。液位 IW514 的闭环 PID 控制 CFC 程序如图 8-44 所示。

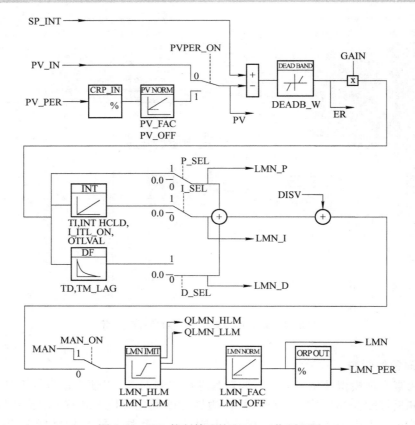

图 8-43　PID 控制算法块 FB41 工作原理图

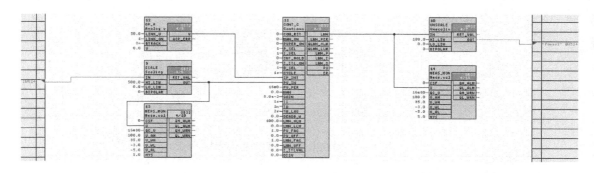

图 8-44　液位的闭环 PID 控制 CFC 程序

PID 参数整定和响应曲线将在介绍 WinCC 功能时介绍。

第四节　顺序功能控制 SFC 程序编写

Sequential Function Chart（SFC，顺序功能图表）允许用户通过图形化的方式组态和调试顺序控制系统。顺序控制系统将传送到自动化系统中，并且在自动化系统中执行。顺序控制系统允许对基于顺控程序的生产过程进行状态驱动型或事件驱动型执行，通过操作和状态变化，控制使用 CFC 创建的基本自动化功能，并且有选择性地处理这些功能。下面简单介绍 SFC 的组成，然后设计一个简单的流程，使用 SFC 来实现。

一、SFC 的组成

SFC 编辑器是一个 Windows 应用程序，包括带有标题栏的边框窗口、菜单栏、工具栏、状态栏和工作窗口等元素，根据需要，可以使用菜单命令（菜单栏、快捷菜单）或者在对话框中执行功能和操作员输入。SFC 的组成部分如图 8-45 所示。

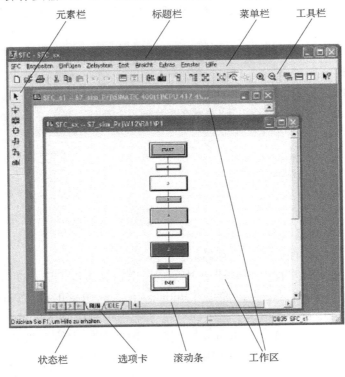

图 8-45　SFC 的组成部分

如图 8-45 所示，元素栏中的图标是编写 SFC 流程时最为常用的，元素栏中的图标表示 "Insert"（插入菜单）的功能，各个按钮的序号如图 8-46 所示，具体功能见表 8-5。

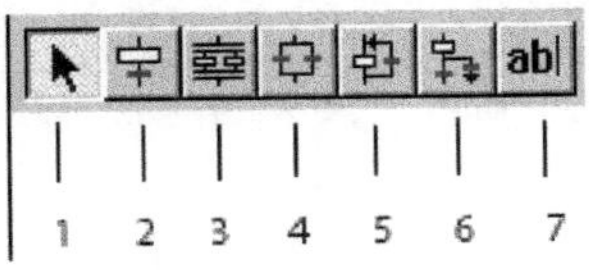

图 8-46　元素栏按钮

表 8-5　元素栏中按钮的功能

序　号	1	2	3	4	5	6	7
功　能	激活选择	步 + 转移	并行顺序	选择顺序	循环	跳转	文本

二、流程设计

根据上面编写的 CFC 块和控制的变量等，人为地设计了如下一个简单的 SFC 流程：

（1）初始化　液位给定值（PID 控制块 FB41 的输入引脚 SP＿INT）置为 0，比例系数 GAIN 置为 0，惯性环节复位引脚 reset 置为 0：以备下一步上升沿给对象清零。初始化执行时间为 3s。

（2）复位清零　数字量输出 Q0.0 置为 0，模拟量输出 QW512 置为 0，惯性环节复位引脚 reset 置为 1：使对象输出清零。鉴于滞后环节延迟时间为 5s，因此本步执行时间为 6s。

（3）参数赋初值　液位给定 SP_INT 置为 50，比例系数 GAIN 置为 0.06，积分时间常数 TI 置为 1.2s，微分时间常数 TD 置为 0.1s：受到 PID 控制的液位变量 yewei2 开始逐步上升。

（4）条件跳转　当液位 yewei2 反馈信号 PV_IN≥40、数字量输入 I0.0 = 1 时，执行下一步。注意，I0.0 在 PLCSIM 中手动置为"作为条件"。

（5）条件满足后执行　数字量输出 Q0.0 置为 1，模拟量输出 QW512 置为 50。

（6）结束

三、液位 SFC 程序实现

1. SFC 编辑器

在工厂视图浏览窗口中单击最下层工厂层级 unit，双击显示窗口中的 SFC 文件夹（这是创建项目时自动生成的）。双击打开 SFC 编辑器，默认的 SFC 程序由起始步、条件转移和结束步三个部分组成，如图 8-47 所示。

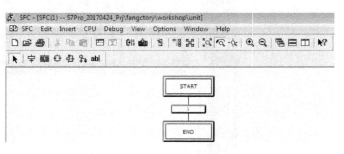

图 8-47　默认的 SFC 程序

2. SFC 流程程序编写

按照上文中设计的流程编写 SFC 程序。

（1）初始化　初始化功能在 START 步中完成，双击起始步"START"，如图 8-48 所示，每一个步都包含"General"（基本设置）、"Initialization"（初始化）、"Processing"（处理）、"Termination"（终止）四个选项卡。在"General"选项卡中修改本步名称和最小执行时间。打开"Processing"选项卡，单击"browse"，找到相应 CFC 块的引脚并赋值：SP_INT = 0.0，GAIN = 0.0，reset = 0（注意 reset 引脚属于 structure 变量，需要右键打开具体引脚），如图 8-49 所示。

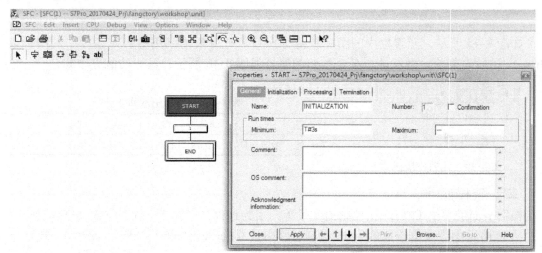

图 8-48　修改步名设置执行时间

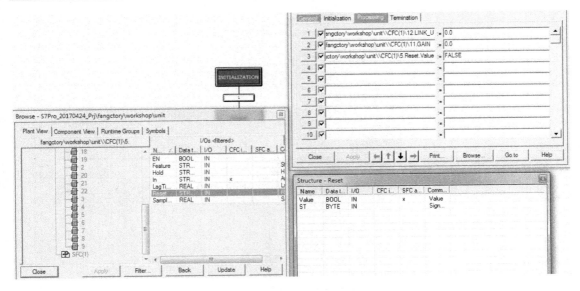

图 8-49　步功能实现和变量连接

（2）复位清零　单击元素栏中"步 + 转移"元素，添加到 SFC，命名为"CLEAR"，最小执行时间设为 6s，方法同上。在"Processing"选项卡中连接变量并赋值。数字量输出 Q0.0（LINK _ I）设为 0.0，模拟量输出 QW512（LINK _ U）设为 0.0，reset = 1，如图 8-50 所示。

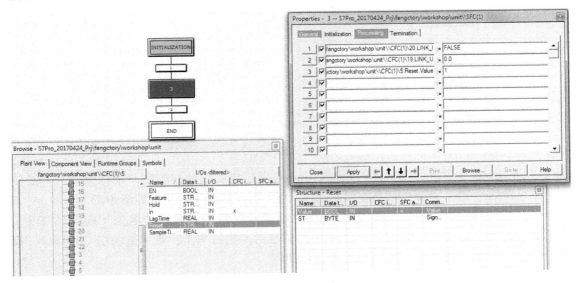

图 8-50　SFC 中的复位清零

（3）参数赋初值　再添加一组"步 + 转移"元素，命名为"PARAMETER"。在"Processing"选项卡中连接变量并赋值。液位给定 SP _ INT 对应的 LINK _ U = 50.0，GAIN = 0.06，TI = 1.2s，TD = 0.1s，如图 8-51 所示。

（4）条件跳转　双击 SFC 中的跳转 3，对话框中包含"General""Condition"和"OS Comment"三个选项卡，如图 8-52 所示。在"General"中修改本跳转的名称为"JUMP"；

图 8-51　SFC 中的参数赋值

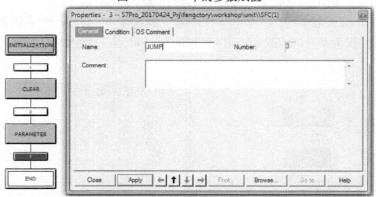

图 8-52　跳转对话框

选中"Condition"，单击"browse"，找到相应的 CFC 块的引脚并赋值。条件分别为：液位 yewei2 反馈信号 PV _ IN≥40、数字量输入 I0.0 = 1 时，执行下一步。如图 8-53 所示。

（5）条件满后执行　在 SFC 中添加新的"步 + 跳转"元素，命名为"OPERATOR"，最小执行时间 5s，如图 8-54 所示。上述条件满足后，执行本步：数字量输出 Q0.0 = 1，模拟量输出 IW512 = 50。图 8-55 为 SFC 操作步赋值。

（6）结束

最后一步为结束步。

3. SFC 运行

SFC 所有流程程序编写完毕后，对其进行编译和下载。打开测试运行开关，如图 8-56 所示。单击"START"，运行 SFC 程序，程序将按照上文中设计的流程自动运行（注意：JUMP 跳转条件需要给 PLCSIM 的 I0.0 位手动置 1）。SFC 程序运行和 PLCSIM 监控如图 8-57 所示。

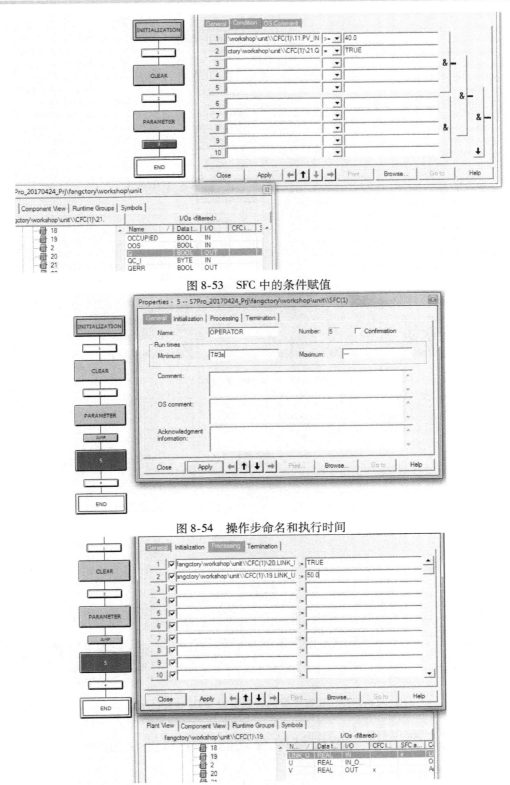

图 8-53 SFC 中的条件赋值

图 8-54 操作步命名和执行时间

图 8-55 SFC 操作步赋值

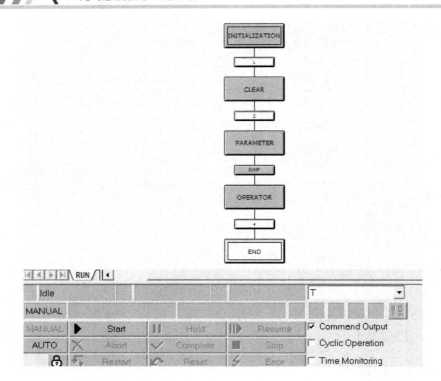

图 8-56　打开 SFC 测试开关

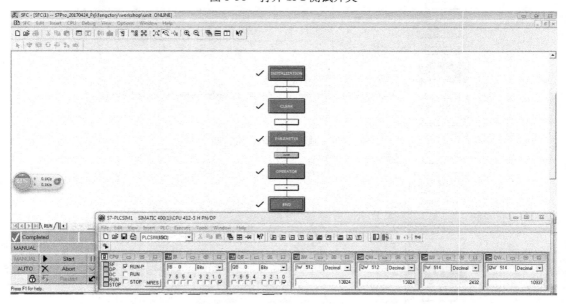

图 8-57　SFC 程序运行状态和 PLCSIM 状态显示

第五节　液位被控对象的上位监控功能

在 PCS 7 中，OS（操作员站）是用于监控 PCS 7 的 AS，上位操作功能包括过程画面、趋势曲线、报警报表等。

一、AS 设置、编译和上传

在完成了 PC 站的组态以及带着连接下载 PC 站、带着连接下载 AS 之后，在下位编写了 CFC 程序和 SFC 流程，并进行了仿真实验，在此过程中 PLCSIM 一直要处于运行状态。为了在上位 WinCC 上监控 AS 的状态，需要对 PCS7 进行一些设置，然后把 OS 编译，最后把 AS 的信息上传到 WinCC 中。

1. 上传前的设置

在 OS 的编译和上传之前，需要完成工厂层级设置、OS 显示区域设置和创建或更新块图标。

在工厂视图浏览窗口中右键单击最上一个工厂层级，沿路径"Plant"→"Setting"，然后在如图 8-58 所示对话框中的"Number of hierarchy levels"中选 3，与创建项目时的层级数相对应，"OS area"处选中第 2 层，表示从第 2 层开始 OS 可视。再次右键单击最上工厂层级，沿路径"Plant"→"Create/Update Block Icons"，在出现的对话框中单击"OK"，则开始创建三个工厂层级中包含的所有 CFC、SFC 程序的块图标，用于上位显示之用，其过程如图 8-59 所示。

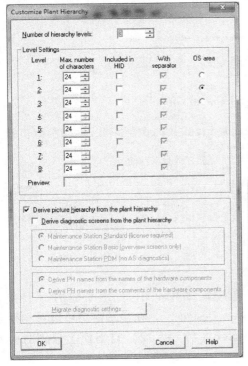

图 8-58　确定层级数和可视层级

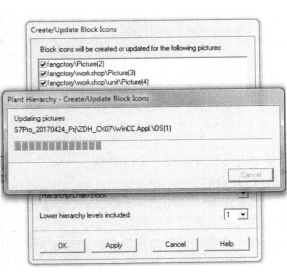

图 8-59　创建/更新块图标

2. OS 编译

在组件视图中展开 PC 站，右键单击 OS，单击编译，按照向导的指引进行编译，直到出现图 8-60 所示，需要连接设置，这里仿真实验选择 Ethernet，如果是实际连接则选择 S7 connection _ 1。

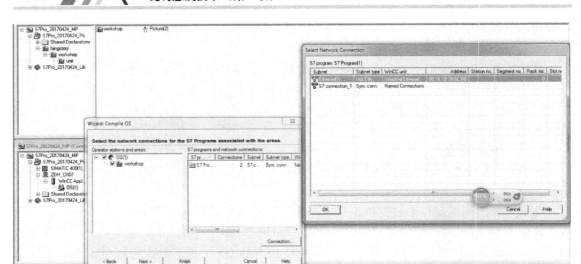

图 8-60 OS 编译向导及连接方式选择

继续单击"Next"按钮，如图 8-61 所示需要对数据、范围和选项有所设置，OS 编译的进程如图 8-62 所示。

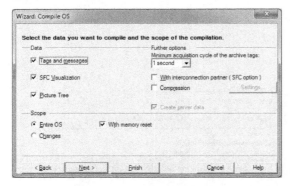

图 8-61 OS 编译内容设置

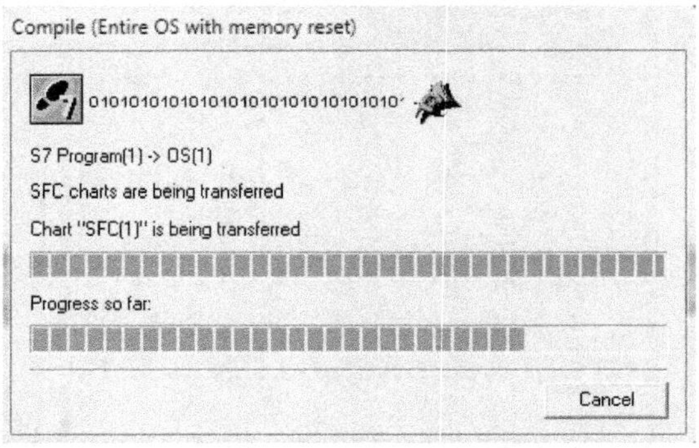

图 8-62 OS 编译的进程

直到显示出无错误，编译完成。

3. 打开 OS

右键单击 OS，单击"Open Object"，打开上位监控软件 WinCC，如图 8-63 所示，左边为功能窗口，右边为相应的显示窗口。单击"Graphics Designer"，在显示窗口可以看到很多画面文件，其中 Screen 为系统默认的起始画面，Picture（4）～（2）自下而上分别对应着三个工厂层级的画面。

二、过程画面及基本监控和操作

通过过程画面，可在过程控制中监控 PCS7。面板提供了有关各个组件的状态和工艺功能的信息。此外还提供了归档信息以及操作员监控所需的其他信息，提供形式包括趋势绘制信号时间、消息列表和报警列表。

双击 Picture（4），打开画面编辑器，如图 8-64 所示，画面中出现了由下位传送上来的

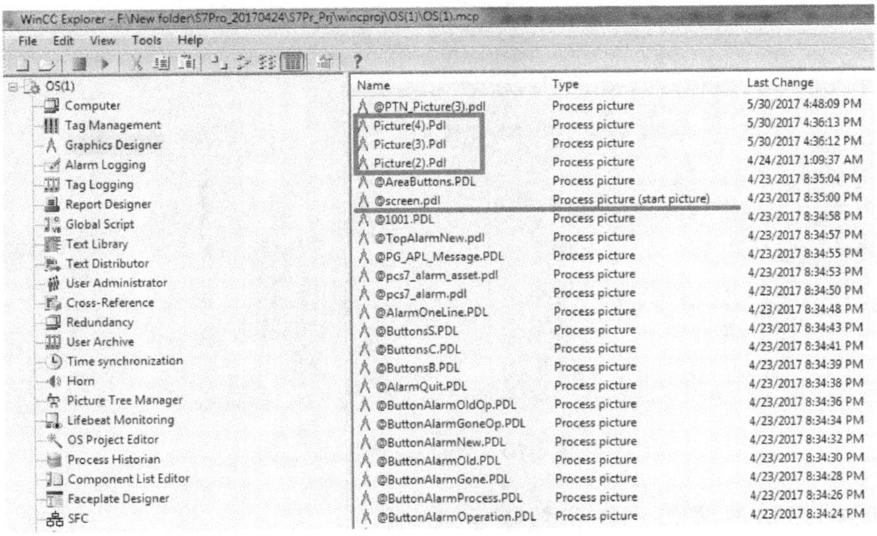

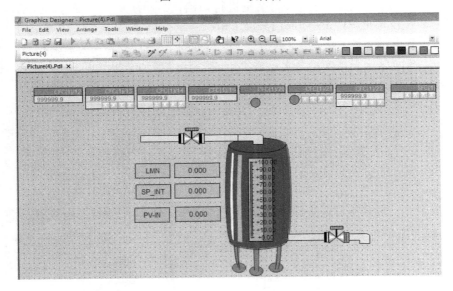

图 8-63　WinCC 软件窗口

图 8-64　过程画面

CFC 面板和 SFC 面板，用于在上位进行显示和操作。把该画面作为液位对象的过程画面，在 Display Library（显示库）中拖拽出罐、管道、阀门等进行组装，在右侧"Standard"标签中选择静态文本、I/O 控件、棒图控件等插入画面，并进行变量连接（右键单击组态对话框），构成一个简单的工艺过程画面。

在 WinCC 主视图工具栏中单击运行按钮，经历一段进程后 WinCC 进入运行状态，画面由先前设定的起始画面开始。单击右上角工厂层级，画面切换到 Picture（4）过程画面，单击 SFC 面板在上位也能进行 SFC 的相关操作，如图 8-65 所示。同样，单击其他面板也能显示和操作。单击左下角按钮可以退出 WinCC 运行状态，图 8-65 下边有相关切换按钮，使用非常方便。

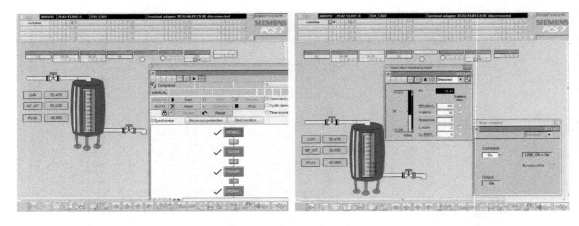

图 8-65　WinCC 过程画面

三、归档趋势曲线和 PID 参数整定

1. 变量归档

要想添加归档趋势曲线，必须先对变量进行归档，归档涉及三个变量，分别是液位给定值 SP_INT、液位反馈值 PV_IN 和阀门开度 LMN。

在 WinCC 软件浏览视图中右键单击 "Tag Logging"，打开标签登录编辑器，右键单击 "Archive"，按照向导给归档变量命名、选择变量，其过程和结果如图 8-66 所示。保存并关闭归档向导。

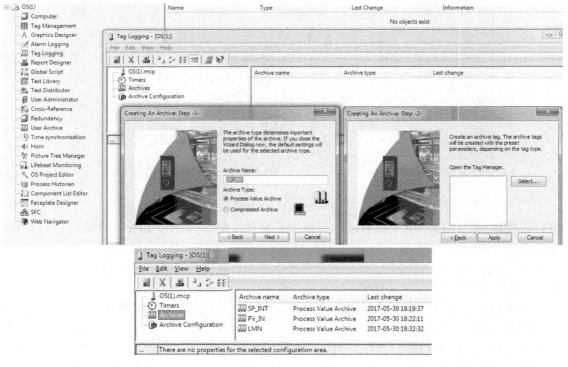

图 8-66　变量归档

2. 归档趋势曲线

在 WinCC 的"Graphics Designer"显示窗口中,双击打开 picture(3)的图形编辑器,这里同样排列着所有的 CFC 和 SFC 显示和操作面板,把归档趋势控件放在 Picture(3)中。在窗口右侧"Controls"标签中打开"ActiveX Controls",拖入"WinCC Onlinecontrol",数据源选择归档变量,在归档中选择需要连接的三个变量,设置好时间轴和数值轴,过程和结果如图 8-67 所示。趋势曲线也可以不放在 picture(3)中,直接用图 8-65 下边的趋势曲线按钮创建。

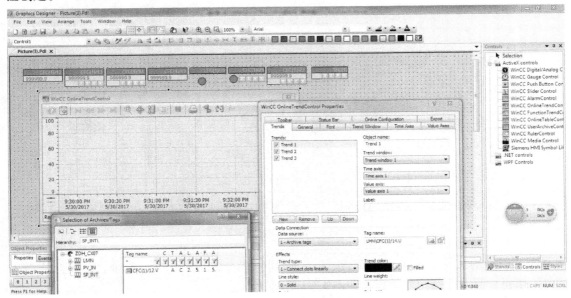

图 8-67 归档趋势曲线

3. 趋势曲线显示与 PID 参数整定

在 WinCC 运行画面中,把画面切换到 Picture(3),即趋势曲线画面,在上位 SFC 上进行停止、复位和启动,重新运行流程。观察图中的液位响应曲线,采用凑试法整定 PID 参数,如图 8-68 所示,绿色曲线是 SP_INT,红色曲线是 PV_IN,黑色曲线是 LMN,右边面板分别是 PV_IN 和 LMN。

表 8-6 是几组 PID 整定的参数,从 1~6,超调越来越小,但是调节时间越来越长。

表 8-6 PID 参数

次　　数	1	2	3	4	5	6
SP_INT	50	50	50	50	50	50
GAIN	0.08	0.06	0.06	0.06	0.04	0.04
TI(ms)	1000	1000	1000	1200	1200	1500
TD(ms)	60	60	100	100	100	100

四、项目归档和解压缩

项目完成之后,需要对项目进行压缩归档,目的是梳理数据、减小存储容量。归档之前必须关闭所有窗口,只允许留下工厂视图和组件视图。单击"File"→"Archive",选择多

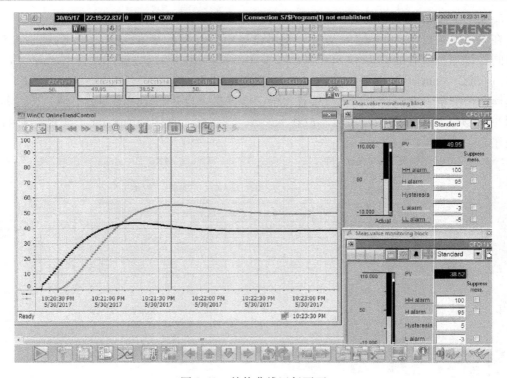

图 8-68　趋势曲线运行画面

项目下要归档的文件，单击"OK"按钮，选择保存路径，给压缩文件命名，多介质单击"No"按钮，开始数据压缩处理，如图 8-69 所示。

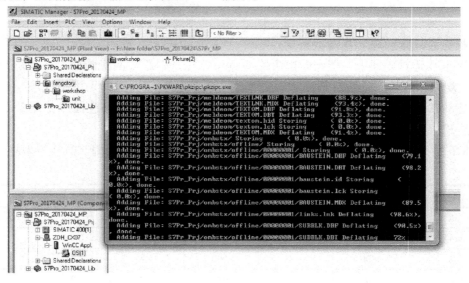

图 8-69　项目归档

启动 PCS7 软件后，如果想使用原来压缩的项目包，就需要对该压缩包进行恢复处理。单击"File"→"Retrieve"，选择要解压缩的项目包，确定解压缩后文件存放位置，即可进行解压缩进程了，如图 8-70 所示。文件解压缩后，一般只有组件视图，在 View 中选择工厂视图即可。

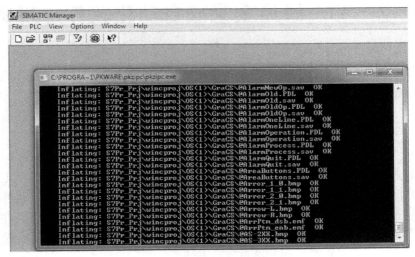

图 8-70 项目恢复

本章介绍了完整的 PCS7 过程控制平台的硬件组态和程序的编写，通过开环和闭环两个例子了解了 PCS7 的使用方法。

思考题与习题

8-1 西门子 PCS7 过程控制系统的硬件和软件各有哪几个组成部分？

8-2 在 PCS7 网络结构中，各个硬件之间的连接分别符合什么通信协议？

8-3 按照实际 PCS7 的硬件配置，完成项目创建、AS 组态、OS 组态和网络组态，并成功下载。

8-4 硬件组态下载的通信通道主要有哪几个？

8-5 符号表与变量表各自的作用是什么？

8-6 在 SIMATIC 管理器中有哪几种视图？各自有什么功能？

8-7 硬件组态的下载方式有哪两种？

8-8 在 SIMATIC 管理器中设置通信通道有哪几种操作方法？

8-9 CFC 和 SFC 各自是什么含义？

8-10 在 CFC 编辑器中，AI、AO、DI、DO 驱动模块各自的模式设置是怎样的？

8-11 如何在 CFC 中观察响应曲线？

8-12 简述 FB41 功能块的工作原理。

8-13 SFC 元素栏中主要有哪几个元素？各自功能是什么？

8-14 进行 OS 编译之前的准备工作有哪些？

8-15 在线趋势曲线和归档趋势曲线有何区别？

8-16 PID 控制算法中 PID 参数整定的基本原理是什么？

第九章　TIA 博途全集成自动化软件应用实例

本章以两个实际控制系统为例，说明了 TIA 博途全集成自动化软件的基本应用。包括硬件网络组态、程序组态、上位 PC 系统监控功能组态和仿真器调试等内容。

第一节　TIA 博途软件简介

西门子工业自动化集团发布的"TIA 博途"全集成自动化软件是采用统一工程组态和软件项目环境的自动化软件，适用于所有自动化任务。TIA 博途软件采用统一软件框架，可在同一开发环境中组态西门子公司的所有控制器、人机界面和驱动设备，也可以在控制器、驱动设备和人机界面之间建立通信时共享任务，大大降低组态成本。借助该工程技术软件平台，用户能够快速、直观地开发和调试自动化系统。

图 9-1 中列出了 TIA 博途软件各版本对应的功能和支持的产品范围。

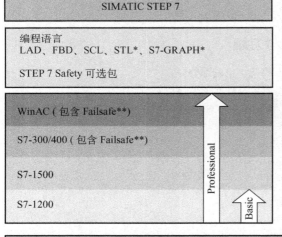
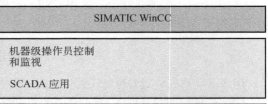
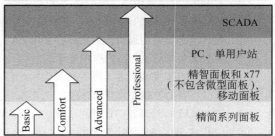

图 9-1　TIA 博途软件的版本功能

以 TIA Portal 博途 V13 版本为例，博途软件平台包括 STEP7 V13 和 WinCC V13。

STEP7 V13 版本包括 STEP7 Basic V13（基本版）和 STEP7 Professional V13（专业版）。

STEP7 Basic V13 支持 S7-1200 硬件编程。该版本软件包含了 WinCC Basic V13 软件包，可以对精简系列面板组态。

STEP7 Professional V13 支持的硬件产品包括 S7-1200、S7-1500、S7-300、S7-400、ET200 CPU、WinAC 控制器以及设备代理。该版本软件包含 WinCC Basic V13 软件包，还提供 S7-300/400 模拟器 PLCSIM。

WinCC V13 版本有基本版（Basic）、精智版（Comfort）、高级版（Advanced）和专业版（Professional）。其中 WinCC Advanced V13 和 WinCC Professional V13 又包含开发工程组件（Engineering Software）和运行（Runtime）组件，用于组态可视化监控系统。

第二节　混料罐控制系统设计与仿真器调试

采用 S7-300 控制器实现混料罐系统控制，用博途 V13 进行硬件网络组态及程序编写，利用仿真器来进行程序调试。

一、控制要求

图 9-2 为混料罐装置示意图及 I/O 分配。

初始状态：液位在最下方，混料罐处于排空状态。

操作工艺：按下启动按钮，进行连续混料。首先，阀门 A 打开，液体 A 流入，当液面上升到中液位，阀门 A 关闭，阀门 B 打开，液体 B 流入。当液面上升到高液位时，阀门 B 关闭，搅拌电动机工作。搅拌 20s 后，停止搅拌，阀门 C 打开，放出混合好的

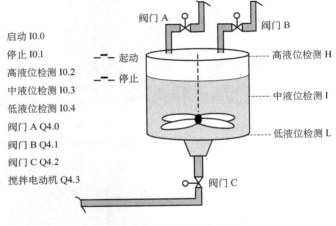

启动 I0.0
停止 I0.1
高液位检测 I0.2
中液位检测 I0.3
低液位检测 I0.4
阀门 A Q4.0
阀门 B Q4.1
阀门 C Q4.2
搅拌电动机 Q4.3

图 9-2　混料罐装置示意图

液体。当液面降到低液位时，延时 5s 后，关闭阀门 C，打开阀门 A，开始下一周期操作，循环往复。按下停止按钮，当前工作周期要完成后才停止工作。

二、系统硬件及组态

1. PG/PC 接口设置

本系统的编程计算机和 S7-300 控制器间通过 PROFINET 进行通信连接。打开装有博途软件计算机的控制面板，双击"设置 PG/PC 接口"，设置编程设备和控制器的通信接口，如图 9-3 所示。"设置 PG/PC 接口"对话框中"应用程序访问点"选择 CP-TCPIP（没有的话可以添加），然后选择使用的符合 TCP/IP 的网卡。

2. 网络及硬件组态

（1）创建项目　进入博途 V13，在博途视图或项目视图中创建新项目，如图 9-4 和图 9-5 所示。创建一个项目并命名为"混料罐控制"。

（2）控制器设备组态　添加一个

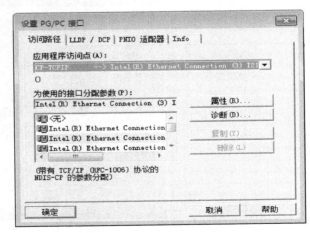

图 9-3　PG/PC 接口设置

S7-300 控制器，如图 9-6 所示。在设备视图中，从右侧的硬件目录中选择添加一个 DI 模块和一个 DO 模块，如图 9-7 所示。

图 9-4　博途视图

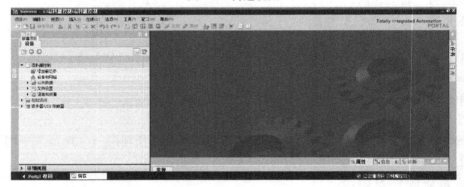

图 9-5　项目视图

图 9-6　配置控制器

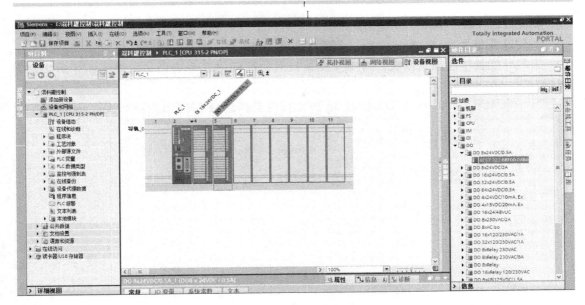

图 9-7　组态 I/O 模块

各模块型号如下：

CPU 315-2 PN/DP　6ES7 315-2EH14-0AB0

DI 16×24VDC　6ES7 321-1BH02-0AA0

DO 8×24VDC/0.5A 6ES7 322-8BF00-0AB0

地址：DI　　　I0.0~I0.7，I1.0~I1.7；

　　　　DO　　 Q4.0~Q4.7。

设置控制器 IP 地址，如图 9-8 所示。

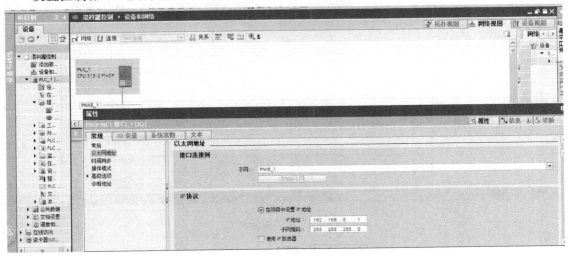

图 9-8　设置控制器 IP 地址

（3）保存硬件组态　单击保存并编译。

三、控制程序组态

1. 建立变量表

在 PLC 变量中添加变量表，将主要变量按照分配的地址添加到变量表中，如图 9-9 所示。

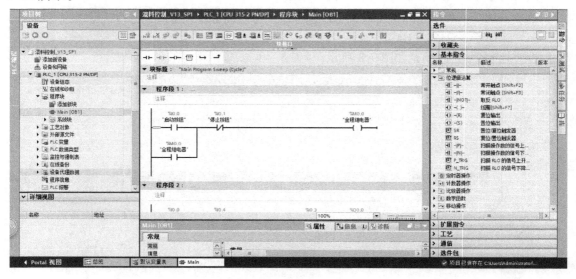

图 9-9　混料罐控制变量表

2. 主程序 OB1 的编辑

混料罐程序比较简单，采用线性化编程，程序全部编写在主程序 OB1 中，如图 9-10 所示。双击 OB1，打开程序编辑窗口，用到的全部指令资源在右侧窗口。混料罐控制程序如图 9-11 所示。

图 9-10　程序编辑窗口

四、仿真器调试

选中 PLC _ 1，单击仿真器图标，即打开仿真器 PLCSIM，同时将执行控制器硬件组态和程序的下载。需要设置好 PG/PC 接口类型等，搜索到相应的设备即可单击下载，如图 9-12 所示。

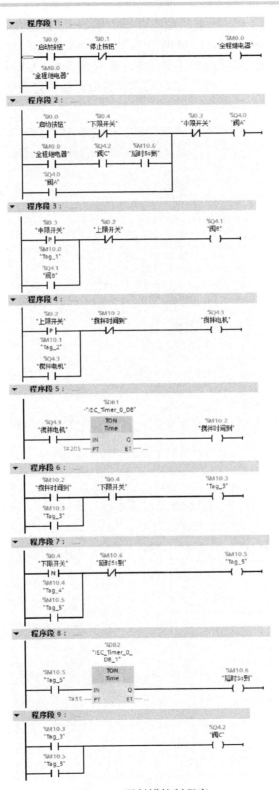

图 9-11　混料罐控制程序

　　设置仿真器在 "RUN_P" 状态，在仿真器中添加所用到的输入/输出变量字节，本例用到 IB0 和 QB4。根据控制要求，设置相应外部输入点状态，就可以仿真运行程序，检验逻辑的正确与否。例如，设置启动点 I0.0 为 ON，则阀 A 打开，Q4.0 为 ON，同时可以在线监视程序的运行情况，如图 9-13 所示。定时器的延时时间也可以在仿真器和程序中进行监视，如图 9-14 所示。

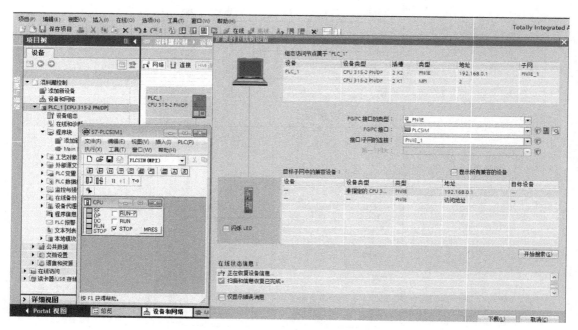

图 9-12　下载至仿真器的接口设置

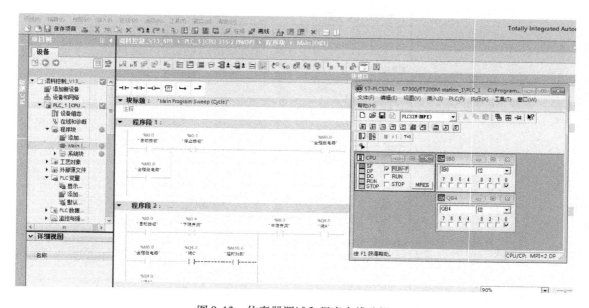

图 9-13　仿真器调试和程序在线监视

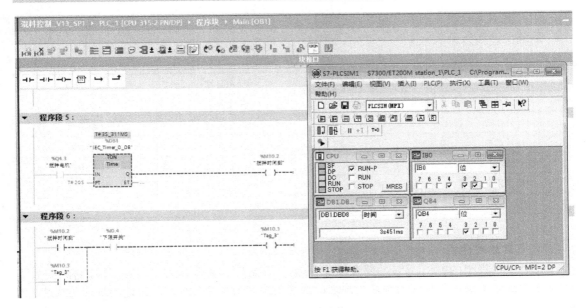

图 9-14　定时器延时时间的监视

第三节　基于 S7-1200 的风力发电机变桨控制系统设计

一、系统分析

1. 被控对象

系统被控对象为变桨距恒速风力发电机组，包括风轮、机舱和塔架。风轮采用水平轴、三叶片、上风向布置；叶片采用液压变桨系统；舱内机械采用沿轴线布置，主要包括变速齿轮箱、异步发电机。

风力发电机的总体结构如图 9-15 所示。空气流动的动能作用在风轮上，将动能转换成机械能，从而推动叶片旋转，如果将风轮的转轴与发电机的转轴相连就会带动发电机发出电

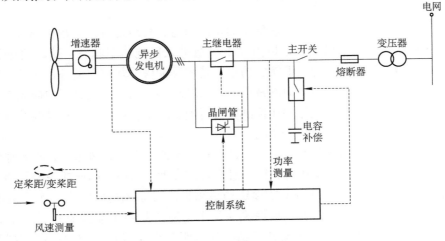

图 9-15　风力发电机的总体结构

来。本系统重点介绍并网后变桨功率控制。

系统设计参数见表9-1。

表 9-1　设计参数

变量名称	设计参数	变量名称	设计参数
额定功率	300kW	额定风速	12m/s
叶片半径	15m	启动风速	4m/s
叶片数量	3 个	切出风速	25m/s
发电机额定转速	1500r/min	偏航转速	0.42deg/s
齿轮箱增速比	1:28.1	偏航角范围	-1800 ~ +1800deg
桨距角范围	0 ~ 90deg		

2. 气动功率分析

风力发电机组的输出功率主要取决于风速。风能的大小与气流密度和通过的面积成正比，与气流速度的三次方成正比。根据贝兹（Betz）理论，风力机的理论最大效率 C_{pmax}（或称理论风能利用系数）为 0.593，其功率损失部分可以解释为留在尾流中的旋转动能。能量的转换将导致功率的下降，它随所采用的风力机和发电机的型式而异，因此，风力机的实际风能利用系数 C_p < 0.593。

风力机实际输出的有用功率是

$$P = 0.5\rho v^3 SC_p(\lambda, \beta)$$

式中，ρ 为空气密度，单位是 kg/m³；v 为距离风力机一定距离的上游风速，单位是 m/s；S 为气流扫掠面积，单位是 m²；风能利用系数 C_p 与叶尖速比 λ 和桨距角 β 有关。

从空气动力学角度考虑，λ 一定时，β 越小，C_p 越大。因此，在低于额定风速时，桨距角置为 0°不变，发电机的输出功率根据叶片的气动性能随风速的变化而变化；当风速高于额定风速时，可以通过调整桨距角，改变气流对叶片的攻角，减小风能利用系数的值使输出功率稳定在额定功率附近。这就是变桨距控制。

二、变桨距功率控制策略

在风力发电机并入电网后，当风速低于额定风速时，桨距角可保持在 0°不变。

当风速达到或超过额定风速时，风力发电机组进入额定功率状态，这时要进行功率控制。控制信号的给定值是恒定的，即额定功率。功率反馈信号与给定值进行比较，当功率超过额定功率时，桨叶节距就向迎风面积减小的方向转动一个角度，反之则向迎风面积增大的方向转动一个角度。变桨距系统经 PID 控制算法得到桨距角设定值后，驱动变桨执行机构进行变桨操作。控制系统框图如图 9-16 所示。

由于风力机功率与风速的三次方成正比，在额定风速以上时，风速的较小增加将引起功率的大幅度增加，并且由于变桨执行机构一般具有比较大的滞后，因此功率控制会产生剧烈振荡，仅靠反馈控制难以将功率稳定在额定功率附近。考虑风速此时为一个可测的外部扰动，因此系统增加一个前馈补偿器，根据风速给出合适的桨距角前馈值 β_b，与反馈系统的功率控制器输出值 β_u 相加，作为变桨执行结构的桨距角设定值 β_r。利用前馈控制器的快速补偿作用，可以有效克服风速扰动对输出功率的影响，极大地改善控制性能。

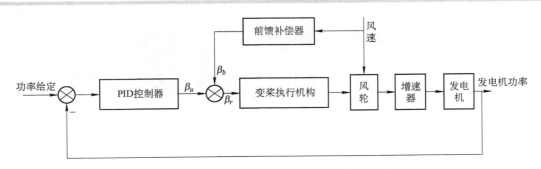

图 9-16　变桨距控制系统框图

三、控制系统硬件组成结构

1. 控制系统硬件配置

根据风力发电机控制系统技术指标要求，总结输入/输出变量和类型。系统模拟量输入共 30 路，包括风速、风向、发电机转速、有功功率、桨距角实际值等变量；模拟量输出共 4 路，包括桨距角设定值、变桨速度限制变量；开关量输入共 13 点，包括发电机并网工作状态、盘式制动器工作状态、偏航电机工作状态等变量；开关量输出共 7 点，包括并网开关、盘式制动器、顺时针偏航、逆时针偏航等变量。

根据 I/O 点数，选择硬件模块。硬件模块说明见表 9-2。共提供 34 路 AI、5 路 AO、14 点 DI、10 点 DO，满足系统需要，并提供了一定裕量，使系统扩展容易。

表 9-2　硬件模块说明

模　块	说　明
CPU 模块 CPU 1214C AC/DC/Rly	集成 14DI/10DO 和 2AI 1 个 PROFINET 接口
模拟量输出信号板 SB 1232	1AO
PROFIBUS DP 主站模块 CM 1243-5	作为 DP 主站
IM 153-1（ET200M）	实现与 DP 主站的通信
SM331：AI 8×12 位	8AI
SM331：AI 8×12 位	8AI
SM331：AI 8×12 位	8AI
SM331：AI 8×12 位	8AI
SM332：AO 4×12 位	4AO

2. 系统网络结构

控制系统的组成结构如图 9-17 所示。系统以 S7-1200 作为控制器，配置一个 PROFIBUS DP 主站模块 CM 1243-5，分布式 I/O 设备 ET200M 作为从站，通过接口 IM153 连接至 PROFIBUS 总线，ET200M 配置了 4 个模拟量输入模块和 1 个模拟量输出模块。来自风力发电机现场的开关量信号连接到主机单元的 DI/DO，模拟量检测信号和执行信号分别接至 ET200M 的 AI 模块和 AO 模块。采用分布式 I/O，将它们放置在离传感器和执行机构较近的地方，分布式 I/O 通过 PROFIBUS-DP 与 PLC 通信，可以减少大量的接线。

上位监控 PC 通过 PROFINET 接口与 S7-1200 通信。PC 上安装有博途软件，为系统的硬件组态、网络连接、应用程序编辑、调试以及人机界面设计提供了全集成的工程平台。

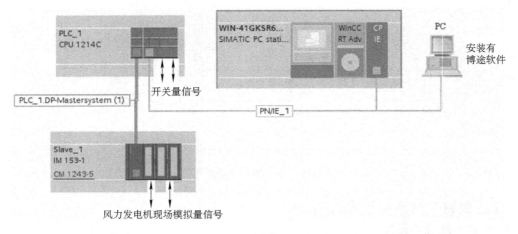

图 9-17　控制系统的组成结构

在风机整个运行过程中，设计 WinCC 监控功能监测电力参数、风力参数、机组状态参数以及各种反馈信号等，确保风机稳定运行。

四、组态过程

1. PG/PC 接口设置

系统编程计算机和 S7-1200 控制器间通过 PROFINET 进行通信连接。在计算机的控制面板中设置 PG/PC 接口，应用程序访问点选择 CP-TCPIP，然后选择使用符合 TCP/IP 的网卡。

2. 硬件及网络组态

添加 PLC，CPU1214C DC/DC/DC（订货号：6ES7 214-1AG31-0XB0），如图 9-18 所示。

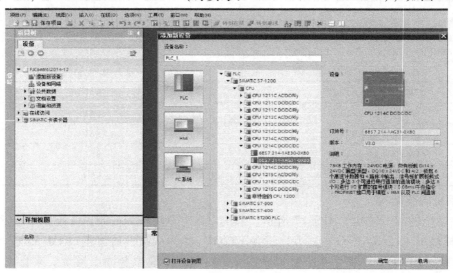

图 9-18　添加 S7-1200 控制站

进入控制器的设备视图，添加一个 AQ 信号板（订货号：6ES7 232-4HA30-0XB0），在左侧第一插槽中添加 PROFIBUS -DP 主站模块 CM 1243-5（订货号：6GK7 243-5DX30-0XE0）。

进入网络视图，对 S7-1200 的 PROFINET 添加子网 PN/IE_1，并设置控制器的以太网 IP 地址。

添加 PROFIBUS 子网，添加分布式 I/O 从站 ET200M，并连接。分配到新主站，并设置从站地址。在 ET200M 的设备视图中添加 4 块 SM331 和 1 块 SM332。

添加上位监控 PC 系统 WinCC RT Advanced，在其设备视图中添加通信模块——常规 IE，并设置其 IP 地址。

组态完成后的设备网络如图 9-19 所示。

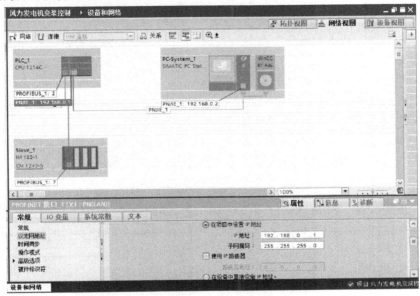

图 9-19 组态完成后的设备网络

3. 程序组态

（1）建立变量表 系统用到的变量很多，可以根据变量类型分别添加到"输入输出变量表"和"内部存储变量表"，部分 PLC 变量如图 9-20 所示。

图 9-20 部分 PLC 变量

（2）控制程序 控制程序采用模块化和结构化编程方式。主要包括初始化程序 OB100、主程序 OB1、周期中断程序 OB30、自动启动程序 FC4、输入量程转换程序 FC13、输出量程转换程序 FC12 和增量式 PID 算法程序 FB3。

初始化程序 OB100：进行一些初始化设置，如给桨距角赋初值（停止状态为 90°）等。部分程序如图 9-21 所示。

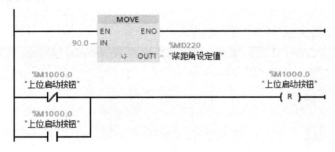

图 9-21　初始化部分程序

主程序 OB1：进行启动条件判断，满足条件则发出启动信号，调用自动启动程序；进行输出量程转换；各种故障的判断及处理。部分程序如图 9-22 所示。

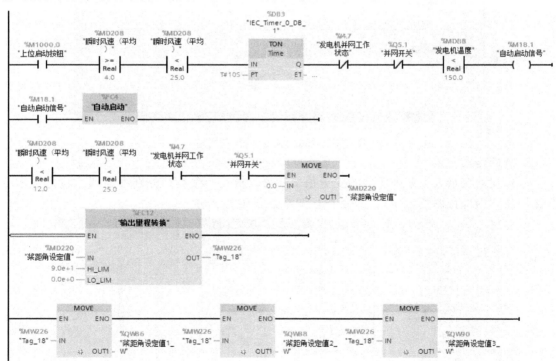

图 9-22　OB1 部分程序

周期中断程序 OB30：设置周期时间为 1s，对应采样周期，每过 1s 执行一次 OB30。OB30 主要实现输入采样量程转换、变桨 PID 运算和前馈补偿控制。

首先调用 FC13 实现 30 个模拟量输入信号的量程转换。输入采样量程转换部分程序如图 9-23 所示。

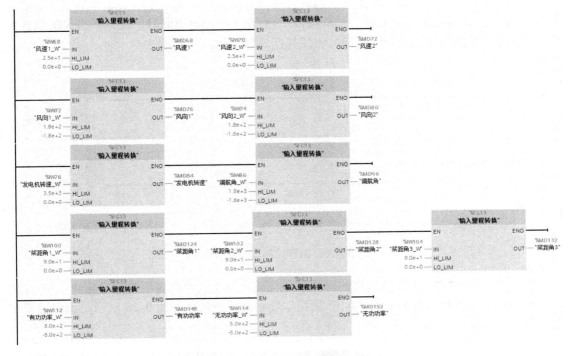

图 9-23 输入采样量程转换部分程序

当并网后风速在额定风速以上时进行变桨复合控制，其中反馈控制采用增量式 PID 算法，用 SCL 语言编写的增量式 PID 算法功能块 FB3，在变桨控制时调用，变桨 PID 控制程序如图 9-24 所示。

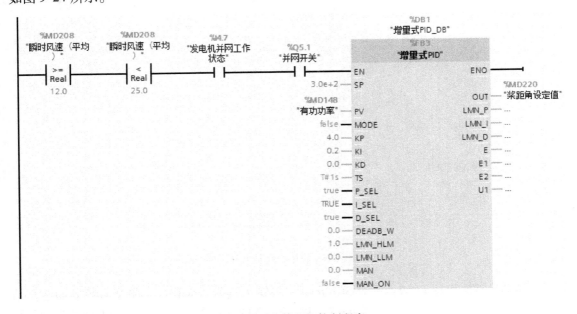

图 9-24 变桨 PID 控制程序

变桨复合控制中的前馈控制实现：假设当前测量的瞬时风速与系统要求的额定风速之差为 Δv，前馈补偿的桨距角为比例系数 K 与 Δv 的乘积。当风速不同时，比例系数 K 的值也不同，所以实行分段的比例控制。其部分程序如图9-25所示。

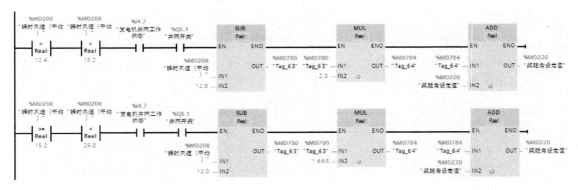

图9-25 前馈控制部分程序

输入量程转换程序FC13：采用SCL语言编写输入量程转换程序。将数字量 0～27648 转换为模拟量输入信号工程单位值。FC13 的接口参数及代码程序如图9-26所示。编译后形成FC13 块，在OB30 中调用。

	名称	数据类型	默认值	注释
2	IN	Word		
3	HI_LIM	Real		
4	LO_LIM	Real		
5	▼ Output			
6	OUT	Real		
7	▼ InOut			
8	<新增>			
9	▼ Temp			
10	<新增>			
11	▼ Constant			
12	<新增>			
13	▼ Return			
14	输入量程转换	Void		

```
1   #OUT := #IN * (#HI_LIM - #LO_LIM) / 27648.0+#LO_LIM;
```

图9-26 FC13 的接口参数及代码程序

输出量程转换程序FC12：采用SCL语言编写输出量程转换程序。将复合控制的运算结果（桨距角设定值）转换为数字量 0～27648。FC12 的接口参数及代码程序如图9-27所示，编译后形成 FC12 块，在OB1 中调用。

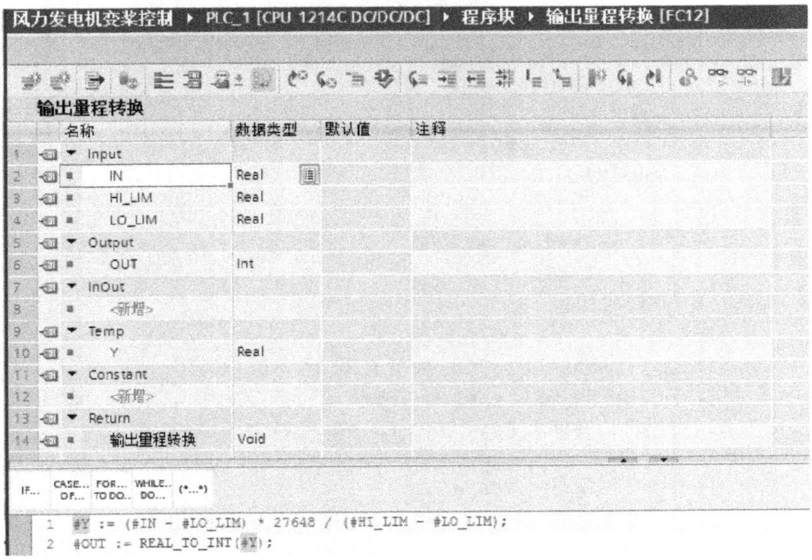

图 9-27　FC12 的接口参数及代码程序

增量式 PID 算法程序 FB3：采用 SCL 语言编写增量式 PID 算法程序。FB3 的接口参数及代码程序如图 9-28 和图 9-29 所示。编译后形成 FB3 块，在 OB30 中调用。

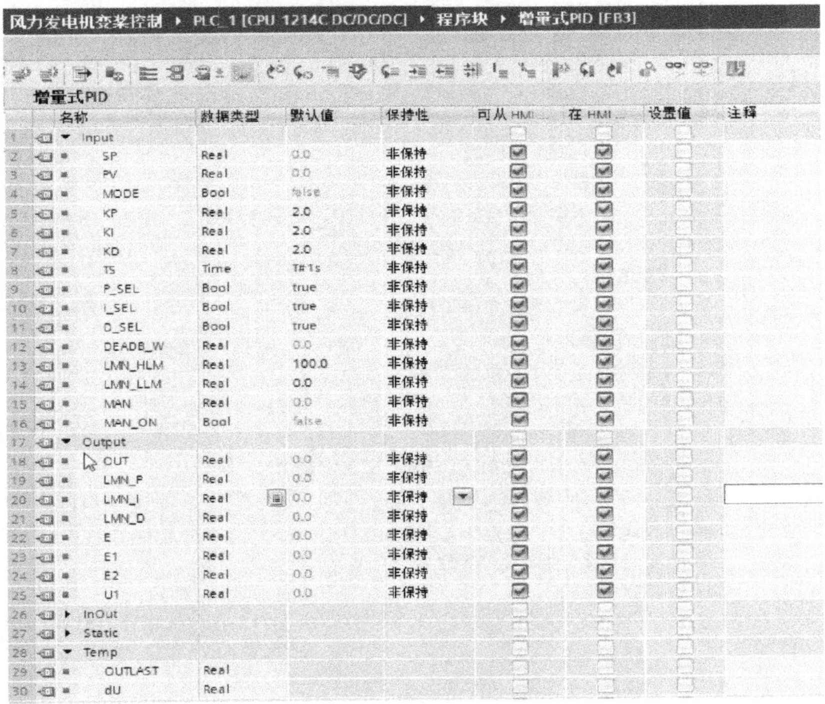

图 9-28　FB3 的接口参数

4. 上位监控功能组态

（1）创建 PC 监控站与控制器的 HMI 连接　在网络视图中，创建 WinCC 监控 PC 和 S7-

```
1  IF #MODE=FALSE THEN
2      #E:=#PV-#SP;
3  ELSE
4      #E:=#SP-#PV;
5  END_IF;
6
7  IF ABS(#E)<= #DEADB_W THEN
8      #E:=0;
9  END_IF;
10
11  IF #MAN_ON = false THEN
12    IF #P_SEL = true THEN
13        #LMN_P := #KP * (#E - #E1);
14    ELSE
15        #LMN_P:=0;
16    END_IF;
17
18    IF #I_SEL = true THEN
19        #LMN_I := #KI * #E;
20    ELSE
21        #LMN_I:=0;
22    END_IF;
23
24    IF #D_SEL = true THEN
25        #LMN_D := #KD * (#E - 2 * #E1 + #E2);
26    ELSE
27        #LMN_D:=0;
28        END_IF;
29        #dU := #LMN_P + #LMN_I + #LMN_D;
30        #OUTLAST:=#U1+#dU;
31  ELSE
32        #OUTLAST:=#MAN;
33    END_IF;
34  (*判断是否越过上下限*)
35    IF  #OUTLAST < #LMN_LLM  THEN
36      #OUT:=#LMN_LLM;
37    ELSIF #OUTLAST>#LMN_HLM THEN
38      #OUT:= #LMN_HLM;
39    ELSE
40      #OUT:=#OUTLAST;
41    END_IF;
42
43    #E2 := #E1;
44    #E1 := #E;//转存
45    #U1 := #OUT;
46
```

图 9-29 FB3 的代码程序

1200 控制器的 HMI 连接，如图 9-30 所示。

图 9-30　创建 PC 监控站和 S7-1200 控制器的 HMI 连接

（2）HMI 设备的访问点设置　建立连接后还需要在上位 PC 系统中设置 HMI 设备访问点，设置为 CP-TCPIP，如图 9-31 所示。

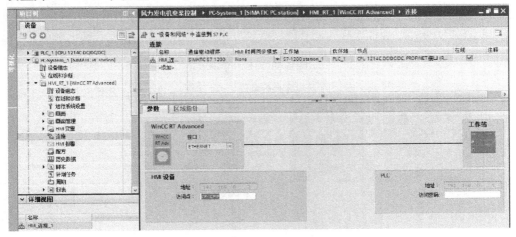

图 9-31　HMI 设备访问点设置

（3）组态画面　在上位监控 PC 系统中添加画面，利用 WinCC V13 工具箱提供的图形对象资源绘制用户界面，并进行对象的属性设置，可以直接连接 PLC 变量，如图 9-32 所示。连接好的变量自动成为上位 HMI 变量，如图 9-33 所示。

组态完成后的主监控界面如图 9-34 所示。

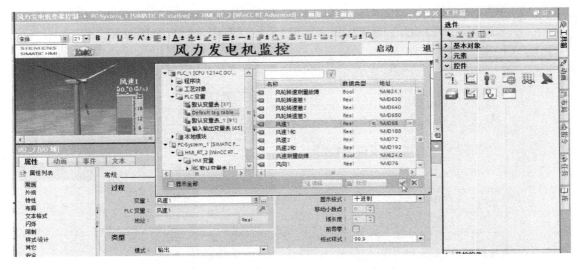

图 9-32　图形元素与 PLC 变量的连接

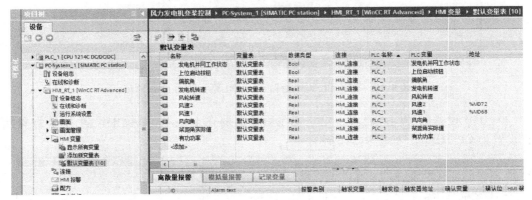

图 9-33　HMI 变量

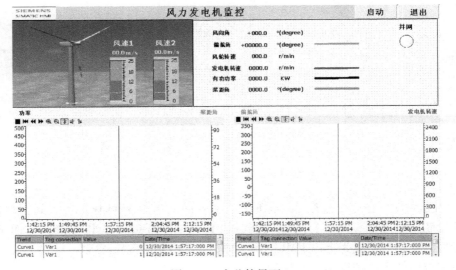

图 9-34　主监控界面

五、系统调试

将 PLC 控制器软、硬件组态下载后，可以通过监控表监视运行状态，如图 9-35 所示。上位监控站组态完成后可以运行 WinCC，进行总体调试。上位在线监控如图 9-36 所示。

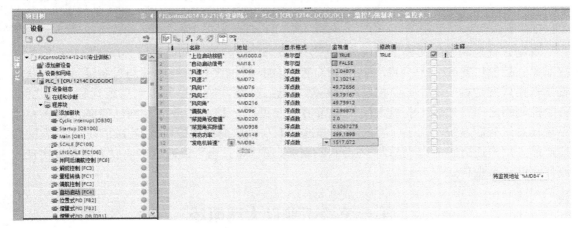

图 9-35　监控表在线监视

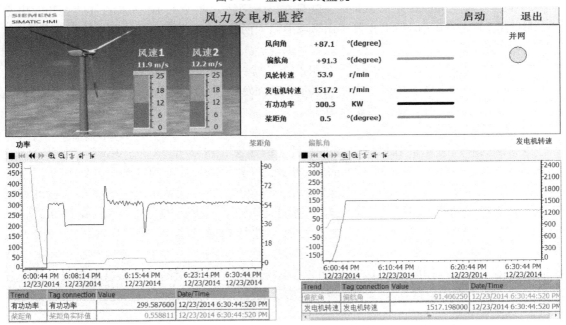

图 9-36　风力发电机上位在线监控

思考题与习题

9-1　TIA 博途软件有哪些版本及功能？

9-2　用博途软件进行硬件网络组态时，通信设置主要注意哪些方面？

9-3　说明控制器和上位 PC 监控系统的 HMI 连接设置过程。

9-4　在程序块中，组织块 OB1、OB100、OB30 的作用是什么？OB30 执行的时间间隔如何设定？

第十章　工业以太网

现场总线控制系统的典型结构分为三层：设备层、控制层和监控层。设备层是系统的被控对象；控制层是 S7-300/400 等各类 PLC 控制器，通过多种总线协议与设备层通信，获得现场数据或发送相应命令；监控层在前述章节已经介绍。监控层与控制层或远程 I/O 之间，各个控制器之间是通过工业以太网实现通信的（见图 7-1）。工业以太网已经越来越多地用于现场总线控制系统，几乎所有的 PLC 和远程 I/O 供应商都能提供支持 TCP/IP 的以太网接口产品。用户通过工业以太网监控层可以获得现场信息；也可以通过工业以太网系统实现控制器之间的数据传送。

第一节　工业以太网概述

工业以太网（Industrial Ethernet），就是在以太网技术和 TCP/IP 技术的基础上开发出来的一种工业网络，即应用于工业自动化领域的以太网技术。

一、以太网

20 世纪 70 年代，施乐（Xerox）公司设计了第一个局域网系统，命名为 Ethernet，带宽为 2.94Mbit/s；1980 年，DEC、Intel 和 Xerox 联合发表了以太网的 DIX2.0 规范，将带宽提高到了 10Mbit/s，并正式投入商业市场。

1. 以太网的发展史

以太网的应用引起了 IEEE802 标准委员会的注意，1982 年 12 月，IEEE 通过了 802.3 CSMA/CD 规范，定义了以太网的物理层以及数据链路层的媒体访问控制（MAC）子层。随后，在 1990 年推出交换以太网技术；1993 年推出全双工以太网技术。IEEE 802.3 标准不断扩充，到 2003 年 IEEE 802.3 标准已经支持同轴电缆、非屏蔽双绞线（Unshielded Twisted Paired，UTP）、光纤等传输介质，支持的通信波特率越来越高，从 1Mbit/s、10Mbit/s、100Mbit/s、1000Mbit/s 到 10Gbit/s，进入了高速以太网时代。尤其 IEEE 802.3 标准支持 UTP 的使用（电话线用的也是 UTP），可以使用现成的电话线组网，不必重新布线，且安装维护方便，成本低廉，故而使以太网得到了广泛的应用。

2. 以太网种类

IEEE 802.3 标准定义了近 20 种以太网（见表 10-1）。分类的依据主要是传输介质和通信波特率的不同。以太网类型名称分为三段：名称最前面是数字，表示通信波特率；名称中间是 BASE 或 BROAD，表示网络是基带还是宽带；名称最后面如果是数字则表示网段的最大长度，如果是字母 T 则表示传输介质是双绞线，如果是字母 F 则表示传输介质是光纤。

从表 10-1 可以看出，在 IEEE 802.3 标准的发展过程中，前期主要是扩充所支持的传输介质，后期主要是提升通信波特率。

3. 以太网的优势

与其他现场总线或工业通信网络相比，以太网具有以下优点：

（1）应用广泛　以太网是目前应用最为广泛的计算机网络，受到广泛的技术支持。几乎所有的编程语言都支持 Ethernet 的应用开发，如 Java、Visual C＋＋、VB 等。这些编程语言由于被广泛使用，并受到软件开发商的高度重视，具有很好的发展前景。因此，如果采用以太网作为现场总线，可以保证有多种开发工具和开发环境可供选择。

表 10-1　以太网种类

以太网类型	发布时间	拓扑结构	传输介质
10BASE5	1983 年	总线型	直径为 10mm 的 50Ω 同轴电缆（粗缆）
10BASE2	1985 年	总线型	直径为 5mm 的 50Ω 同轴电缆（细缆）
10BROAD36	1985 年	总线型或树形	75Ω 同轴电缆
1BASE5	1987 年	星形	UTP
10BASE＿T	1990 年	星形	UTP
10BASE＿F 系列	1993 年	星形	光纤
100BASE 系列	从 1995 年开始	星形	UTP、光纤
1000BASE 系列	从 1998 年开始	星形	UTP、光纤
10GBASE 系列	从 2002 年开始	星形	UTP、光纤

（2）成本低廉　由于以太网的应用最为广泛，因此受到硬件开发与生产厂商的高度重视与广泛支持，有多种硬件产品供用户选择。而且由于应用广泛，硬件价格也相对低廉。目前以太网网卡的价格只有 PROFIBUS、FF 等现场总线的 1/10，而且随着集成电路技术的发展，其价格还会进一步下降。

（3）通信速率高　目前通信速率为 10M、100M 的快速以太网已开始广泛应用，1000M 的以太网技术也逐渐成熟，10G 的以太网也正在研究。其速率比目前的现场总线快得多。以太网可以满足对带宽有更高要求的需要。

（4）软硬件资源丰富　由于以太网已应用多年，人们对以太网的设计、应用等方面有很多的经验，对其技术也十分熟悉。大量的软件资源和设计经验可以显著降低系统的开发和培训费用，从而可以显著降低系统的整体成本，并大大加快系统的开发和推广速度。

（5）可持续发展潜力大　由于以太网的广泛应用，使它的发展一直受到广泛的重视，随之而来的是大量的技术投入。并且，在这个信息瞬息万变的时代，企业的生存与发展将很大程度上依赖于一个快速而有效的通信管理网络，这使得信息技术与通信技术的发展将更加迅速，也更加成熟，由此保证了以太网技术不断地持续向前发展。

（6）能实现办公自动化网络与工业控制网络的信息无缝集成　工业控制网络如果采用以太网，易于与 Internet 连接就可以避免其发展游离于计算机网络技术的发展主流之外，从而使工业控制网络和信息网络技术互相促进、共同发展，并保证技术上的可持续发展，在技术升级方面无需单独的研究投入。

4. 以太网的非确定性问题

以太网最初是为办公自动化、IT 领域等商业应用而设计的，没有考虑到工业自动化应用的特殊要求，尤其以太网通信的非确定性是以太网技术进入自动化领域的最大障碍。控制网络不同于普通计算机网络，其最大特点在于它应该满足控制作用对实时性的要求。实时控制往往要求对某些变量的实时互锁，对测量控制数据的准确定时刷新。由于以太网采用带冲突检测的载波监听多路访问的媒体访问控制方式，一条总线上挂接的多个节点采用平等竞争的方式争用总线，因此节点要求发送数据时，先监听总线是否空闲，如果空闲就发送数据；如果总线忙就只能以某种方式继续监听，等总线空闲后再发送数据。即便如此也还会出现几个节点同时发送而发生冲突的可能性，因而以太网技术难以满足控制系统准确定时通信的实时性要求，一直被称之为非确定性（non-deterministic）网络。因此在工业自动化领域的应用受到限制。

在 20 世纪 90 年代中期以前，很少有人将以太网应用于工业自动化领域。

二、工业以太网的出现及发展

以太网技术进入控制领域，其通信的非确定性是必须面对的问题。工业以太网作为工业环境下的控制网络，也必须解决以太网在安全、稳定和可靠性等方面的问题。近几年来，随着互联网技术的普及与推广，以太网也得到了飞速发展，特别是以太网通信速率的提高、以太网交换技术的发展，给解决以太网的非确定性等问题带来了新的契机。

1. 工业以太网解决非确定性问题的措施

（1）提高通信速率　在相同通信量的条件下，提高通信速率可以减少通信信号占用传输介质的时间，从一个角度为减少信号的碰撞冲突、解决以太网通信的非确定性提供了途径。以太网的通信速率一再提高，从 10Mbit/s、100Mbit/s 到千兆以太网技术的成功应用，眼下其速率还在进一步提高。相对于控制网络传统通信速率的几十千位每秒、几百千位每秒、1Mbit/s、5Mbit/s 而言，以太网通信速率的提高是明显的，对减少碰撞冲突也是有效的。

（2）控制网络负荷　从另一个角度看，减轻网络负荷也可以减少信号的碰撞冲突，提高网络通信的确定性。本来，控制网络的通信量不大，随机性、突发性通信的机会也不多，其网络通信大都可以事先预计，并对其做出相应的通信调度安排。如果在网络设计时能正确选择网络的拓扑结构，控制各网段的负荷量，合理分布各现场设备的节点位置，就可在很大程度上避免冲突的产生。研究结果表明，在网络负荷低于满负荷的 30% 时，以太网基本可以满足对控制系统通信确定性的要求。

（3）采用以太网络的全双工交换技术　采用以太网交换机，将网络切分为多个网段，就为连接在其端口上的每个网络节点提供了独立的带宽，相当于每个设备独占一个网段，使同一个交换机上的不同设备之间不存在资源争夺。在网段分配合理的情况下，由于网段上的多数数据不需要经过主干网传输，因此交换机能够过滤掉这些数据，使数据只在本地网络传输，而不占用其他网段的带宽。交换机之间通过主干线进行连接，从而有效地降低了各网段和主干网络的负荷，使网络中产生冲突的可能性大大降低，提高了网络通信的确定性。

（4）提供适应工业环境的元件　现已开发出一系列密封性好、坚固、抗振动的以太网设备与连接件，例如导轨式收发器、集线器、交换机、带锁紧机构的接插件等。它们适合在工业环境中使用，为以太网进入工业控制环境创造了条件。

正因为如此，自 20 世纪 90 年代中后期，以太网在工业自动化领域就开始逐渐得到应用。工程应用实践表明，通过采用适当的系统设计和流量控制技术，以太网完全能够满足工业自动化领域的通信要求。

工业以太网与传统以太网络的不同见表 10-2。

2. 工业以太网需解决的问题

工业以太网虽然已经应用于自动化领域，但主要是作为监控层和控制层、控制器和控制器之间的连接，如果将工业以太网真正作为底层控制网络，还需要解决以下问题：

表 10-2 工业以太网与传统以太网络的区别

	传统商业以太网	工业以太网
应用场合	普通办公场合，抗干扰性要求低	工业场合、工况恶劣，抗干扰性要求高
拓扑结构	支持总线型、环形、星形等结构	支持总线型、环形、星形等结构，方便各种结构的组合和转换，模块化设计，安装简单、灵活，扩展能力强
实时性	一般实用性需求，允许网络故障时间以秒或分钟计	极高的实时性需求，允许网络故障时间 < 300ms，以避免生产停顿或危险
网络监控和维护	网络监控必须有专人使用专用工具完成	网络监控成为工厂监控的一部分，网络模块可以被 HMI 软件（如 WinCC 等）监控，故障模块容易更换

（1）通信实时性问题　以太网采用的 CSMA/CD 的介质访问控制方式，具有通信延时不确定的缺点，其本质上是非实时的。平等竞争的介质访问控制方式不能满足工业自动化领域对通信的实时性要求。因此以太网一直被认为不适合在底层工业网络中使用。需要有针对这一问题的切实可行的解决方案。

（2）对环境的适应性与可靠性问题　以太网是按办公环境设计的，所用的接插件（Connector）、集线器（Hub）、交换机（Switches）和电缆等是为办公室应用而设计的，不符合工业现场恶劣环境的要求。将它用于工业控制环境，其鲁棒性、抗干扰能力等是许多从事自动化的专业人士所特别关心的。在产品设计时要特别注重材质、元器件的选择。使产品在强度、温度、湿度、振动、干扰、辐射等环境参数方面满足工业现场的要求。还要考虑到在工业环境下的安装要求（例如采用 DIN 导轨式安装等）。像 RJ45 类的连接器，在工业上应用太易损坏，应该采用带锁紧机构的连接件，使设备具有更好的抗振动、抗疲劳能力。

（3）总线供电　在控制网络中，现场控制设备的位置分散性使得它们对总线有提供工作电源的要求。现有的许多控制网络技术都可利用网线对现场设备供电，以太网目前还不具备通过信号线向现场仪表供电的能力。工业以太网还没有对网络节点供电做出规定，一种可能的解决方案是利用现有的 5 类双绞线中另一对空闲线供电，一般在工业应用环境下，要求采用直流 10 ~ 36V 低压供电。

（4）本质安全　以太网抗干扰性能较差，如果要用在一些易燃、易爆的危险工业场所，就必须考虑本安防爆问题，以太网不具备本质安全性能，这也是在总线供电解决之后要进一步解决的问题。

在工业数据通信与控制网络中，直接采用以太网作为控制网络的通信技术只是工业以太网发展的一个方面，现有的许多现场总线控制网络提出了与以太网结合，用以太网作为现场总线网络的高速网段，使控制网络与 Internet 融为一体的解决方案。例如 HI 的高速网段 HSE、EtherNet/IP、PROFINet 等，都是工业以太网的典型代表。

在控制网络中采用以太网技术无疑有助于控制网络与互联网的融合，实现 Ethernet 的 "E" 网到底，使控制网络无需经过网关转换即可直接连至互联网，使测控节点有条件成为互联网上的一员。目前，PLC、DCS 等多数控制设备或系统已开始提供以太网接口，基于工业以太网的数据采集器、无纸记录仪、变送器、传感器、现场仪表及二次仪表等产品也纷纷面世。在控制器、PLC、测量变送器、执行器、I/O 卡等设备中嵌入以太网通信接口，嵌入

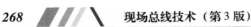
TCP/IP，嵌入 Web Server 便可形成支持以太网、TCP/IP 和 Web 服务器的 Internet 现场节点。在应用层协议尚未统一的环境下，借助 IE 等通用的网络浏览器实现对生产现场的监视与控制，进而实现远程监控，也是人们提出且正在实现的一个有效的解决方案。工业以太网在确定性、速度等方面的大幅提高，已成为企业信息管理层、监控层网络的首选，特别是应用以太网建立高效、开放的确定性现场总线系统已不存在任何阻碍，并有逐渐向下延伸直接应用于工业现场设备间通信的趋势，符合自动化系统的网络结构扁平化的必然趋势。"以太网技术将渗透到现场设备层，贯穿整个工业网络的各个层次，实现从现场仪表到管理层设备的集成"已成为工业自动化领域的共识。有专家预言，现场总线技术与以太网技术相结合将是未来发展的方向。人们对工业以太网技术的发展寄予厚望，也正关注着它的发展动向。

3. 工业以太网的发展趋势

工业以太网在技术上与商用以太网（即 IEEE802.3 标准）兼容，但在产品设计时，在材质的选用、产品的强度和适用性方面能满足工业现场的需要。

（1）环境适应性　包括机械环境适应性（如耐振动、耐冲击）、气候环境适应性（工作温度要求为 $-40 \sim 85 ℃$，至少为 $-20 \sim 70 ℃$，并要耐腐蚀、防尘、防水）、电磁环境适应性或电磁兼容性 EMC 应符合 EN50081-2、EN50082-2 标准。

（2）可靠性　由于工业控制现场环境恶劣，对工业以太网产品的可靠性也提出了更高的要求。

（3）安全性　在易爆或可燃的场合，工业以太网产品还需要具有防爆要求，包括隔爆和本质安全两种方式。

（4）安装方便　适应工业环境的安装要求，如采用 DIN 导轨安装。

工业以太网技术源于普通以太网技术，为了促进以太网在工业领域的应用，国际上成立了工业以太网协会（Industrial Ethernet Association，IEA）、工业自动化开放网络联盟（Industrial Automation Open Network Alliance，IAONA）、IDA 小组等组织，目标是在世界范围内推进工业以太网技术的发展、教育和标准化管理，在工业应用领域的各个层次运用以太网。美国电气电子工程师协会（IEEE）也正着手制定现场装置与以太网通信的标准。这些组织还致力于促进以太网进入工业自动化的现场级，推动以太网技术在工业自动化领域和嵌入式系统的应用。另外，一些现场总线组织，如现场总线基金会、Profibus 国际组织（PNO）、P-NET 用户组织、Interbus 俱乐部等也在其低速现场总线的基础上推出了基于以太网的高速总线。国内（如中国仪器仪表行业协会、中国机电一体化技术应用协会）也成立了"工业以太网"工作小组。

在标准化方面，国际电工委员会（IEC）目前正计划与工业自动化开放网络联盟合作，联合制定《工业网络化系统安装导则》，其中就包含了工业以太网媒体行规。

工业以太网的非确定性等问题虽然得到了相当程度的缓解，但还不能说从根本上得到了解决，包括我国在内的许多国家还在进一步研究开发工业以太网技术。

第二节　工业以太网协议结构

一、网络结构

工业以太网协议有多种，如 HSE、PROFINet、Ethernet/IP、Modbus TCP 等，它们在本

质上仍基于以太网技术（即 IEEE 802.3 标准）。对应于 ISO/OSI 通信参考模型，工业以太网协议只定义了物理层和数据链路层，均采用了 IEEE 802.3 标准。作为一套完整的网络传输协议，工业以太网必须具有高层控制协议，工业以太网在网络层和传输层则采用了 TCP/IP：IP（Internet Protocol）用来确定信息传递路线，而 TCP（Transmission Control Protocol）则是用来保证传输的可靠性。它们构成了工业以太网的低四层。在高层协议上，工业以太网协议通常都省略了会话层和表示层，而定义了用户层，如图 10-1 所示。

IP 技术是 Internet 的基础，它相当于地址门牌号，被许多传输协议所应用，如 IEEE1394、ATM（Asynchronous Transfer Mode）、TCP、UDP（User Datagram Protocol）等，它还可以适用于其他的通信标准，如 FTP（File Transfer Protocol）和 SMTP（Simple Mail Transfer Protocol）等。

IP 为每个数据包提供独立寻址的能力，但不能保证每个数据包都能正确地到达目的地，网络阻塞和传输错误都可能使数据包丢失。而 TCP 就是用来解决这一问题的，它在两点之间建立一条可靠的连接通道，保证数据流的正确传递。

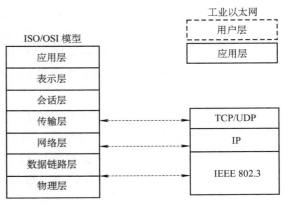

图 10-1 工业以太网络结构

二、物理层

工业以太网的物理层可以选用电缆、双绞线和光纤作为传输介质。不同的传输介质，其传输速率、传输距离及网络结构会有所不同。下面以同轴电缆作为通信介质为例进行说明：

工业以太网的物理层采用 50Ω 基带同轴电缆作为通信介质，数据传输速率是 10Mbit/s，工作站最多 1024 个。工作站间传输距离通过中继器可达 2.5km，每个工作站由收发器、收发器电缆、以太网接口及主机接口等组成。若干个工作站挂接在一根同轴电缆上组成一个网段，网段与网段之间通过中继器连接。每根同轴电缆的长度应小于 500m，收发器电缆的长度小于 50m，理论上可挂接最多 100 个工作站。

物理层硬件完成下列功能：

1) 数据编码，采用曼彻斯特编码方式。
2) 发送同步和时钟信号。
3) 载波检出和冲突检出。
4) 位传送和接收，在数据帧前面加入 64 位的前同步信息，如下格式：

| 10101010 | 10101010 | 10101010 | 10101010 |
| 10101010 | 10101010 | 10101010 | 10101011 |

前七组均为 10101010，最后一组是 10101011。给予收发器电缆上的交流信号电平，在差动驱动时的标称值是 ±700mV，(78 ±5) Ω。

三、数据链路层

工业以太网的数据链路层分为数据封装和链路管理两个子层，如图 10-2 所示。在每个子层中，发送和接收是两个互相独立的部分，数据链路中的帧格式如图 10-3 所示，它由五个字段组成，前两个字段分别为目的地址字段和源地址字段，第三个字段为数据长度字段，第四、五个字段是传送的数据，第六个字段是对前五个字段进行 CRC 校验。目的地址共 6 个字节，第一位是"0"表示物理地址，是"1"表示送往几个站的多目的地址；当全部 48 位是"1"时，表示送往以太网所连接的所有站；除第一位以外的 47 位是实际地址。源地址也是 6 个字节，是发送站的地址。传送数据是透明的，数据长度是 2 个字节，长度可变。采用 4 个字节，即 32 位循环冗余码作为帧校验。

四、介质访问控制协议 CSMA/CD

在 802.3 以太网 MAC 层中，对介质的访问控制采用了载波监听多路访问/冲突检测协议 CSMA/CD，其主要思想可用"先听后说，边说边听"来形象地表示。

"先听后说"是指在发送数据之前先监听总线的状态。在以太网上，每个设备可以在任何时候

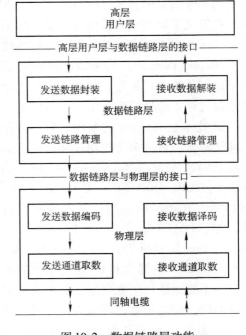

图 10-2　数据链路层功能

图 10-3　数据链路中的帧格式

发送数据。发送站在发送数据之前先要检测通信信道中的载波信号，如果没有检测到载波信号，说明没有其他站在发送数据，或者说信道上没有数据，该站可以发送。否则，说明信道上有数据，等待一个随机的时间后再重复检测，直到能够发送数据为止。当信号在传送时，每个站均检查数据帧中的目的地址字段，并依此判定是接收该帧还是忽略该帧。由于数据在网中的传输需要时间，总线上可能会出现两个和两个以上的站点监听到总线上没有数据而发送数据帧，因此就会发生冲突。"边说边听"就是指在发送数据的过程的同时检测总线上的冲突。冲突检测最基本的思想是一边将信息输送到传输介质上，一边从传输介质上接收信息，然后将发送出去的信息和接收的信息按位进行比较。如果两者一致，说明没有冲突；如果两者不一致，则说明总线上发生了冲突。一旦检出冲突以后，不必把数据帧全部发完，CSMA/CD 立即停止数据帧的发送，并向总线发送一串阻塞信号，让总线上其他各站均能感知冲突已经发生。总线上各站点"听"到阻塞信号以后，均等待一段随机的时间，然后再去重发受冲突影响的数据帧。这一段随机的时间通常由网卡中的一个算法来决定。

CSMA/CD 的优势在于站点无需依靠中心控制就能进行数据发送。当网络通信量较小的时候，冲突很少发生，这种介质访问控制方式是快速而有效的。当网络负载较重的时候，就容易出现冲突，网络性能也相应降低。

第三节　工业以太网设计及应用

一、交换机

工业以太网是以交换机为节点连接而成的。目前工业交换机的种类很多，如西门子的工业以太网交换机 OSM 和 ESM 等。

OSM 产品包括 OSM TP62、OSM TP22、OSM ITP62、OSM ITP62-LD 和 OSM BC08。从型号可以确定 OSM 交换机的连接端口类型及数量，如 OSM ITP62-LD，其中"ITP"表示采用工业屏蔽双绞线作为传输介质，"6"代表电气接口数量，"2"代表光纤接口数量，"LD"代表长距离，如图 10-4 所示。

ESM 系列包括 ESM TP40、ESM TP80 和 ESM ITP80，命名规则与 OSM 相同，如图 10-5 所示。

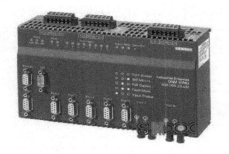

图 10-4　OSM ITP62-LD 交换机

图 10-5　ESM ITP80 交换机

二、通信处理器

常用的工业以太网通信处理器（CP）包括用在 S7PLC 站上的 CP243-1 系列、CP343-1 系列和 CP443-1 系列等。

CP243-1 系列是为 S7-200 系列 PLC 设计的工业以太网通信处理器，通过 CP243-1 系列模块，用户可以方便地将 S7-200 系列 PLC 与工业以太网连接，并且支持使用 STEP7-Micro/WIN32 等软件，通过以太网对 S7-200 进行远程组态、编程和诊断。同时，S7-200 也可以同 S7-300、S7-400 系列 PLC 通过以太网连接。

CP343-1 系列是 S7-300 系列 PLC 的以太网通信处理器，有多种型号，分别为 CP343-1、CP343-1 ISO、CP343-1 TCP、CP343-1 IT 和 CP343-1 PN 等。

S7-400 系列 PLC 的以太网通信处理器属于 CP443-1 系列，按照所支持协议的不同，可以分为 CP443-1、CP443-1 ISO、CP443-1 TCP 和 CP443-1 IT 等。

三、以太网配置

采用上述硬件，可以组成如图 10-6 所示的以太网控制系统。系统以工业以太网为界分为两层，即工业以太网以上是监控层，以下是控制层。主控制器是西门子公司的 S7-300 和 S7-400 PLC，两个控制器分别通过一个通信处理器模块（CP）与以太网连接。本系统中以太网协议的底层程序已经完成，如果需要建立一个工业以太网络，只需要按照系统硬件的组态过程配置相应的参数就可以了。

具体的硬件组态过程请详见第四章，本节只说明如何使用以太网通信模块组态工业以太网。

1. 设置 PG/PC 接口

详见图 7-5 设置好后，可以连接操作员站与控制器 PLC，实现控制程序的下载与现场监控。

2. 设置控制站以太网通信模块

当以太网通信模块 CP 被放入代表机架槽的组态表格内后，由于 CP 443-1 带有以太网通信接口，因此会自动弹出"Properties-Ethernet interface CP 443-1（R0/S5）"（以太网接口 CP 443-1（R0/S5）属性）对话框，初始为"not networked"（未连网）状态，如图 10-7 所示。单击"New"按钮，创建一个新的以太网子网，名称默认为"Ethernet（1）"（可以改名），如图 10-8 所示，单击"OK"按钮，返回到"Parameters"

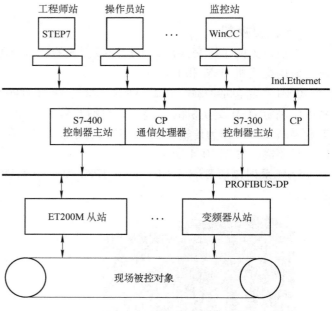

图 10-6　网络控制系统

（参数）选项卡。以太网 CP 要求有一个唯一的 MAC 地址，所以在对话框中设置 MAC 地址，将"Set MAC address/use ISO protocol"复选框勾选上，在"MAC address"框中输入 CP 443-1 模块的 MAC 地址，其他项设置为默认值，如图 10-9 所示，单击"OK"按钮，完成以太网的配置和建立。

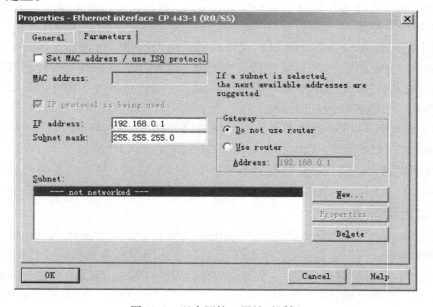

图 10-7　以太网接口属性对话框

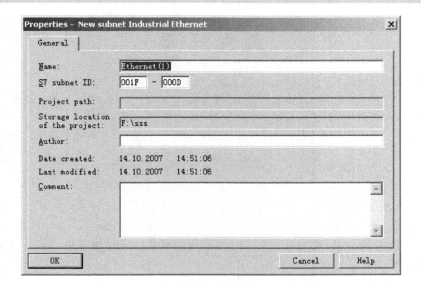

图 10-8 建立以太网

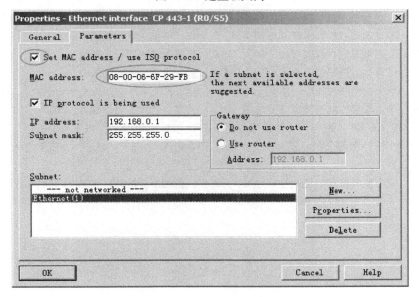

图 10-9 设置 Ethernet 网络 MAC 地址

思考题与习题

10-1 什么是以太网？什么是工业以太网？

10-2 工业以太网的协议结构包含哪几层？分别说明各自的作用。

10-3 为什么过去以太网在工业自动化领域应用比较有限？

10-4 以太网技术具有哪些技术优势？

10-5 用于工业控制网络，工业以太网技术应该解决哪些问题？

10-6 工业以太网对非确定性问题采取哪些解决措施？

参 考 文 献

[1]　阳宪惠．现场总线技术及其应用［M］．北京：清华大学出版社，1999．

[2]　吴锡祺，何镇湖．多级分布式控制与集散系统［M］．北京：中国计量出版社，2000．

[3]　刘曙光．现场总线技术的进展与展望［J］．自动化与仪表，2000（3）．

[4]　顾洪军，等．工业企业网与现场总线技术及应用［M］．北京：人民邮电出版社，2002．

[5]　白焰，吴鸿，杨国田．分散控制系统与现场总线控制系统——基础、评选、设计和应用［M］．北京：中国电力出版社，2001．

[6]　吴秋峰．自动化系统计算机网络［M］．北京：机械工业出版社，2004．

[7]　冯博琴，吕军．计算机网络［M］．北京：高等教育出版社，1999．

[8]　雷霖．现场总线控制网络技术［M］．北京：电子工业出版社，2004．

[9]　张浩，谭克勤，朱守云．现场总线与工业以太网络应用技术手册：第一册［M］．上海：上海科学技术出版社，2002．

[10]　周明．现场总线控制［M］．北京：中国电力出版社，2002．

[11]　邹益仁，马增良，蒲维．现场总线控制系统的设计和开发［M］．北京：国防工业出版社，2003．

[12]　蔡忠勇．现场总线产品手册［M］．北京：机械工业出版社，2004．

[13]　甘永梅，等．现场总线技术及其应用［M］．北京：机械工业出版社，2004．

[14]　马国华．监控组态软件及其应用［M］．北京：清华大学出版社，2001．

[15]　何小阳．计算机监控原理及技术［M］．重庆：重庆大学出版社，2003．

[16]　邬宽明．CAN总线原理和应用系统设计［M］．北京：北京航空航天大学出版社，2002．

[17]　何衍庆，等．集散控制系统原理及应用［M］．北京：化学工业出版社，2002．

[18]　崔坚．SIMATIC S7-1500与TIA博途软件使用指南［M］．北京：机械工业出版社，2016．

[19]　西门子（中国）有限公司．深入浅出西门子S71200 PLC［M］．北京：北京航空航天大学出版社，2009．

[20]　叶杭冶．风力发电机组的控制技术［M］．北京：机械工业出版社，2006．